N-亚硝胺的分析：从标准物质到分析方法

主　编　罗彦波（国家烟草质量监督检验中心）

张　杰（上海烟草集团有限责任公司技术中心北京工作站）

副主编　邓惠敏（国家烟草质量监督检验中心）

陈嘉彬（深圳烟草工业有限责任公司）

李翔宇（国家烟草质量监督检验中心）

姜兴益（国家烟草质量监督检验中心）

编　委　朱风鹏（国家烟草质量监督检验中心）

张洪非（国家烟草质量监督检验中心）

赵　冰（河南中烟工业有限责任公司）

孙海峰（深圳烟草工业有限责任公司）

徐同广（上海烟草集团有限责任公司技术中心北京工作站）

王晓如（河北中烟工业有限责任公司）

刘德水（上海烟草集团有限责任公司技术中心北京工作站）

主　审　庞永强（国家烟草质量监督检验中心）

华中科技大学出版社

http://www.hustp.com

中国 · 武汉

图书在版编目(CIP)数据

N-亚硝胺的分析:从标准物质到分析方法/罗彦波,张杰主编.—武汉:华中科技大学出版社,2022.4
ISBN 978-7-5680-8147-4

Ⅰ.①N… Ⅱ.①罗… ②张… Ⅲ.①烟草-亚硝胺-研究 Ⅳ.①TS424

中国版本图书馆 CIP 数据核字(2022)第 058994 号

N-亚硝胺的分析:从标准物质到分析方法 罗彦波 张 杰 主编

N-Yaxiao'an de Fenxi:cong Biaozhun Wuzhi Dao Fenxi Fangfa

策划编辑:曾 光
责任编辑:刘 静
封面设计:孢 子
责任监印:朱 玢
出版发行:华中科技大学出版社(中国·武汉) 电话:(027)81321913
武汉市东湖新技术开发区华工科技园 邮编:430223
录 排:华中科技大学惠友文印中心
印 刷:武汉开心印印刷有限公司
开 本:787mm×1092mm 1/16
印 张:15.5
字 数:384 千字
版 次:2022 年 4 月第 1 版第 1 次印刷
定 价:88.00 元

本书若有印装质量问题,请向出版社营销中心调换
全国免费服务热线:400-6679-118 竭诚为您服务

前　　言

N-亚硝胺类化合物由胺类物质和亚硝基衍生物在一定条件下经过亚硝化反应而生成，广泛存在于环境、食物和生物体内。烟草是茄科烟草属农业经济作物，其中主要存在4种*N*-亚硝胺类化合物：*N*-亚硝基降烟碱（NNN）、4-（甲基亚硝胺基）-1-（3-吡啶基）-1-丁酮（NNK）、*N*-亚硝基新烟碱（NAT）和*N*-亚硝基假木贼碱（NAB）。上述4种*N*-亚硝胺类化合物并不是本来就存在于烟草中的，它们在新鲜烟叶中的含量很低甚至没有，绝大部分是在晾晒、调制、陈化和燃烧过程中由烟碱和其他生物碱转化而来的。

热能分析仪是具有高选择性的专一性检测器，在烟草中*N*-亚硝胺类化合物的分析中发挥了重要作用。色谱-质谱联用仪的出现，再加上各种高效的样品前处理技术，很好地解决了*N*-亚硝胺类化合物在烟草（尤其是国内烤烟）中含量低、烟草基质复杂的问题。目前，各种色谱-质谱联用仪已经成为烟草中*N*-亚硝胺类化合物分析的常用手段。

我们从事烟草中*N*-亚硝胺类化合物分析研究工作均有十年左右，在研究工作中要不断查阅科技文献及著作。我们在检索中文书籍时发现，目前没有专门针对烟草中*N*-亚硝胺类化合物分析的中文著作。因此，我们在总结和提炼相关科研项目成果的基础上，邀请了从事烟草中*N*-亚硝胺类化合物分析的一些同事，共同完成了本书。

本书共分八章：第一章综述了烟草中*N*-亚硝胺类化合物的性质、形成机理及主要分析仪器，由罗彦波和邓惠敏完成；第二章介绍了烟草中*N*-亚硝胺类化合物溶液标准物质的研制，由罗彦波、姜兴益和朱风鹏完成；第三章讲述了基于在线凝胶渗透色谱-气相色谱-串联质谱的烟草中*N*-亚硝胺类化合物分析方法，由罗彦波和姜兴益完成；第四章介绍了利用固相萃取技术分析烟草及烟草制品中*N*-亚硝胺类化合物，由罗彦波和李翔宇完成；第五章介绍了基于在线固相萃取技术的卷烟主流烟气中*N*-亚硝胺类化合物分析方法，由张杰、徐同广和刘德水完成；第六章介绍了基于磁性聚甲基丙烯酸的主流烟气中*N*-亚硝胺类化合物分析方法，由陈嘉彬和孙海峰完成；第七章讲述了基于磁性石墨烯的主流烟气中*N*-亚硝胺类化合物分析方法，由罗彦波、赵冰和王晓如完成；第八章讲述了基于超临界流体色谱的*N*-亚硝胺类化合物结构特征和存在形态分析方法，由邓惠敏完成。庞永强负责审校和统稿。

本书在出版过程中，得到了华中科技大学出版社曾光编辑的帮助，在此表示诚挚感谢。本书编写过程中查阅了国内相关标准，在此谨表谢意。

本书可作为烟草中*N*-亚硝胺类化合物分析的专业性教材。

我们以科学认真的态度对待本书的编写,但由于本书涉及内容专业性强,加之我们学术水平有限,书中难免存在疏忽与不当之处,恳请广大读者给予批评指正,我们将在今后的工作中进行改进和完善。

罗彦波　张杰

2022 年 3 月

目　　录

第一章　烟草特有 *N*-亚硝胺概述和常用分析仪器简介 …… 1
　第一节　TSNAs 的主要性质 …… 1
　第二节　TSNAs 的形成机理 …… 2
　第三节　不同样品中 TSNAs 的含量水平 …… 4
　第四节　气相色谱-热能分析联用仪 …… 7
　第五节　气相色谱-质谱联用仪 …… 8
　第六节　液相色谱-质谱联用仪 …… 10
　第七节　超临界流体色谱 …… 14
第二章　TSNAs 溶液标准物质的研制 …… 16
　第一节　概述 …… 16
　第二节　标准物质的制备 …… 17
　第三节　标准物质均匀性检验 …… 53
　第四节　标准物质稳定性检验 …… 57
　第五节　各组分的定值 …… 63
　第六节　各组分定值的不确定度评定 …… 73
　第七节　标准物质特性量表示 …… 85
　第八节　标准物质证书和标签格式 …… 86
　第九节　结论 …… 91
第三章　基于在线 GPC-GC-MS/ MS 的 TSNAs 分析方法 …… 92
　第一节　电子烟烟液中 TSNAs 的分析方法 …… 92
　第二节　卷烟主流烟气中 PAHs 和 TSNAs 同时分析的方法 …… 100
第四章　基于固相萃取的烟草及烟草制品中 TSNAs 分析方法 …… 110
　第一节　烟草特有 *N*-亚硝胺的分析方法研究进展 …… 110
　第二节　基于固相萃取的烟草特有 *N*-亚硝胺分析方法 …… 112
　第三节　分析方法的优化和评价 …… 117
　第四节　实际样品分析 …… 124
第五章　基于在线固相萃取的烟气中 TSNAs 分析方法 …… 149
　第一节　概述 …… 149
　第二节　在线固相萃取-液相色谱-串联质谱法测定卷烟主流烟气中的 TSNAs …… 151
　第三节　在线固相萃取-液相色谱-串联质谱法测定侧流烟气中的 TSNAs …… 163
　第四节　在线固相萃取-液质联用法测定烟草中的 TSNAs …… 169

第六章　基于磁性聚合物的主流烟气中 TSNAs 分析方法 ······ 177
第一节　概述 ······ 177
第二节　主流烟气中 TSNAs 分析方法 ······ 180
第七章　基于磁性石墨烯的卷烟主流烟气中 TSNAs 分析方法 ······ 191
第一节　基于食品抗氧化剂的石墨烯的合成及表征 ······ 191
第二节　基于磁性石墨烯的 TSNAs 分析方法 ······ 197
第八章　基于 SFC-MS/MS 的 TSNAs 结构及状态分析 ······ 213
第一节　概述 ······ 213
第二节　基于 SFC-MS/MS 的 NNN 异构体分析 ······ 213
第三节　基于 SFC-MS/MS 的 NNK 存赋状态分析 ······ 222
附录 A　卷烟　主流烟气总粒相物中烟草特有 N-亚硝胺的测定 气相色谱-热能分析联用法 ······ 232
附录 B　烟草及烟草制品　烟草特有 N-亚硝胺的测定 ······ 237

第一章　烟草特有 *N*-亚硝胺概述和常用分析仪器简介

第一节　TSNAs 的主要性质

亚硝胺化合物是胺类化合物和亚硝基衍生物(如 NO_2、N_2O_3 和 N_2O_4)在酸性条件下进行亚硝化反应而生成的。它包括亚硝胺和亚硝酰胺两大类。如果参与反应的是仲胺,那么与 N 相连的氢很容易被—NO 取代,也就是说此种亚硝化反应异常迅速,只有叔胺亚硝化反应进行得很慢。由于亚硝胺化合物不稳定,在自然界分布有限,但亚硝酸盐和胺类特别是仲胺分布较广,它们能生成亚硝胺,因此在食物、水、土壤和烟草中广泛存在这种物质。在烟草处理和烟草燃烧时有 4 种类型的亚硝胺生成:挥发性 *N*-亚硝胺、非挥发性 *N*-亚硝胺、带亚硝基的氨基酸和烟草特有 *N*-亚硝胺。目前,已经鉴定出的烟草特有 *N*-亚硝胺(TSNAs)有 8 种,其结构式如图 1-1 所示。其中,对 *N*-亚硝基降烟碱(NNN)、4-(甲基亚硝胺基)-1-(3-吡啶基)-1-丁酮(NNK)、*N*-亚硝基新烟碱(NAT)和 *N*-亚硝基假木贼碱(NAB)的研究最为深入。

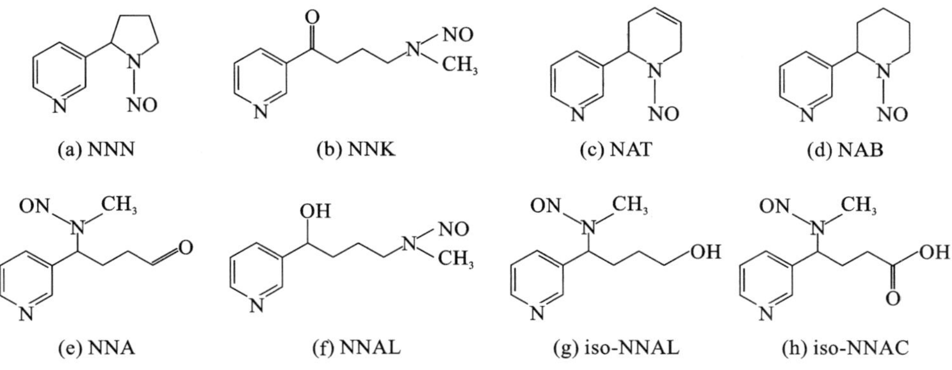

图 1-1　TSNAs 的结构式

N-亚硝基降烟碱(NNN)化学名为 3-(1-亚硝基-2-吡咯烷基)吡啶,分子式为 $C_9H_{11}N_3O$,相对分子质量为 177.20。纯 NNN 在室温下为淡黄色粉末,熔点为 43～45 ℃,沸点为(370±35)℃(预测),密度为(1.3±0.1)g/cm^3(预测),在−20 ℃储存条件下长期稳定。

4-(甲基亚硝胺基)-1-(3-吡啶基)-1-丁酮(NNK)分子式为 $C_{10}H_{13}N_3O_2$,相对分子质量为 207.23。纯 NNK 在室温下为白色粉末,熔点为 63～65 ℃,沸点为 346 ℃(预测),密度为1.2

g/cm³(预测),在－20 ℃储存条件下长期稳定。

N-亚硝基新烟碱(NAT)分子式为 $C_{10}H_{11}N_3O$,相对分子质量为 189.21。纯 NAT 为淡黄橙色低熔点固体,沸点为(368±42)℃(预测),密度为(1.2±0.1)g/cm³(预测),在－20 ℃惰性气体储存条件下长期稳定。

N-亚硝基假木贼碱(NAB)化学名为 1-亚硝基-2-(3-吡啶基)哌啶,分子式为 $C_{10}H_{13}N_3O$,相对分子质量为 191.23。纯 NAB 在室温下为透明淡黄色油状液体,沸点为 165～170 ℃(400 Pa 大气压),密度为(1.2±0.1)g/cm³(预测),在－20 ℃储存条件下长期稳定。

动物实验已证实,120 多种亚硝基化合物中的 80%是强有力的器官特定致癌物。TSNAs,尤其是 NNN 和 NNK,不仅是强有力的器官特定致癌物,而且是接触性致癌物。器官特定致癌物常在相同的部位诱发肿瘤,与应用暴露的场合和方式无关。生化研究表明,NNK 使动物活体和离体的人体组织中的 DNA 甲基化,从各种人体组织中分离出 7-甲基鸟嘌呤及 O^6-甲基鸟嘌呤中可以得到证实。分子生物学家认为遗传密码中带 O^6-甲基鸟嘌呤的 DNA 是一种化学损害,有可能引起肿瘤。烟草中主要 TSNAs 的致癌性等级如表 1-1 所示。

表 1-1　烟草中主要的 TSNAs 及其致癌性等级

名称	缩写	致癌性(IARC)
N-亚硝基降烟碱	NNN	Group 1
4-(甲基亚硝胺基)-1-(3-吡啶基)-1-丁酮	NNK	Group 1
N-亚硝基新烟碱	NAT	Group 3
N-亚硝基假木贼碱	NAB	Group 3
4-(甲基亚硝胺基)-4-(3-吡啶基)-1-丁醛	NNA	—
4-(甲基亚硝胺基)-1-(3-吡啶基)-1-丁醇	NNAL	—
4-(甲基亚硝胺基)-4-(3-吡啶基)-1-丁醇	iso-NNAL	—
4-(甲基亚硝胺基)-4-(3-吡啶基)丁酸	iso-NNAC	—

注:Group 1——人体致癌物,Group 3——怀疑的致癌物。

第二节　TSNAs 的形成机理

烟草中的 TSNAs 并不是本来就存在于烟叶中的,新鲜烟叶中的 TSNAs 含量很低,甚至无法检出。绝大多数 TSNAs 都是在烟草的晾晒、调制、陈化和燃烧过程中在烟碱和其他烟草生物碱的亚硝化作用下形成和积累起来的。目前烟草中 TSNAs 的形成主要有 2 种途径:一是烟叶中的硝酸盐在微生物的作用下被亚硝化,生成的亚硝酸盐再与烟碱等生物碱反应形成 TSNAs;二是烟草中的烟碱与硝酸盐发生反应,形成的环状亚硝酸盐中间体进一步水解成自由氨,再经过亚硝化作用,最终形成 TSNAs。具体地,TSNAs 主要的前体物是生物碱和亚硝酸,其中最主要的生物碱为烟碱叔胺,其他较为重要的生物碱(降烟碱、新烟碱和假木贼碱)为仲胺,同时烟草中又含有超过 5%以上的硝酸盐和痕量的亚硝酸盐,这就为烟草中亚硝胺的生成提供了必要的条件。如图 1-2 所示,*N*-亚硝胺是由胺类化合物在酸性条件下与源自亚硝酸盐的亚硝化试剂(例如 NO_2、N_2O_3 和 N_2O_4)反应而生成的。如果该胺类是仲胺，N 原子上的 H 被—NO 取代的速度就比较快速，而且反应产率很高；而对于叔胺来说，这一反应进行的速度就非常慢。

$$2HNO_2 \rightleftharpoons N_2O_3 + H_2O$$

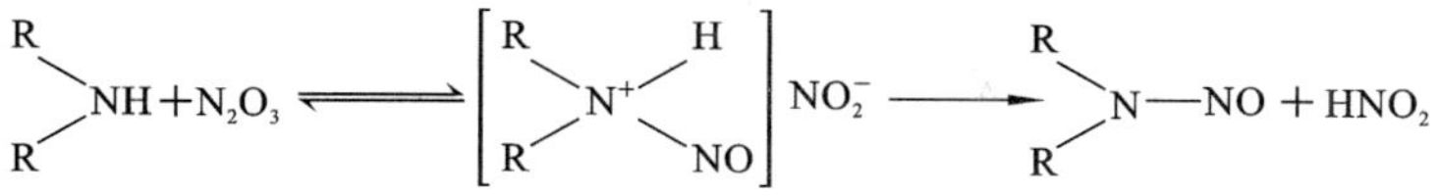

$$R_2NH + N_2O_3 \rightleftharpoons [R_2N^+(H)NO]NO_2^- \longrightarrow R_2N{-}NO + HNO_2$$

图 1-2　*N*-亚硝胺的形成机理

烟叶中存在丰富的氨基化合物，包括氨基酸、蛋白质和生物碱。在适宜反应条件下，每生成 1 分子 TSNAs 需要 1 分子生物碱和 2 分子亚硝酸。如图 1-3 所示，降烟碱、新烟碱和假木贼碱可以分别被亚硝化为相应的 *N*-亚硝胺（*N*-亚硝基降烟碱、*N*-亚硝基新烟碱和 *N*-亚硝基假木贼碱）。烟碱在水溶液条件下可以亚硝化生成 4-(甲基亚硝胺基)-1-(3-吡啶基)-1-丁酮、4-(甲基亚硝胺基)-4-(3-吡啶基)-1-丁醛和 *N*-亚硝基降烟碱。

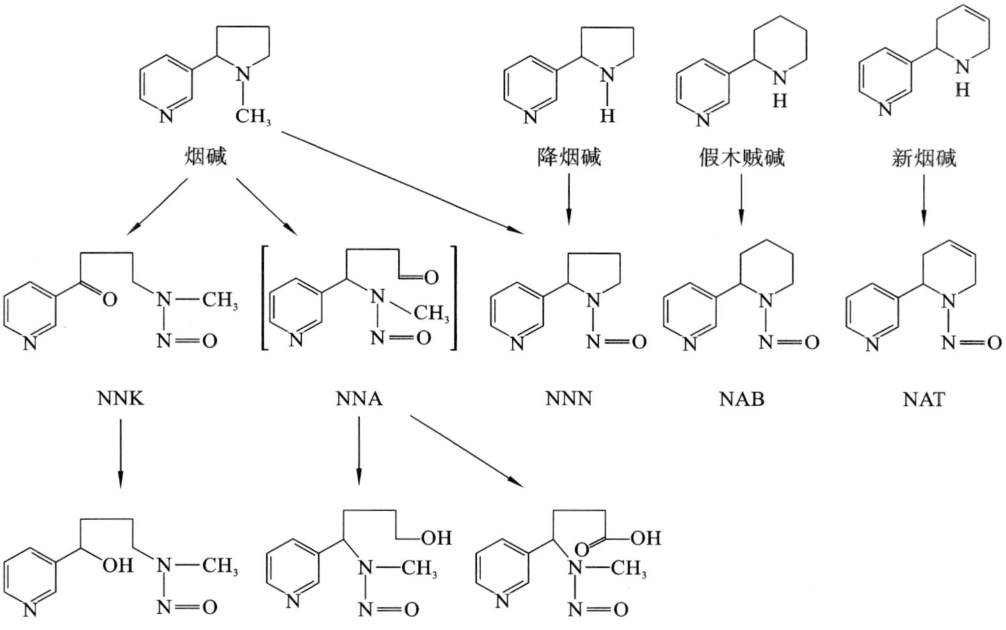

图 1-3　TSNAs 的形成示意图

为了证明烟碱形成 4-(甲基亚硝胺基)-1-(3-吡啶基)-1-丁酮的生化过程，美国肯塔基大学的 Burton 教授等进行了大量的试验研究，发现烟碱在水溶液中可分别在吡咯环的 1’,2’键、1’,5’键和 1’,6’键(甲基位)发生氧化，形成 3 种氧化离子。其中 1’,5’键的氧化可进一步形成可替宁或开环的醛衍生物；烟碱的 1’,2’键氧化离子可形成开环的酮衍生物，即 PON；烟碱的 1’,6’键氧化离子可引起去甲基化形成降烟碱。这些离子在水溶液中呈动态平衡，通过与氰化钾反应可生成稳定的氰化产物 2’-氰化烟碱、5’-氰化烟碱和 1’-氰甲基降烟碱。对不同烟叶材料的氰化衍生物含量进行测定，结果表明，2’-氰化烟碱含量显著高于 5’-氰化烟碱等衍生物，且调制前烟叶中的含量显著高于调制后的烟叶。在反应液中添加抗氧化剂抗坏血酸后，氰化衍生物的生成显著降低。这些结果可以充分证明烟碱吡咯环1'，2'键氧化形成的PON是生成4-(甲基亚硝胺基)-1-(3-吡啶基)-1-丁酮的直接前体物。

在一般情况下，叔胺类生物碱的亚硝化反应比仲胺类生物碱的亚硝化反应缓慢，叔胺类生物碱的反应包括胺盐水解形成仲胺，然后进一步与亚硝酸反应生成亚硝胺，反应的限速步骤为离子态中间体的形成。根据烟碱水解形成的离子态中间体的不同，烟碱的亚硝化反应可生成3种亚硝胺(NNK、NNN和NNA)。其中NNA极不稳定，可进一步还原为iso-NNAL。

第三节　不同样品中TSNAs的含量水平

我们在2016—2017年间对国内外烟叶、国内外卷烟、无烟气烟草和电子烟等样品中的TSNAs含量进行了普查分析，主要结果如下。

一、国内外烟叶样品中的TSNAs含量

在烟草中*N*-亚硝胺的形成过程中有以下几个重要的影响因素：前体物(烟碱等生物碱和亚硝酸等)含量、烟草品种、收获时的成熟度、调制条件和微生物活性。对于烤烟，明火调制所产生的燃烧副产物(即氮氧化物)对烟叶烤制中TSNAs的形成起重要作用。与明火调制相比，微生物对烤烟中TSNAs的形成所起的作用可以忽略不计。国内外不同类型烟叶中TSNAs的含量水平如图1-4所示。由数据可知，国产烤烟烟叶样品中四种TSNAs的含量都较低，NNN、NNK、NAT和NAB的检出率分别为76%、96%、100%和58%，大量国产烤烟烟叶样品中未检出NAB。国外烤烟烟叶样品中，四种TSNAs都有检出，且除NAB含量较低之外，其余三种TSNAs的含量都较高，整体高于国内烤烟烟叶样品的TSNAs含量水平。白肋烟、雪茄烟烟叶中整体TSNAs含量高于烤烟烟叶，NNN、NAT含量较高。香料烟、晾晒烟烟叶中整体TSNAs含量水平较低，多个样品中NAB未检出。马里兰烟烟叶的NNN含量较高，但NAB未检出。综上所述，虽然国内外烤烟烟叶之间、不同烟叶类型之间四种TSNAs的含量水平有较大差异，但所有烟叶样品中均有TSNAs检出(至少有一种检出)。

二、国内外卷烟样品中的TSNAs含量

国内外卷烟样品中TSNAs的含量水平如图1-5所示。由图可知，国内卷烟样品中四种TSNAs的含量都普遍低于国外卷烟样品，且国内卷烟样品中TSNAs含量较高的卷烟样品均为混合型卷烟样品。由于叶组配方的烟丝掺配，所有国内外卷烟样品中四种TSNAs的检出率均为100%。

三、无烟气烟草样品中的TSNAs含量

无烟气烟草制品中的TSNAs含量如表1-2所示。结果可知，CORESTA参比无烟气烟草制品中的TSNAs含量水平普遍较高，大多与烟草中范围相一致。但市售无烟气烟草制品中的TSNAs含量水平非常低，EPOK VITA SNUSET产品中未检出任意一种TSNAs，国内某试制品中含量较低的NAB也未检出。这可能是因为无烟气烟草制品为消费者直接口

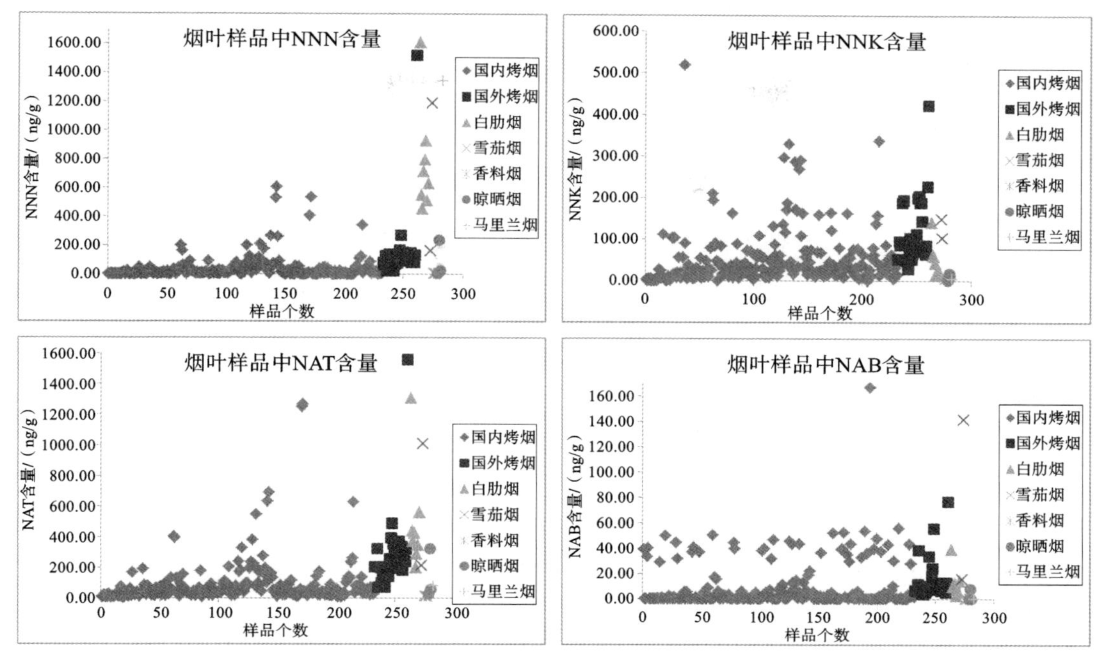

图 1-4　国内外烟叶样品中的 TSNAs 含量

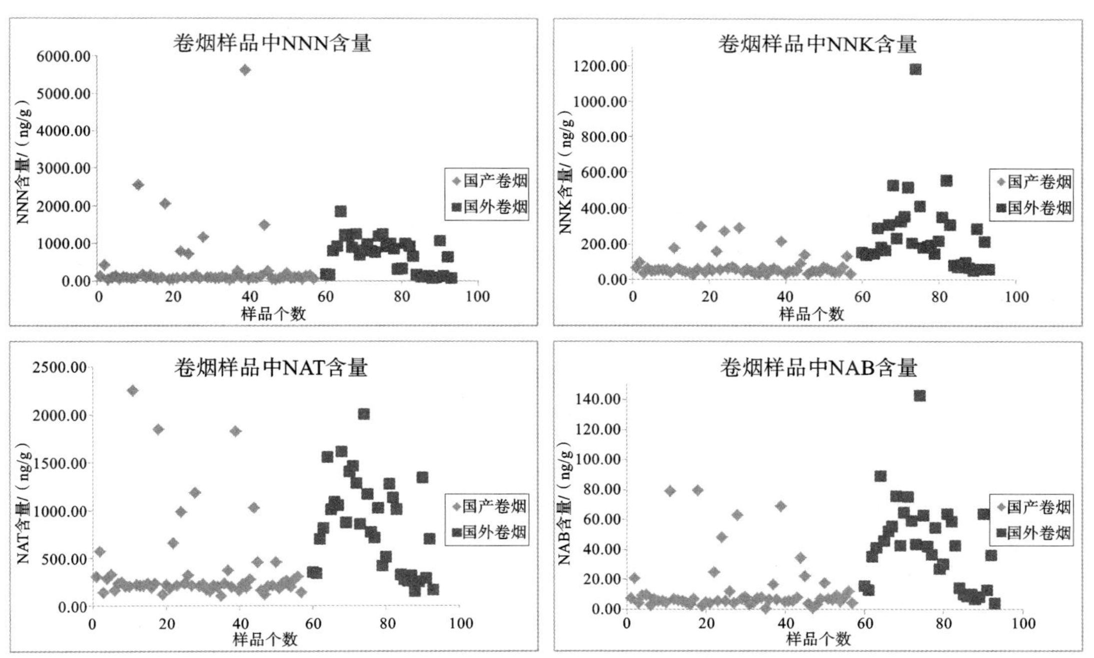

图 1-5　国内外卷烟样品中的 TSNAs 含量

含的产品，相关的管制文件或标准中一直关注 TSNAs 的含量水平，因此，无烟气烟草制品中的 TSNAs 含量水平已被极大降低。EPOK VITA SNUSET 产品介绍描述其为一款“tobacco-free”口含烟烟草制品，产品本身不使用烟草，通过外加烟碱制成。

表 1-2　无烟气烟草样品中的 TSNAs 含量　　单位：ng/g

样品描述	NNN	NNK	NAT	NAB
CORESTA Reference Products CRP1.1	201.24	41.64	160.10	7.40
CORESTA Reference Products CRP2.1	4043.59	1932.70	4861.34	354.74
CORESTA Reference Products CRP3.1	6410.81	2333.75	4989.79	388.41
CORESTA Reference Products CRP4.1	4004.20	726.96	1825.45	156.76
Swedish Match--ETTAN	84.60	514.49	115.58	11.05
Swedish Match--G.3 Original	44.22	334.11	126.50	6.40
Swedish Match--General Portion	93.32	313.63	99.80	6.69
Swedish Match--Goteborgs	62.35	285.10	86.82	4.76
Swedish Match--Kaliber Vit	63.28	238.77	71.24	3.82
EPOK VITA SNUSET	—	—	—	—
国内某试制品	11.82	23.72	18.87	—

四、烟草提取烟碱中的 TSNAs 含量

表 1-3 所示为烟草提取烟碱中 TSNAs 的检测结果。可以看出，TSNAs 的含量水平非常低，提取的高纯烟碱中部分 TSNAs 指标检测不到。与提取烟碱中的次要生物碱相比，TSNAs 在烟草提取烟碱过程中大量被去除，这可能由于 TSNAs 的化学结构与烟碱差异更大，也可能有刻意去除 TSNAs 的步骤。

表 1-3　烟草提取烟碱样品中的 TSNAs 含量　　单位：ng/g

样品描述	TSNAs			
	NNN	NNK	NAT	NAB
国产提取烟碱 1	11.02	8.54	0.68	25.75
国产提取烟碱 2	23.30	13.56	8.13	23.30
国产提取烟碱 3	5.82	—	0.67	—
国外提取烟碱	54.18	63.60	150.11	22.27

五、电子烟产品等中的 TSNAs 检出率

电子烟和含烟碱戒烟灵、其他作物、合成烟碱中 TSNAs 的检出率如表 1-4 所示。尽管方法检出限已为目前文献报道的最低值，但电子烟中 TSNAs 的含量极低，大多数仍未检出。结果可知，对于标注含烟碱的电子烟烟液，至少有一种 TSNAs 检出的产品检出率仅占 35%，而由于污染引入烟碱的电子烟烟液中 TSNAs 的检出率为 0。但由于烟碱原液中 TSNAs 的含量已经很低，并且在电子烟烟液中烟碱的添加量很少，因此电子烟烟液中 TSNAs 检测的难度偏大、检出率偏低。含烟碱戒烟灵中任意一种 TSNAs 的检出率为 100%。其他作物和合成烟碱中全部未检出 TSNAs。

表 1-4　电子烟和含烟碱戒烟灵、其他作物、合成烟碱中的 TSNAs 检出率

样品类型	NNN	NNK	NAT	NAB	总 TSNAs
电子烟(标注烟碱)	9%	17%	33%	6%	35%
电子烟(痕量烟碱)	0	0	0	0	0
含烟碱戒烟灵	95%	95%	100%	77%	100%
其他作物	0	0	0	0	0
合成烟碱	0	0	0	0	0

第四节　气相色谱-热能分析联用仪

早在 1964 年，就有使用薄层层析（TLC）法分析烟气中 NNN 的报道。1982 年，Chamberlain 等人用气相色谱-氮磷检测器测定了烟气中的 TSNAs。气相色谱-热能分析（gas chromatography：thermal energy analyzer，GC-TEA）联用仪的出现是 TSNAs 分析技术上的一次重大突破，因此，本节将主要对 GC-TEA 联用仪进行简介。气相色谱-热能分析联用仪采用了化学发光检测器，其结构如图 1-6 所示。热能分析仪只对亚硝胺和亚硝酸酯有响应，是专一性的检测器，并且具有相当高的灵敏度。热能分析以其高的灵敏度和对 TSNAs 的高选择性成为烟气中 TSNAs 检测的国家标准方法。

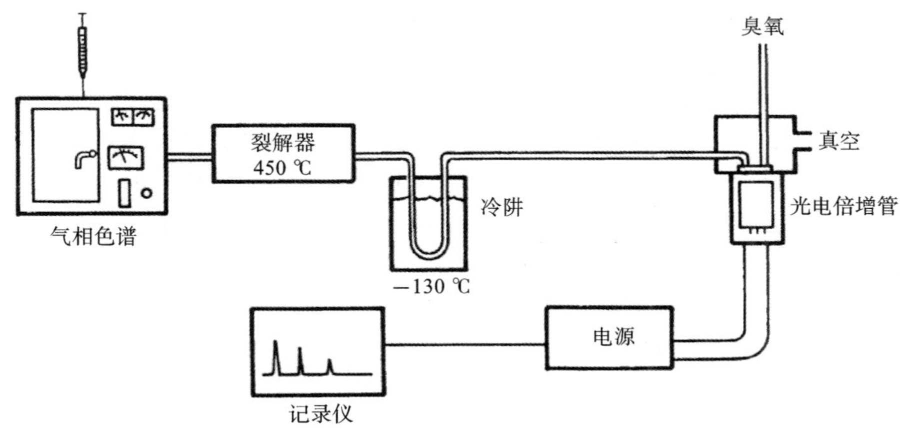

图 1-6　气相色谱-热能分析联用仪结构示意图

如图 1-7 所示，热能分析仪的工作原理是：N-亚硝基化合物进入裂解器后，其中N—NO 键被打破，产生亚硝酰基自由基（·NO），随后亚硝酰基自由基（·NO）在消除反应室中遇臭氧发生氧化，得到电子激发状态的二氧化氮（NO_2^*）。电子激发状态的二氧化氮（NO_2^*）发射特征辐射后衰减到它的基态。通过灵敏的光电倍增管检测发光强度即可实现对 N-亚硝基化合物的定量测定。

1979 年，TEA 首次与液相色谱（LC）联用对卷烟烟气中的 TSNAs 进行分析，样品的前处理和纯化步骤被大大简化。在此条件下，一种新的烟草特有 N-亚硝胺（NAT）在烟草和卷烟烟气中被鉴定出来。但是 HPLC-TEA 联用仪的操作过程较为复杂烦琐，并且其分辨能力

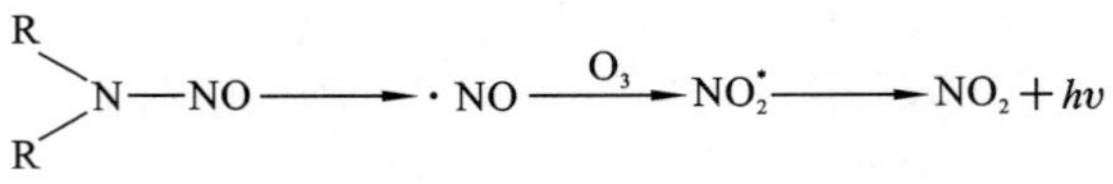

$$R_2N{-}NO \longrightarrow \cdot NO \xrightarrow{O_3} NO_2^{\bullet} \longrightarrow NO_2 + h\nu$$

图 1-7 热能分析仪检测原理示意图

较低,这就使得它的应用存在很大的局限性。由于 HPLC-TEA 联用仪存在以上缺点,气相色谱与 TEA 的联用技术受到了人们的重视。通过改进,热能分析仪的裂解管直接伸入气相色谱仪,从而消除了死体积和局部冷点,如图 1-8 所示。此项改进的效果很好,烟草和烟气中的 NAB 因此而被鉴定出来。人们使用 GC-TEA 联用仪在烟草和烟气中陆续鉴定出 NNN、NAT、NAB 和 NNK,还有 NNAL、iso-NNAL 和 iso-NNAC。GC-TEA 联用仪综合了气相色谱仪分析快速、简便和热能分析仪灵敏、准确、选择性强的优点,已成为烟草化学家们检测 *N*-亚硝胺的得力工具。

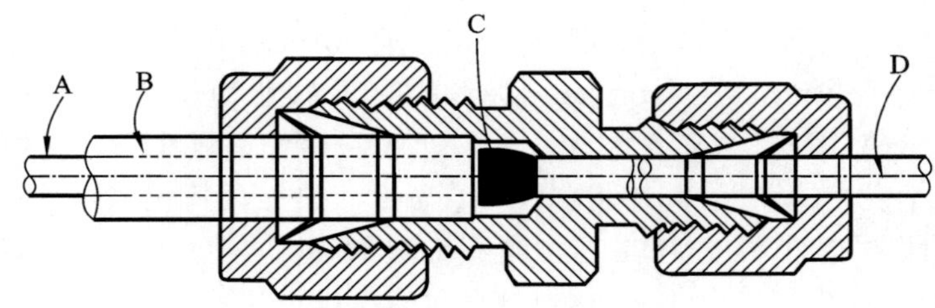

图 1-8 GC-TEA 联用仪接口示意图

A—裂解管;B—加热接口;C—1/4 英寸石墨垫圈;D—气相色谱柱

最早的 GC-TEA 系统使用填充气相色谱柱。为了得到更好的分离效果,1985 年毛细管柱 GC-TEA 系统被用于日常分析测试工作。从最初的填充气相色谱柱到后来的毛细管柱,气相色谱-热能分析联用仪成为烟气中 TSNAs 分析的有力工具。在使用热能分析仪对烟草和烟气中的 *N*-亚硝胺进行定性分析时,需要非常注意的一点是要使用其他附加的方法(如质谱法)对热能分析仪上出现的信号峰加以确认。

第五节 气相色谱-质谱联用仪

色谱仪是一种很好的分离用仪器,但定性能力很差。质谱仪是一种很好的定性鉴定用仪器,但对混合物的分析无能为力。若二者结合起来,则能发挥各自专长,使分离和鉴定同时进行。因此,早在 20 世纪 60 年代就开始了气相色谱-质谱联用技术的研究,并出现了早期的气相色谱-质谱联用仪。70 年代末,气相色谱-质谱联用仪已经达到较高的水平,液相色谱-质谱联用技术亦有相关研究。在 80 年代后期,大气压电离技术的出现,使液相色谱-质谱联用仪的水平提高到一个新的阶段。目前,在有机质谱仪中,除激光解吸电离-飞行时间质谱仪和傅立叶变换质谱仪之外,其他都是和气相色谱或液相色谱组成联用仪器。这样,使质谱仪无论是在定性分析方面还是在定量分析方面都十分方便。同时,为了增加未知物分析的结构信息及分析的选择性,采用串联质谱法(质谱-质谱联用)也是目前质谱仪发展的一个方向。也就是说,目前的质谱仪是以各种各样的联用方式工作的。因此,接下来将介绍各种质谱联用技术。

气相色谱-质谱（gas chromatography-mass spectrometer，GC-MS）联用仪主要由三部分组成：色谱部分、质谱部分和数据处理系统。色谱部分和一般的色谱仪基本相同，包括柱箱、汽化室和载气系统，也带有分流/不分流进样系统、程序升温汽化系统、压力和流量自动控制系统等，一般不再有色谱检测器，而是利用质谱仪作为色谱的检测器。在色谱部分，混合样品在合适的色谱条件下被分离成单个组分，然后进入质谱仪进行鉴定。

色谱仪在常压下工作，而质谱仪需要高真空，因此，如果色谱仪使用填充柱，必须通过一种接口装置——分子分离器，将色谱载气去除，使样品气进入质谱仪；如果色谱仪使用毛细管柱，则可以将毛细管直接插入质谱仪离子源，因为毛细管载气流量比填充柱小得多，不会破坏质谱仪真空。

GC-MS 联用仪的质谱部分可以是磁式质谱仪、四极质谱仪，也可以是飞行时间质谱仪和离子阱质谱仪。目前使用最多的是四极质谱仪。离子源主要是电子轰击离子源和化学电离源。GC-MS 联用仪的附件还包括快原子轰击源和直接进样杆等。快原子轰击源只能用于磁式双聚焦质谱仪。直接进样杆主要是分析高沸点的纯样品，不经过 GC 仪进样，而是直接送到离子源，加热汽化后，由电子轰击离子源电离。

GC-MS 联用仪的另外一个组成部分是计算机系统。由于计算机技术的提高，GC-MS 联用仪的主要操作都由计算机控制进行，这些操作包括利用标准样品校准质谱仪，设置色谱和质谱的工作条件，数据的收集和处理以及库检索等。这样，一个混合物样品进入色谱仪后，在合适的色谱条件下，被分离成单一组成并逐一进入质谱仪，经离子源电离得到具有样品信息的离子，再经分析器、检测器即得每个化合物的质谱。这些信息都由计算机储存，根据需要，可以得到混合物的色谱图、单一组分的质谱图和质谱的检索结果等。根据色谱图还可以进行定量分析。因此，GC-MS 联用仪是有机物定性、定量分析的有力工具。GC-MS 联用仪的数据系统可以有几套标准数据库，主要有美国国家标准与技术研究院（National Institute of Standards and Technology，NIST）库、Willey 库、农药库、毒品库等。

前期，我们还基于在线凝胶渗透色谱-气相色谱-串联质谱（在线 GPC-GC-MS/MS）对烟草特有 *N*-亚硝胺进行了分析。在线凝胶渗透色谱-气相色谱-串联质谱是将凝胶渗透色谱和气相色谱-串联质谱在线联用的新型分离检测技术，不但具有抗基质干扰能力强、灵敏度高的优点，而且可以连续自动分析，提高分析速度和结果的准确性。其原理如图 1-9 所示。根据体积排阻的原理，分子量较大的干扰基质先从 GPC 色谱柱中流出，通过六通阀位置的设定将这些基质干扰物排出系统，之后将所要检测的小分子量的目标分析物导入试样捕集环路，最后再送入 GC-MS/MS 系统进行分离检测。具体为含有基质的样品通过自动进样器被注入系统，并在泵 B（流速为 0.1 mL/min）的作用下实现干扰物与目标分析物的分离；不含待测物的馏分直接从 GPC 柱中流出从而被排出系统，含有目标分析物的馏分通过阀 A 和阀 B 的切换，首先被储存在定量环中，之后在泵 A 和吹扫气的推动作用下全部在线转入 GC 系统的程序升温汽化进样口（大体积进样口）。

如图 1-10 所示，注入 GC 系统的样品，首先在惰性前置柱内实现溶剂的汽化和排出（通过溶剂排出阀完成），而目标分析物会在预柱中进行冷凝富集。溶剂汽化和排出完成以后，溶剂排出阀关闭，此时色谱柱温箱开始升温，目标分析物进入分析柱进行分离检测。

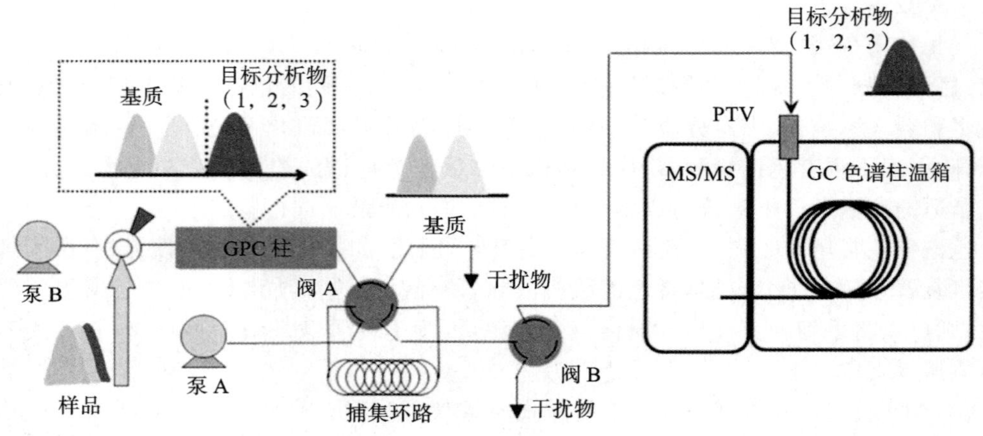

图 1-9　在线 GPC-GC-MS/MS 系统示意图

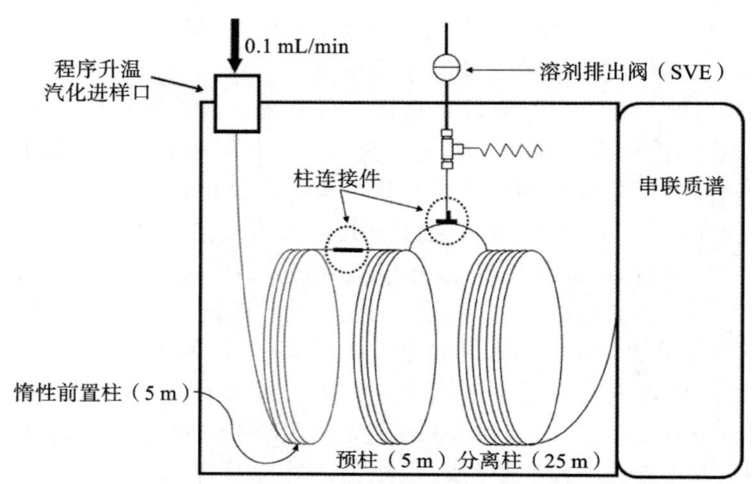

图 1-10　在线 GPC-GC-MS/MS 系统气相色谱柱系统示意图

第六节　液相色谱-质谱联用仪

液相色谱-质谱(liquid chromatography-mass spectrometer,LC-MS)联用仪主要由高效液相色谱仪、接口装置(同时也是离子源)、质谱仪组成。高效液相色谱仪与一般的液相色谱仪相同,作用是将混合物样品分离后送入质谱仪。以下介绍接口装置和质谱仪。

LC 与 MS 联用的关键是 LC 仪和 MS 仪之间的接口装置。接口装置的主要作用是去除溶剂并使样品离子化。早期曾经使用过的接口装置有传送带接口、热喷雾接口、粒子束接口等十余种,这些接口装置都存在一定的缺点,因而都没有得到广泛推广。20 世纪 80 年代,大气压电离源(atmosphere pressure ionization,API)用作 LC 和 MS 联用的接口装置和电离装置之后,LC 与 MS 联用技术提高了一大步。目前,几乎所有的 LC-MS 联用仪都使用大气压电离源作为接口装置和离子源。大气压电离源包括电喷雾电离(electrospray ionization,

ESI)源和大气压化学电离(atmospheric pressure chemical ionization,APCI)源两种,二者之中电喷雾电离源的应用较为广泛。除了电喷雾电离源和大气压化学电离源两种接口装置之外,极少数仪器还使用粒子束喷雾和电子轰击相结合的电离方式。这种接口装置具有可以得到标准质谱、可以实现库检索的优点,但只适用于小分子,应用也不普遍。除此以外,还有超声喷雾电离接口,它的使用也不普遍。

由于接口装置同时是离子源,因此质谱仪部分只介绍质量分析器。LC-MS 联用仪的质量分析器种类很多,最常用的是四极杆质量分析器(简写为 Q),其次是离子阱质量分析器(简写为 Trap)和飞行时间质量分析器(简写为 TOF)。LC-MS 联用仪主要提供分子量信息,为了增加结构信息,LC-MS 联用仪大多采用具有串联质谱功能的质量分析器。质量分析器串联的方式有很多,如 Q-Q-Q、Q-TOF 等。

为了得到更多有关分子离子和碎片离子的结构信息,早期的质谱工作者把亚稳离子(metastable ion)作为一种研究对象。从离子源出来的离子,由于自身不稳定,在前进过程中发生了分解,丢掉一个中性碎片后生成新的离子,这个新的离子就称为亚稳离子。这个过程可以表示为 $m_{1+} \longrightarrow m_{2+} + N$。新生成的离子在质量上和动能上都不同于 m_{1+},由于是在行进中途形成的,它也不处在质谱中 m_2 的质量位置。研究亚稳离子对搞清离子的母子关系、进一步研究结构十分有用。于是,在双聚焦质谱仪中设计了各种各样的磁场和电场联动扫描方式,以求得到子离子、母离子和丢失中性碎片。虽然亚稳离子能提供一些结构信息,但是由于亚稳离子形成的概率小,亚稳峰太弱,检测不容易,而且仪器操作也困难,因此,后来发展成在磁场和电场间加碰撞活化室,人为地使离子碎裂,设法检测子离子、母离子,进而得到结构信息。这是早期的质谱-质谱串联方式。随着仪器的发展,串联的方式越来越多。尤其是 20 世纪 80 年代以后出现了很多软电离技术,如 ESI、APCI、FAB、MALDI 等,基本上都只有准分子离子,没有结构信息,更需要采用串联质谱法得到结构信息。因此,近年来,串联质谱法的发展十分迅速。

串联质谱分析在定性方面可以获得除分子质量外的分子骨架信息;在定量方面可以提高选择性,并通过降低噪声的强度来提高检测的灵敏度。串联质谱分析方法在当今生物及化学分析领域占据十分重要的地位。串联质谱的分析过程至少包括两次质量分析及一次诱导裂解。在大部分串联质谱分析中,第一次质量分析用于选择母离子,第二次质量分析用于检测母离子经诱导裂解所产生的子离子。从所产生的子离子中进一步选择一个进行第二次诱导裂解,分析所产生的第二级子离子,被称作 MS^3 实验。诱导裂解的次数还可以再增加(MS^n),但通常会伴随着离子的损失,灵敏度下降明显。根据串联质谱分析方式的不同,串联质谱可以分为时间串联与空间串联两种。

空间串联是两个以上的质量分析器联合使用,两个质量分析器间有一个碰撞活化室,目的是将前级质谱仪选定的离子打碎,由后一级质谱仪进行分析;而时间串联质谱仪只有一个质量分析器,前一时刻选定一离子,在质量分析器内打碎后,后一时刻再进行分析。

串联质谱的串联方式有很多,既有空间串联型,又有时间串联型。空间串联型又分磁扇形串联、四极杆串联、混合串联等。如果用 B 表示扇形磁场,用 E 表示扇形电场,用 Q 表示四极杆,用 TOF 表示飞行时间质量分析器,那么串联质谱主要的串联方式有:

(1)空间串联型:

①磁扇形串联:BEB、EBE、BEBE 等。

②四极杆串联：Q-Q-Q。

③混合串联：BE-Q、Q-TOF、EBE-TOF 等。

(2)时间串联型：离子阱质谱仪和回旋共振质谱仪所采用的串联方式即为这一种。

无论是哪种方式的串联，都必须有碰撞活化室，从第一级 MS 分离出来的特定离子，经过碰撞活化后，由第二级 MS 进行质量分析，以便取得更多的信息。

利用基于软电离技术的电喷雾电离源或快原子轰击源作为离子源时，所得到的质谱主要是准分子离子峰，碎片离子很少，因而也就没有结构信息。为了得到更多的信息，最好的办法是把准分子离子"打碎"之后测定碎片离子。在串联质谱中采用碰撞活化解离(collision activated dissociation，CAD)技术把离子"打碎"。碰撞活化解离也称为碰撞诱导解离(collision induced dissociation，CID)，在碰撞活化室内进行，是指带有一定能量的离子进入碰撞活化室后，与室内惰性气体的分子或原子发生碰撞，离子发生碎裂。为了使离子碰撞碎裂，必须使离子具有一定的动能。对于磁式质谱仪，离子加速电压可以超过 1000 V；而对于四极杆质谱仪、离子阱质谱仪等，加速电压不超过 100 V。前者称为高能 CAD，后者称为低能 CID。二者得到的子离子谱是有差别的。

(1)三重四极杆质谱(Q-Q-Q)仪的工作方式和主要信息。

三重四极杆的简称是 QqQ，第二个四极杆以 q(小写字母)表示，是因为该四极杆只在射频电压模式下工作，不具有离子的筛选功能，而是相当于一个离子透镜，在该透镜内，所有选定质量范围的离子都是可通过的。在非串联质谱分析模式下，离子直接通过；在串联质谱分析模式下，第二个四极杆作为碰撞池使用，池内充入惰性气体，母离子离开第一个四极杆后，以一定的速度进入第二个四极杆，从与惰性气体的多次碰撞中获得能量，继而母离子发生裂解，所产生的子离子用第三个四极杆进行质量分析。母离子进入碰撞池的速度由碰撞池与质谱仪入口(通常接地，电势为零)的电势差决定，控制较容易，碰撞能量在 0～100 eV 范围内可调。该质谱仪的主要工作方式有四种(见图 1-11)。

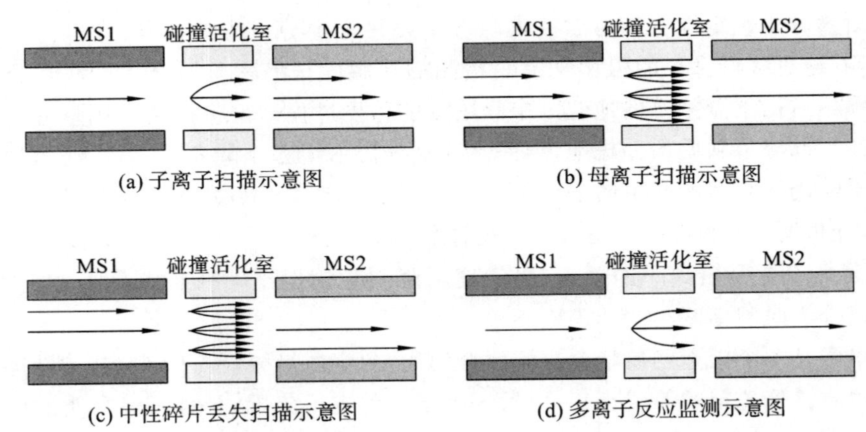

图 1-11　三重四极杆质谱仪的四种 MS-MS 工作方式

图 1-11(a)所示为子离子扫描方式。在这种工作方式下，由 MS1 选定质量，碰撞活化解离之后，由 MS2 扫描得到子离子谱。在子离子扫描方式下，Q1(即第一个四极杆)只允许具有同一质荷比(m/z)的母离子通过；碰撞池气压上升，在碰撞诱导解离模式下工作；Q3(即第三个四极杆)做全扫描分析。该扫描模式可以得到母离子的碎片信息，有助于对分析物进行

定性、降低假阳性率。

图 1-11(b)所示为母离子扫描方式。在这种工作方式下，由 MS2 选定一个子离子，由 MS1 进行扫描，检测器得到的是能产生选定子离子的那些离子，即母离子谱。在母离子扫描方式下，Q1 进行全扫描分析，碰撞池在碰撞诱导解离模式下工作，Q3 只允许特定质荷比的子离子通过。该扫描模式可以筛选出具有特定结构片段、能产生相同子离子的物质。

图 1-11(c)所示是中性碎片丢失扫描方式。在这种工作方式下，MS1 和 MS2 同时进行扫描，只是二者始终保持一定的质量差(即中性丢失质量)，只有满足相差一固定质量的离子才得到检测。在中性碎片丢失扫描方式下，Q1 处于全扫描模式下，碰撞池在碰撞诱导解离模式下工作，Q3 也处于全扫描模式下；Q1 在每一瞬间允许通过的离子的质荷比和 Q3 在每一瞬间允许通过离子的质荷比相差一个固定的值，即所丢失中性碎片的分子量。该扫描模式可以筛选出在碰撞诱导下能丢失等定中性片段的物质。

图 1-11(d)所示是多离子反应监测方式。在这种工作方式下，由 MS1 选择一个或几个特定离子(图中只选一个)，经碰撞碎裂之后，再从其子离子中选出一特定离子，只有同时满足 MS1 和 MS2 选定的一对离子时，才有信号产生。用这种扫描方式的好处是增加了选择性，即便是两个质量相同的离子同时通过了 MS1，但仍可以依靠其子离子的不同将其分开。这种方式非常适合用于从很多复杂的体系中选择某特定质量，经常用于微小成分的定量分析。

多离子反应监测主要用于对目标物进行定量分析，子离子扫描主要用于对选定的若干未知物进行结构分析。母离子扫描及中性碎片丢失扫描离子的利用率(duty cycle)比多离子反应监测低，在相同时间内对所扫描离子中的某一固定离子的扫描次数较少，定量能力不如多离子反应监测，但这两种扫描模式具有筛查(screening)某种特定结构未知物的功能，且这种筛查功能的选择性与特异性较高。

三重四极杆在定量方面有绝对优势，但是分辨率较低，不能做三级以上的质谱分析。为了解决以上问题，质谱公司将三重四极杆的第三个四极杆改为线性离子阱，得到 QTrap 系列串联质谱。在垂直于两对四极杆的电极上再外加一路辅助射频，即构成第三重的线性离子阱。该线性离子阱既可以在离子阱模式下工作，也可以在四极杆模式下工作。QTrap 的定量能力与 QqQ 相当，但定性能力略高一筹。QTrap 具有增强子离子扫描(EPI)功能，充分利用了离子阱在全扫描模式下扫描速度和分辨率都要优于四极杆的特点，对未知化合物的定性很有帮助。

(2)四极杆串联飞行时间质谱(Q-TOF)仪的工作方式和主要信息。

四极杆串联飞行时间质谱(Q-TOF)仪可以视为 Q-Q-Q 的第三个四极杆被飞行时间管取代的搭配。为了获得较高的分辨率，使用反射式飞行时间管，且飞行时间管与四极杆相垂直。在进行非串联质谱分析时，四极杆只在纯射频(RF only)模式下工作，离子不经筛选直接通过，谱图由飞行时间管采集；在进行串联质谱分析时，四极杆质量分析器选择性地通过母离子，母离子经碰撞池打碎得到子离子，全部子离子由飞行时间管采集。与三重四极杆质谱仪相比，Q-TOF 仪的分辨率更高，一次采集而无须扫描即可获得所有离子高分辨率的质量信息。在获取全质量范围谱图上，不管是扫描速度还是谱图质量，Q-TOF 仪都更有优势。然而由于飞行时间管并不能进行母离子扫描，所以该仪器的多离子反应监测模式并不是真正意义上的多离子反应监测模式，只是一种数据处理模式。Q-TOF 仪的多离子反应监测模式在灵敏度和线性响应范围方面较 Q-Q-Q 仪的多离子反应监测模式差。而且,由于采用正交加速,Q-TOF 仪在做小分子量目标物的分析时有歧视效应,而三重四极杆则没有这个缺陷。

(3)离子阱质谱仪的 MS-MS 工作方式和主要信息。

离子阱质谱仪的 MS-MS 属于时间串联型。与空间串联质谱不同,时间串联质谱使用同一个质量分析器实现对离子的捕集、分离、裂解及子离子分析。能实现时间串联分析的质谱仪所用的质量分析器必须能长时间将离子约束在一定的空腔内。具有这种功能的质量分析器有离子阱质量分析器和离子回旋共振质量分析器。时间串联质谱仪在做串联质谱分析时,由于多种事件依次进行,扫描速度比三重四极杆质谱仪慢,而且由于空间电荷效应,定量能力也不如三重四极杆质谱仪。

离子阱质谱仪的操作方式如图 1-12 所示。在 A 阶段,打开电子门。此时,将基础电压置于低质量的截止值,使所有的离子被阱集,然后利用辅助射频电压抛射所有高于被分析母离子的离子。进入 B 阶段,增加基频电压,抛射掉所有低于被分析母离子的离子,以阱集即将碰撞活化的离子。在 C 阶段,利用加在端电极上的辅助射频电压激发母离子,使其与阱内本底气体碰撞。在 D 阶段,扫描基频电压,抛射并接收在 CID 过程中形成的所有子离子,获得子离子谱。以此类推,可以进行多级 MS 分析。由离子阱质谱仪的工作原理可以知道,它的 MS-MS 功能主要是提供多级子离子谱,利用计算机处理软件,还可以提供母离子谱、中性碎片丢失谱和多离子反应监测功能。

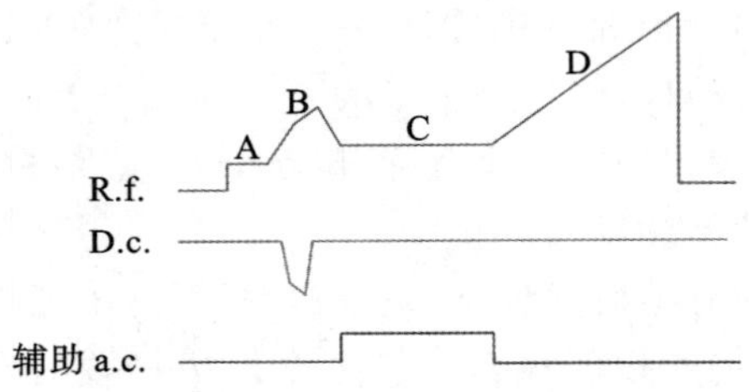

图 1-12　离子阱质谱仪的 MS-MS 工作方式

第七节　超临界流体色谱

超临界流体色谱(supercritical fluid chromatography,SFC)的概念最早由 Klesper 等人于 1962 年提出。近年来,随着 SFC 在仪器上的不断进步和革新,SFC 才引起色谱分析领域的广泛关注。作为主流色谱技术气相色谱(GC)和液相色谱(LC)的补充,SFC 的应用越来越广泛。GC、LC、SFC 的主要区别在于所使用的流动相性质有差异。超临界 CO_2 是 SFC 中最常用的流动相,其性质介于气体和液体之间,兼有气体(GC 流动相)和液体(LC 流动相)的独特性质,如低黏度、高密度、高扩散率和低传质阻力。使用超临界 CO_2 作流动相具有以下优点:①临界点低(临界温度 $T_c=31$ ℃,临界压力 $P_c=7.4$ MPa);②相对低毒且不可燃;③容易获得;④安全性好;⑤能够与多种有机溶剂互溶。除 CO_2 外,SFC 中经常使用助溶剂以改变流动相的极性和密度,并通过吸附作用改变固定相的性质。此外,助溶剂中也可加入添加剂,从而增强流动相的溶剂化能力,也可与带电分析物形成离子对,并可通过覆盖固定相表面的活性位点来修饰固定相的表面性质。助溶剂（如甲醇、乙醇、异丙醇、乙腈）和添加剂（如水、柠檬酸、氨水、三乙胺、醋酸铵、三氟乙酸）的使用使 SFC 具有高度通用性，可用于分析不同极性的化合物，如图 1-13 所示。除常规分析外，不同手性固定相（如纤维素或直链淀粉基固定相、Pirkle 型固定相、大环多肽类固定相、环状低聚糖类固定相等）与 SFC 相结合，在分离手性化合物方面表现出分离速度快、分离效率高、环保绿色等特性，使 SFC 在手性分析领域逐渐取得一席之地，并正慢慢成为手性分析分离的首选色谱技术。

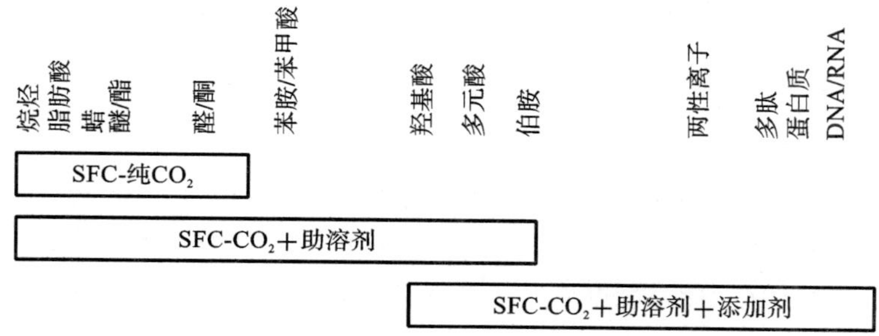

图 1-13　SFC 不同流动相组成的分析物极性适用范围

参考文献

[1] BURTON H R. Factors influencing accumulation of TSNA during curing of burley tobacco[R]. International Tobacco Symposium for the 10th Anniversary of the China National Tobacco Cultivation & Physiology & Biochemistry Research Center, Zhengzhou, China: 2007.

[2] CHAMBERLAIN W J, ARRENDALE R F. Rapid method for the analysis of volatile *N*-nitrosamines in cigarette smoke by glass capillary chromatography[J]. Journal of Chromatography A, 1982, 234(2): 478-481.

第二章 TSNAs溶液标准物质的研制

本章采用4种烟草特有 N-亚硝胺标准品为候选物原料，以经过验证的色谱级甲醇为溶剂，采用重量-容量法，研制出了“甲醇中4种烟草特有 N-亚硝胺混合溶液标准物质”。该标准物质可用于烟草及烟草制品、卷烟烟气和其他烟草相关产品中烟草特有 N-亚硝胺含量的检测。

本章主要内容包括以下4个方面。

(1)以经过结构验证的烟草特有 N-亚硝胺标准品为候选物原料，以经过纯度测试的色谱级甲醇为溶剂，采用重量-容量法制备混合溶液标准物质，并分装于棕色瓶内，包装单元是0.5 mL/瓶。

(2)对抽取的12瓶样品进行均匀性检验(F 检验)。结果表明，封装后的“甲醇中4种烟草特有 N-亚硝胺混合溶液标准物质”中各组分的 $F_{检} < F_{临}$，即均匀性良好。

(3)考察“甲醇中4种烟草特有 N-亚硝胺混合溶液标准物质”的短期稳定性和长期稳定性。结果表明，短期稳定性和长期稳定性检验拟合直线方程的 $|a| < t_3^{0.05} \times s_{(a)}$，故斜率不显著。“甲醇中4种烟草特有 N-亚硝胺混合溶液标准物质”的短期稳定性(60 ℃避光保存14天)和长期稳定性(12个月)良好。

(4)通过定值及其不确定度评定研究，表明“甲醇中4种烟草特有 N-亚硝胺混合溶液标准物质”中各组分的浓度值为1.00 mg/mL，相对扩展不确定度为3%(k=2)。

第一节 概 述

一、意义和必要性

烟草特有 N-亚硝胺(tobacco specific N-nitrosamines，TSNAs)由胺类化合物在酸性条件下与亚硝化试剂反应生成，是烟草行业重点关注的主要成分之一。目前已鉴定出8种TSNAs，但普遍受到关注的有4种：N-亚硝基降烟碱(NNN)、4-(甲基亚硝胺基)-1-(3-吡啶基)-1-丁酮(NNK)、N-亚硝基新烟草碱(NAT)和 N-亚硝基假木贼碱(NAB)。其中NNN和NNK已被证明具有动物致癌性。随着公众对吸烟与健康问题的日益关注，卷烟烟气成分成为人们关注的焦点问题，卷烟烟气成分释放量成为评价卷烟烟气的基本参数。目前加拿大等一些国家和地区已经制定了相关法律，要求卷烟生产商提供卷烟烟气中主要成分的释放量。《世界卫生组织烟草控制框架公约》要求披露和管制卷烟制品中相关成分的释放量。因此，准确检测卷烟制品中 TSNAs 的释放量，对评价卷烟烟气具有重要意义。

国内烟草行业普遍采用液相色谱-串联质谱法对烟草及烟草制品、卷烟主流烟气中的 TSNAs 进行分析。同时，液相色谱-串联质谱法也是 ISO 标准中规定的分析方法。通过烟草行业实验室能力比对（TSNAs 检测分项）结果分析及沟通调研发现，各参与单位检验结果可疑或离群除与测试环境条件、设备状态和操作人员的熟练程度有关外，还与工作曲线的配制有关。目前，国内各级烟草质量监督检验部门和中烟技术中心在测定 TSNAs 时，主要采用试剂公司提供的分析标准品配制工作曲线。商品化分析标准品解决了标准品的获取难题，但是不同试剂提供厂家的产品纯度差异及检验员称量时的操作误差都会严重影响最终检测结果的一致性。更重要的是，目前的分析标准品没有对 TSNAs 进行标准定值，无法保证测试时的量值溯源，不能用于标准方法和设备的校准评价、分析系统之间的差异分析，严重影响了日常检测和分析工作。

经登录国际标准物质数据库（International Data Bank on Certified Reference Materials，COMAR，https://www.comar.bam.de/home/login.php）和国家标准物质资源共享平台（https://www.ncrm.org.cn）查询，国内外均没有 TSNAs 标准物质登记。因此，为了更方便地对烟草及卷烟制品进行 TSNAs 含量测定，同时保证分析数据的量值溯源和可对比性，国家烟草质量监督检验中心牵头研制了“甲醇中 4 种 TSNAs 混合溶液标准物质”。

二、主要研究内容和技术路线

本章的主要研究内容为候选物选择、标准物质制备、对抽取的样品进行均匀性检验、标准物质短期和长期稳定性考察、标准物质定值及不确定度评定等。本章的技术路线图如图 2-1 所示。

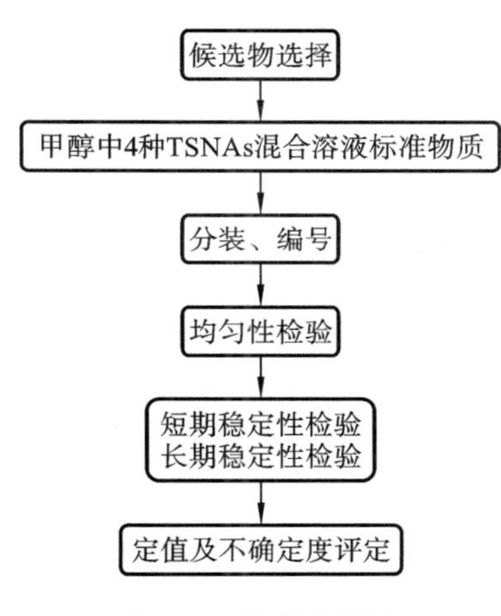

图 2-1　技术路线图

第二节　标准物质的制备

一、候选物的选择

我国标准物质需要申报单位保障统一量值的供应能力和措施，根据本章研制标准物质的特点，优选 4 种 TSNAs 标准品作为候选物。因此，本章从加拿大 TRC 公司购买了 4 种 TSNAs 标准品作为候选物（分析证书见图 2-2 至图 2-5）。将购得的每种 TSNAs 标准品整装为一瓶并充分混匀，后续的分析和溶液标准物质制备均从该瓶中称取标准品。本章购得的 4 种标准品的相关信息如表 2-1 所示。

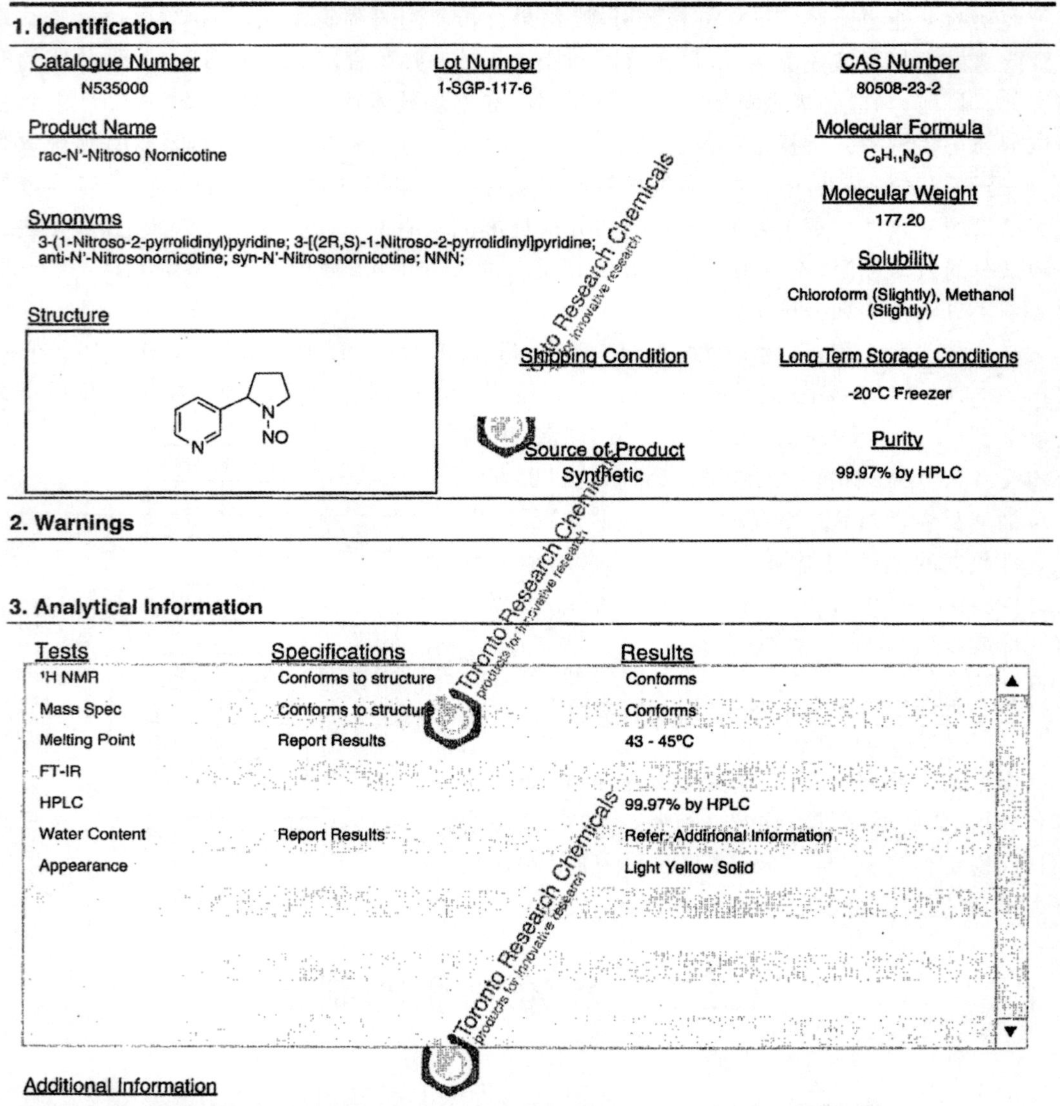

Certificate of Analysis

1. Identification

Catalogue Number
N535000

Lot Number
1-SGP-117-6

CAS Number
80508-23-2

Product Name
rac-N'-Nitroso Nornicotine

Molecular Formula
$C_9H_{11}N_3O$

Molecular Weight
177.20

Synonyms
3-(1-Nitroso-2-pyrrolidinyl)pyridine; 3-[(2R,S)-1-Nitroso-2-pyrrolidinyl]pyridine; anti-N'-Nitrosonornicotine; syn-N'-Nitrosonornicotine; NNN;

Solubility
Chloroform (Slightly), Methanol (Slightly)

Structure

Shipping Condition

Long Term Storage Conditions
-20°C Freezer

Source of Product
Synthetic

Purity
99.97% by HPLC

2. Warnings

3. Analytical Information

Tests	Specifications	Results
^1H NMR	Conforms to structure	Conforms
Mass Spec	Conforms to structure	Conforms
Melting Point	Report Results	43 - 45°C
FT-IR		
HPLC		99.97% by HPLC
Water Content	Report Results	Refer: Additional Information
Appearance		Light Yellow Solid

Additional Information

TLC Conditions: SiO_2; Dichloromethane : Methanol = 9 : 1; Visualized with UV and $KMnO_4$; Single Spot, Rf = 0.50.
^1H NMR, FT-IR, and MS conform to structure.
Water Content: 1.6% by Karl Fischer

20 Martin Ross Ave., Toronto, ON. M3J 2K8 Canada Tel: (416) 665-9696 Fax: (416) 665-4439 E-mail: orders@trc-canada.com Website: www.trc-canada.com

图 2-2　NNN 分析证书

Certificate of Analysis

Purity is based on the analytical results of the tests performed. NMR and TLC may have an accuracy of ± 2%. Isotopic purity is based on mass distribution observed.

4. Signatures

Lot Number	Reviewed By	Reviewed By	C of A Approved By
1-SGP-117-6	Philip Chan		
Test Date			
3/16/2016			
Retest Date	Date	Date	Date
3/14/2023			

20 Martin Ross Ave., Toronto, ON. M3J 2K8 Canada Tel: (416) 665-9696 Fax: (416) 665-4439 E-mail: orders@trc-canada.com Website: www.trc-canada.com Page 1 of 1

续图 2-2

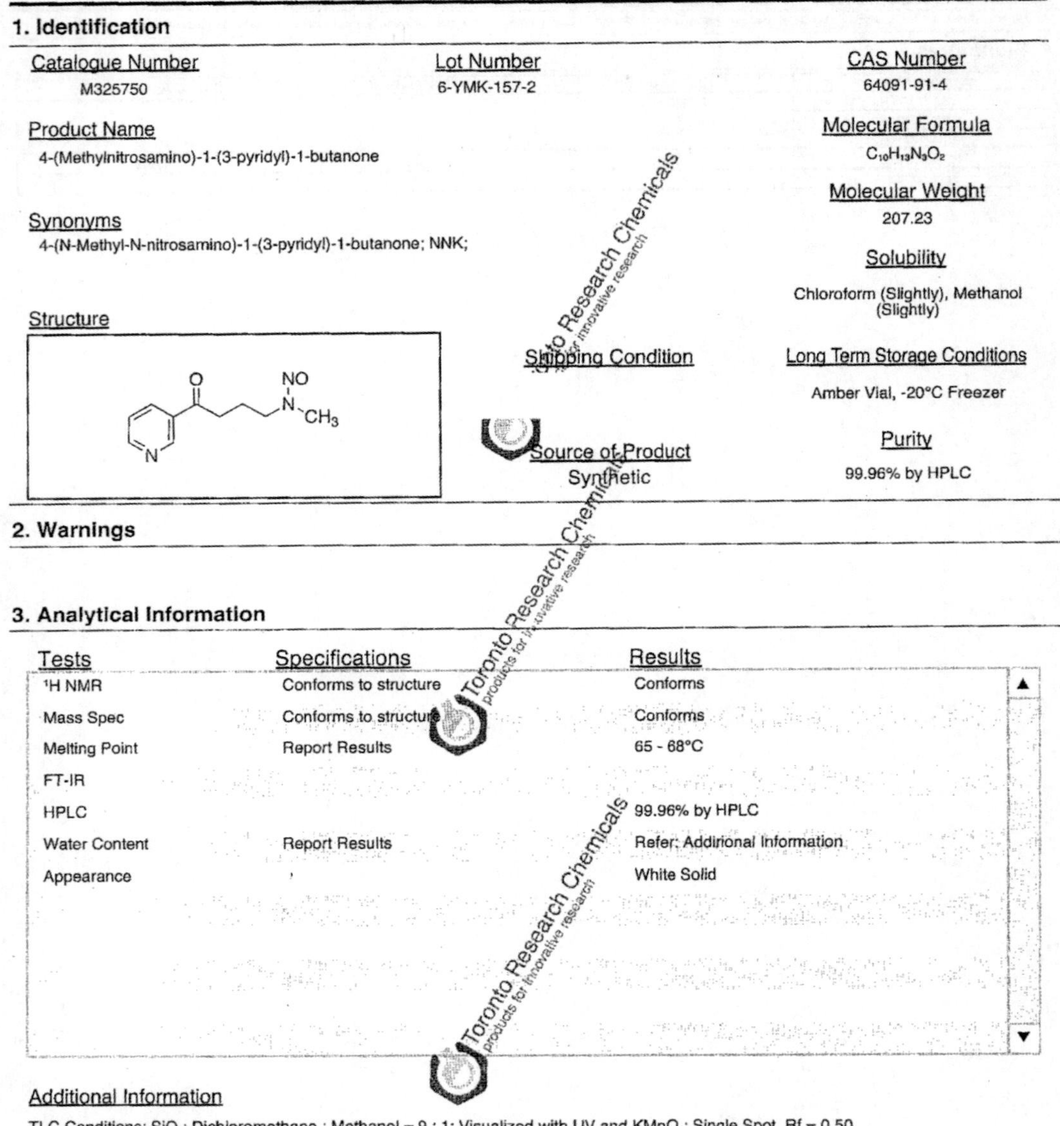

Certificate of Analysis

1. Identification

Catalogue Number
M325750

Lot Number
6-YMK-157-2

CAS Number
64091-91-4

Product Name
4-(Methylnitrosamino)-1-(3-pyridyl)-1-butanone

Molecular Formula
$C_{10}H_{13}N_3O_2$

Molecular Weight
207.23

Synonyms
4-(N-Methyl-N-nitrosamino)-1-(3-pyridyl)-1-butanone; NNK;

Solubility
Chloroform (Slightly), Methanol (Slightly)

Structure

Shipping Condition

Long Term Storage Conditions
Amber Vial, -20°C Freezer

Source of Product
Synthetic

Purity
99.96% by HPLC

2. Warnings

3. Analytical Information

Tests	Specifications	Results
¹H NMR	Conforms to structure	Conforms
Mass Spec	Conforms to structure	Conforms
Melting Point	Report Results	65 - 68°C
FT-IR		
HPLC		99.96% by HPLC
Water Content	Report Results	Refer: Addirional Information
Appearance	,	White Solid

Additional Information

TLC Conditions: SiO_2; Dichloromethane : Methanol = 9 : 1; Visualized with UV and $KMnO_4$; Single Spot, Rf = 0.50.
¹H NMR, FT-IR, and MS conform to structure.
Water Content: 1.0% by Karl Fischer

20 Martin Ross Ave., Toronto, ON. M3J 2K8 Canada Tel: (416) 665-9696 Fax: (416) 665-4439 E-mail: orders@trc-canada.com Website: www.trc-canada.com Page 1 of 1

图 2-3 NNK 分析证书

Certificate of Analysis

Purity is based on the analytical results of the tests performed. NMR and TLC may have an accuracy of ± 2%. Isotopic purity is based on mass distribution observed.

4. Signatures

Lot Number	Reviewed By	Reviewed By	C of A Approved By
6-YMK-157-2	Philip Chan		
Test Date			
7/12/2017			
Retest Date	Date	Date	Date
7/10/2021			

20 Martin Ross Ave., Toronto, ON. M3J 2K8 Canada Tel: (416) 665-9696 Fax: (416) 665-4439 E-mail: orders@trc-canada.com Website: www.trc-canada.com

续图 2-3

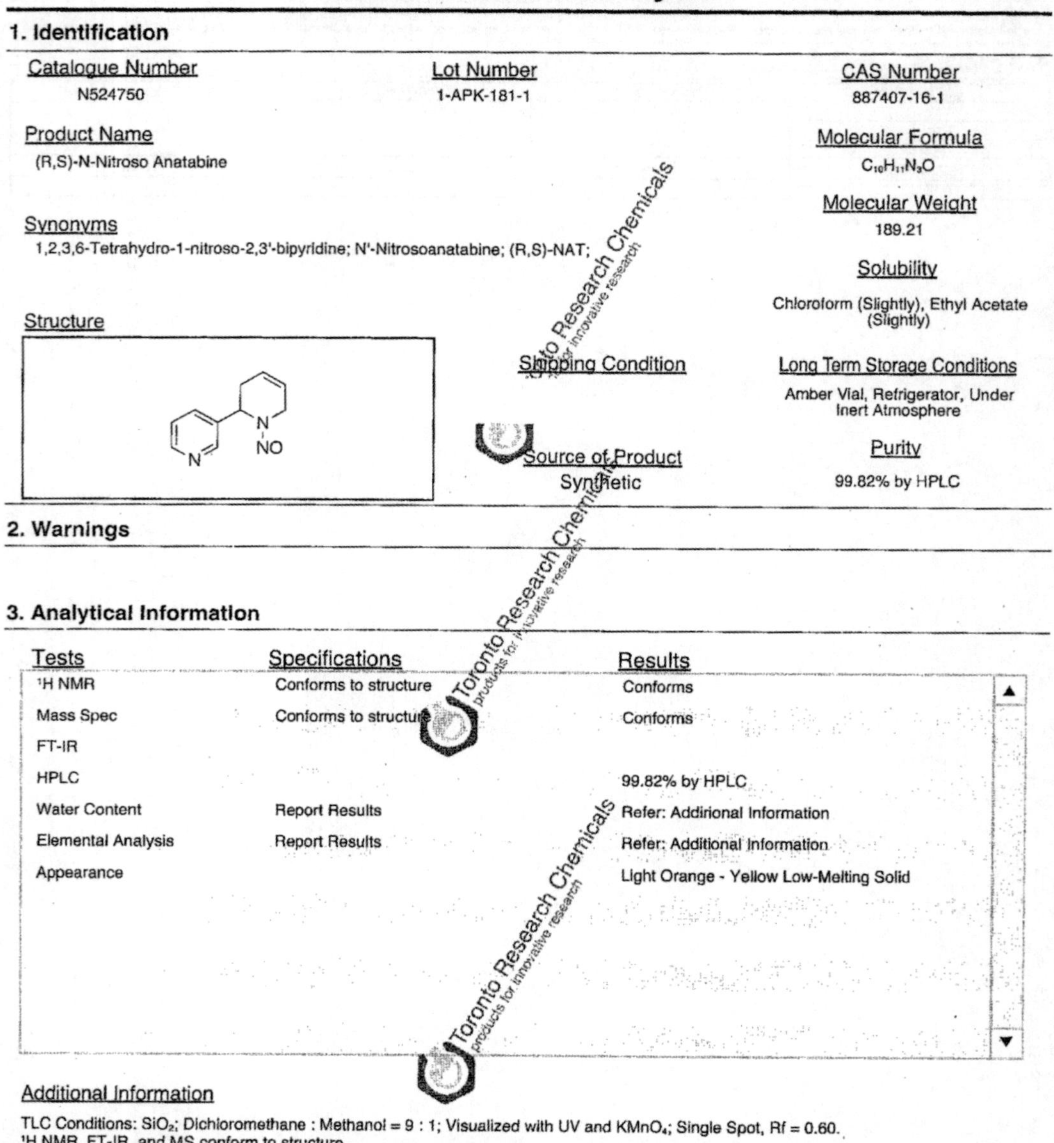

Certificate of Analysis

1. Identification

Catalogue Number
N524750

Lot Number
1-APK-181-1

CAS Number
887407-16-1

Product Name
(R,S)-N-Nitroso Anatabine

Molecular Formula
$C_{10}H_{11}N_3O$

Molecular Weight
189.21

Synonyms
1,2,3,6-Tetrahydro-1-nitroso-2,3'-bipyridine; N'-Nitrosoanatabine; (R,S)-NAT;

Solubility
Chloroform (Slightly), Ethyl Acetate (Slightly)

Structure

Shipping Condition

Long Term Storage Conditions
Amber Vial, Refrigerator, Under Inert Atmosphere

Source of Product
Synthetic

Purity
99.82% by HPLC

2. Warnings

3. Analytical Information

Tests	Specifications	Results
^{1}H NMR	Conforms to structure	Conforms
Mass Spec	Conforms to structure	Conforms
FT-IR		
HPLC		99.82% by HPLC
Water Content	Report Results	Refer: Addirional Information
Elemental Analysis	Report Results	Refer: Additional Information
Appearance		Light Orange - Yellow Low-Melting Solid

Additional Information

TLC Conditions: SiO_2; Dichloromethane : Methanol = 9 : 1; Visualized with UV and $KMnO_4$; Single Spot, Rf = 0.60.
^{1}H NMR, FT-IR, and MS conform to structure.
Elemental Analysis: (Found) %C: 63.31, %H: 5.76, %N: 22.11; (Calculated) %C: 63.48, %H: 5.86, %N: 22.21
Water Content: 0.3% by Karl Fischer

20 Martin Ross Ave., Toronto, ON. M3J 2K8 Canada Tel: (416) 665-9696 Fax: (416) 665-4439 E-mail: orders@trc-canada.com Website: www.trc-canada.com

Page 1 of 1

图 2-4　NAT 分析证书

Certificate of Analysis

Purity is based on the analytical results of the tests performed. NMR and TLC may have an accuracy of ± 2%. Isotopic purity is based on mass distribution observed.

4. Signatures

Lot Number	Reviewed By	Reviewed By	C of A Approved By
1-APK-181-1	Philip Chan		
Test Date			
3/2/2016			
Retest Date	Date	Date	Date
2/28/2023			

续图 2-4

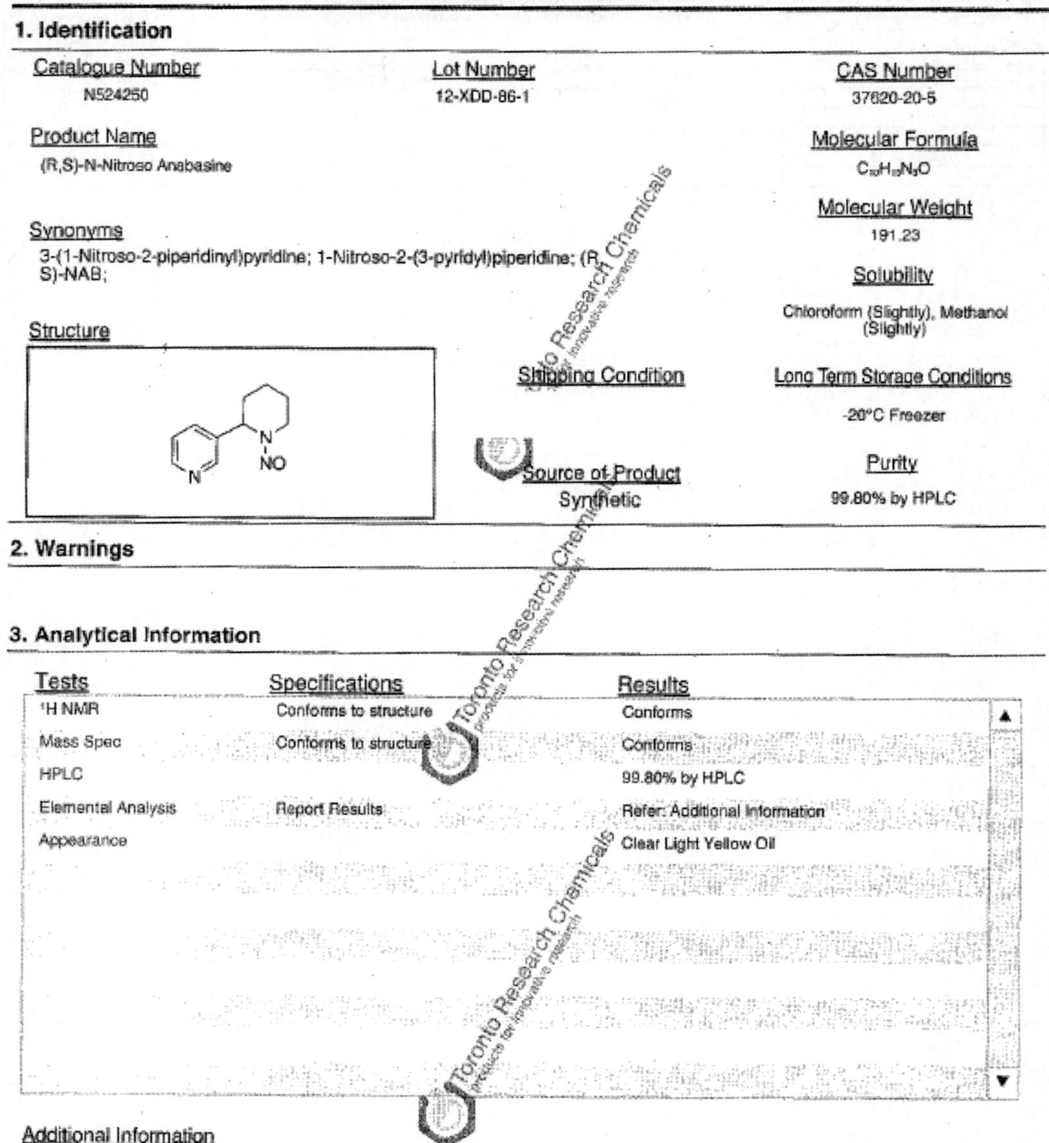

Certificate of Analysis

1. Identification

Catalogue Number	Lot Number	CAS Number
N524250	12-XDD-86-1	37620-20-5

Product Name
(R,S)-N-Nitroso Anabasine

Molecular Formula
$C_{10}H_{13}N_3O$

Molecular Weight
191.23

Synonyms
3-(1-Nitroso-2-piperidinyl)pyridine; 1-Nitroso-2-(3-pyridyl)piperidine; (R,S)-NAB;

Solubility
Chloroform (Slightly), Methanol (Slightly)

Structure

Shipping Condition

Long Term Storage Conditions
-20°C Freezer

Source of Product
Synthetic

Purity
99.80% by HPLC

2. Warnings

3. Analytical Information

Tests	Specifications	Results
¹H NMR	Conforms to structure	Conforms
Mass Spec	Conforms to structure	Conforms
HPLC		99.80% by HPLC
Elemental Analysis	Report Results	Refer: Additional Information
Appearance		Clear Light Yellow Oil

Additional Information

TLC Conditions: SiO_2; Dichloromethane : Methanol = 9 : 1; Visualized with UV and AMCS; Single Spot, Rf = 0.70.
¹H NMR and MS conform to structure.
Elemental Analysis: (Found) %C: 62.35, %H: 6.85, %N: 21.85; (Calculated) %C: 62.81, %H: 6.85, %N: 21.97
Water Content: 0.7% by Karl Fischer

20 Martin Ross Ave., Toronto, ON. M3J 2K8 Canada Tel: (416) 665-9696 Fax: (416) 665-4439 E-mail: orders@trc-canada.com Website: www.trc-canada.com
Page 1 of 1

图 2-5　NAB 分析证书

Certificate of Analysis

Purity is based on the analytical results of the tests performed. NMR and TLC may have an accuracy of ± 2%. Isotopic purity is based on mass distribution observed.

4. Signatures

Lot Number	Reviewed By	Reviewed By	C of A Approved By
12-XDD-86-1	Philip Chan		
Test Date			
3/13/2017			
Retest Date	Date	Date	Date
3/11/2021			

20 Martin Ross Ave., Toronto, ON. M3J 2K8 Canada Tel: (416) 665-9696 Fax: (416) 665-4439 E-mail: orders@trc-canada.com Website: www.trc-canada.com　Page 1 of 1

续图 2-5

表 2-1　所购 4 种 TSNAs 标准品基本信息表

标准品	标注纯度	水分含量	有效期限	包装单元	数量
NNN	99.97%	1.6%	2023.03.14	100 mg/瓶	5 瓶
NNK	99.96%	1.0%	2021.07.10	100 mg/瓶	5 瓶
NAT	99.82%	0.3%	2023.02.28	50 mg/瓶	10 瓶
NAB	99.80%	0.7%	2021.03.11	100 mg/瓶	5 瓶

二、候选物的结构验证

本章使用核磁共振波谱、红外光谱、紫外光谱和质谱对 4 种候选物的结构进行验证,并与美国标准物质数据库(NIST Standard Reference Database)、日本有机化合物光谱数据库(Spectral Database for Organic Compounds,SDBS)、中国化学专业数据库(中科院上海有机化学研究所承担建设)等国内外标准谱库中的数据和标准品证书进行比对。

(一)核磁共振波谱分析

核磁共振技术可以提供分子的化学结构信息,是分子结构解析的常规技术手段,已在物理、化学、生物、医药、食品等领域得到广泛应用。因此,本章采用核磁共振仪(Bruker Avance-Ⅲ 300)对 TSNAs 标准品进行核磁共振分析及结构解析。仪器的具体参数为:^1H NMR(300 MHz,$CDCl_3$),样品浓度约为 20 mg/mL,扫描次数为 32 次;^{13}C NMR(75 MHz,$CDCl_3$),样品浓度约为 100 mg/mL,扫描次数为 151 次。4 种 TSNAs 标准品的分析结果如图 2-6 至图 2-13 和表 2-2 至表 2-5 所示。结果表明,核磁共振碳谱和氢谱中特征峰的化学位移及强度比与标准品分子中碳、氢原子化学环境的种类和数目比一致。

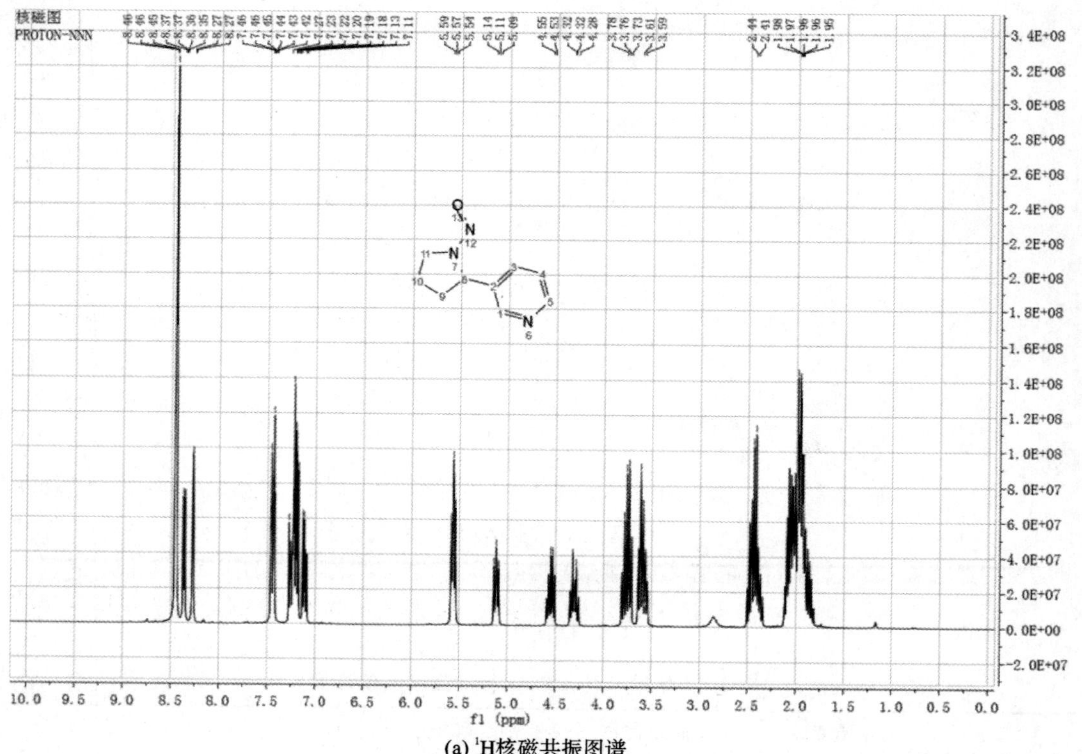

(a) ^1H核磁共振图谱

图 2-6 NNN 标准品的^1H 核磁共振图谱及标准品证书对照图(溶剂为 CD_3OD)

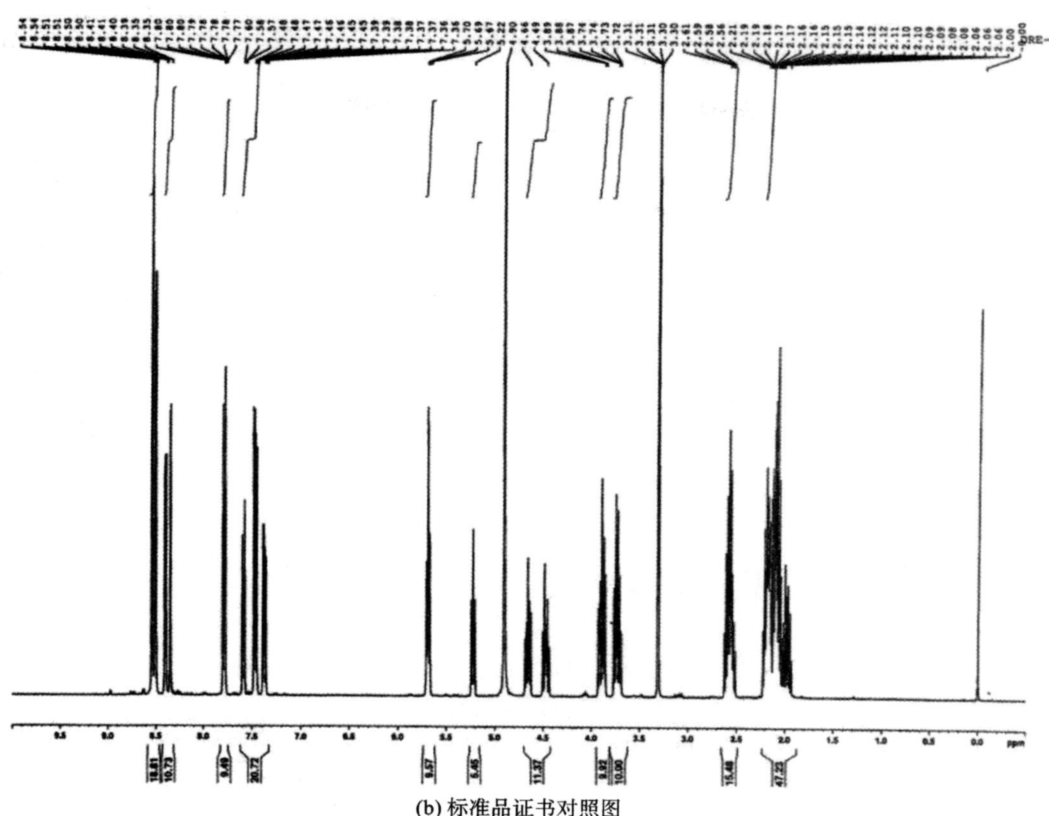

(b) 标准品证书对照图

续图 2-6

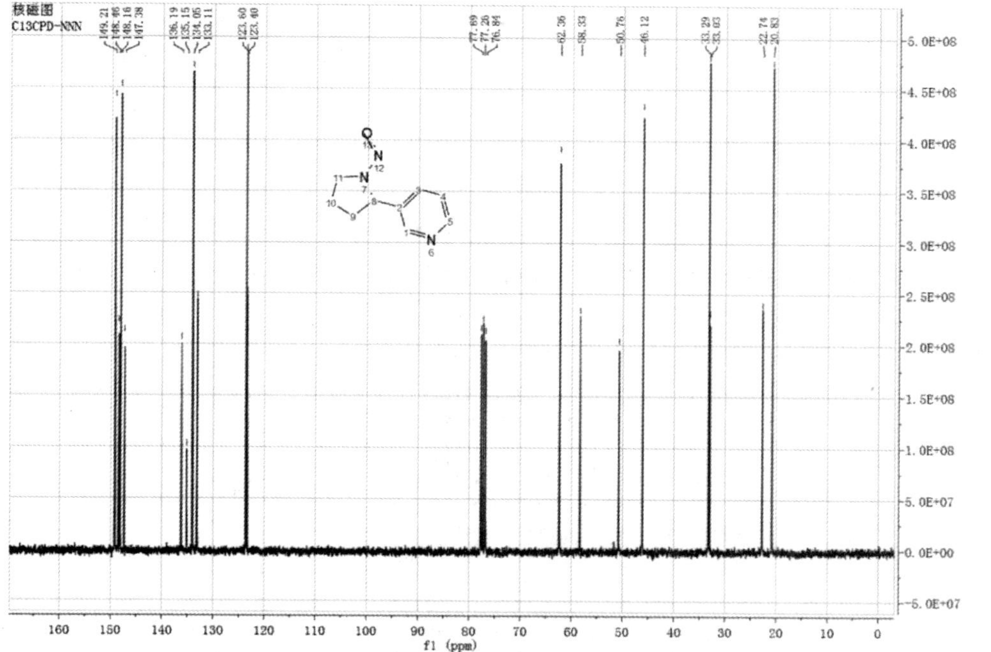

图 2-7 NNN 标准品的^{13}C 核磁共振图谱

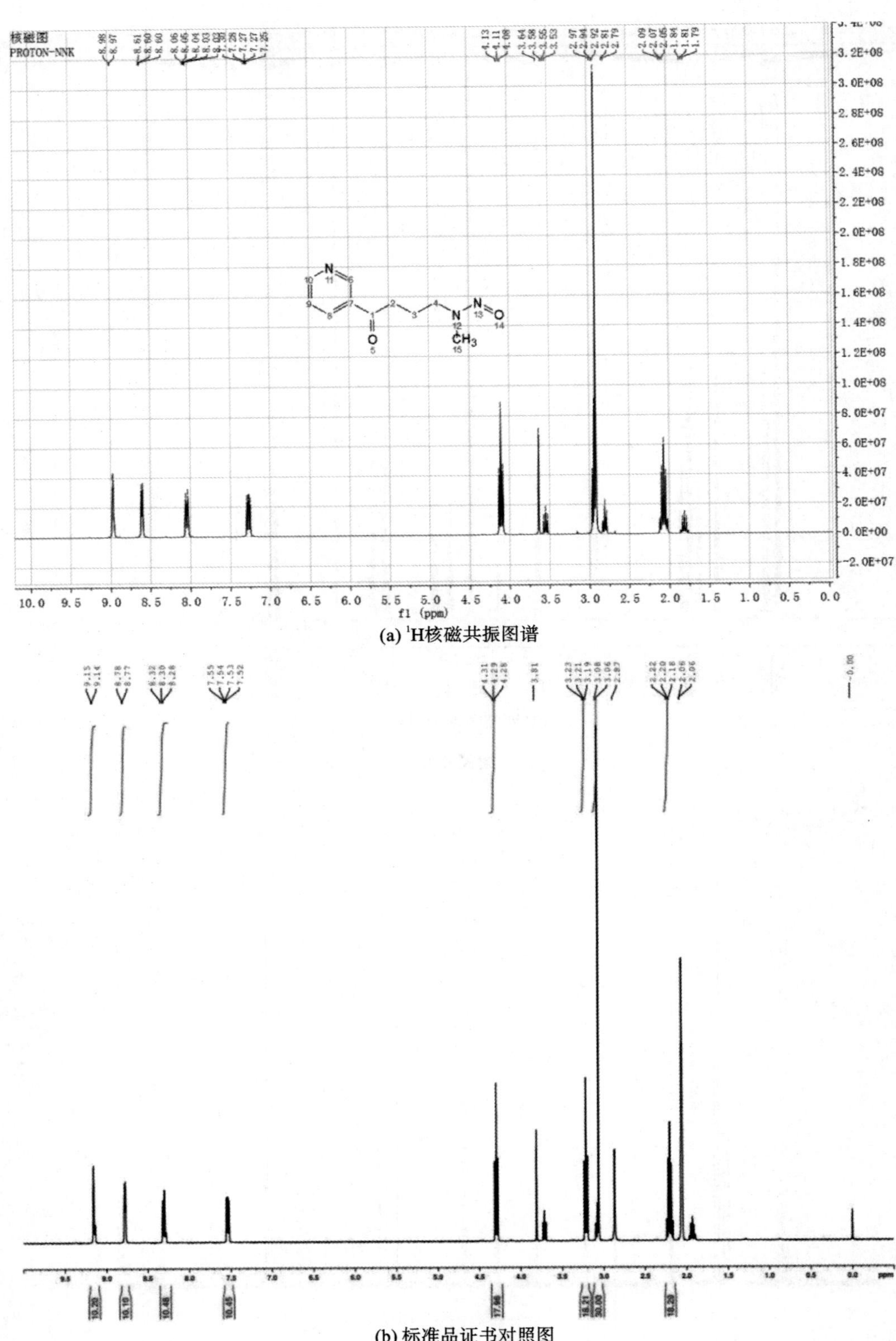

(a) ^{1}H核磁共振图谱

(b) 标准品证书对照图

图 2-8　NNK 标准品的^{1}H 核磁共振图谱及标准品证书对照图(溶剂为 CD_3OD)

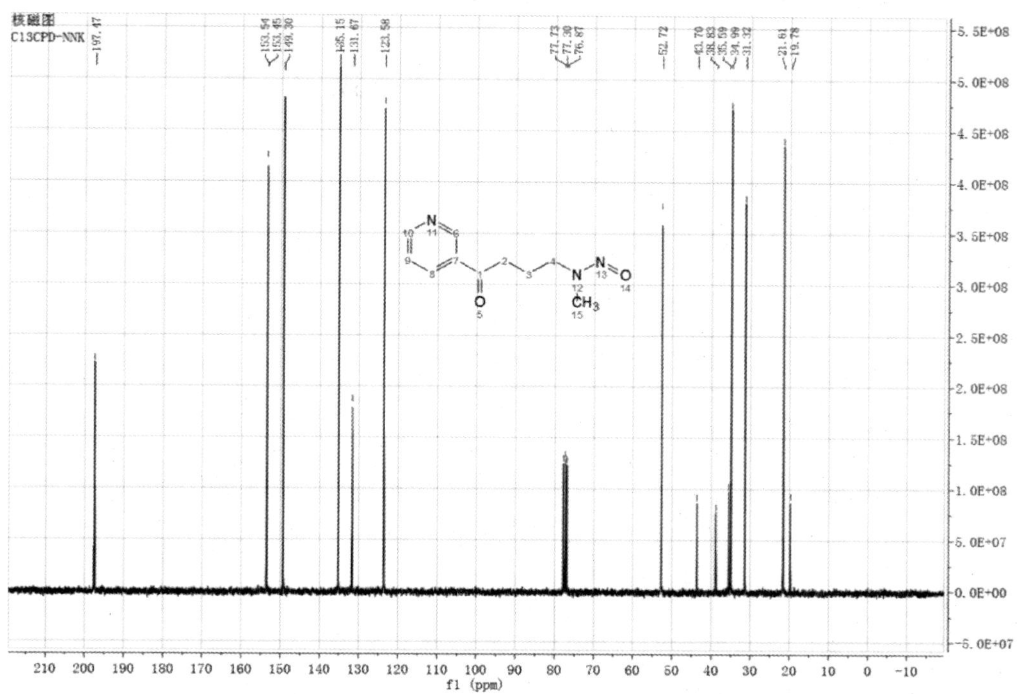

图 2-9　NNK 标准品的^{13}C核磁共振图谱

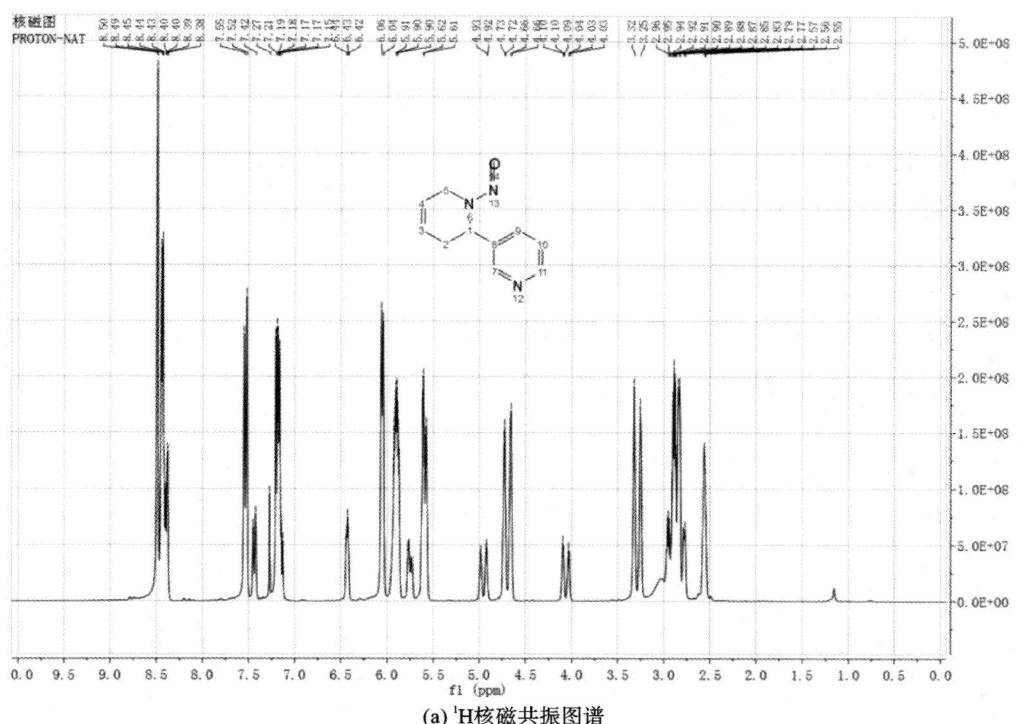

(a) ^{1}H核磁共振图谱

图 2-10　NAT 标准品的^{1}H核磁共振图谱及标准品证书对照图(溶剂为 CD_3OD)

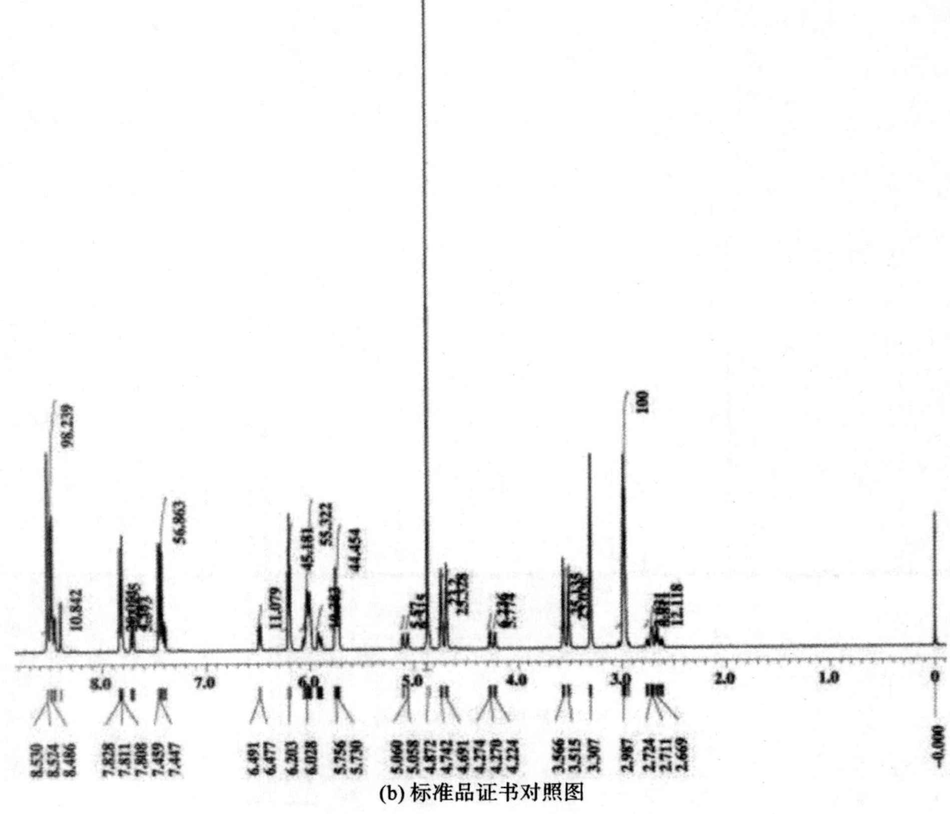

(b) 标准品证书对照图

续图 2-10

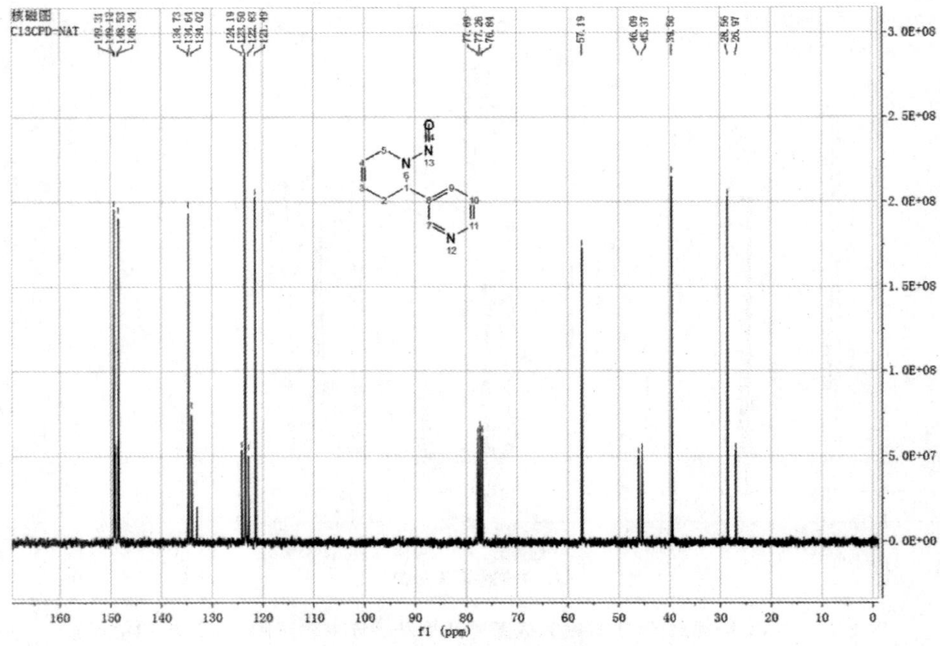

图 2-11 NAT 标准品的^{13}C核磁共振图谱

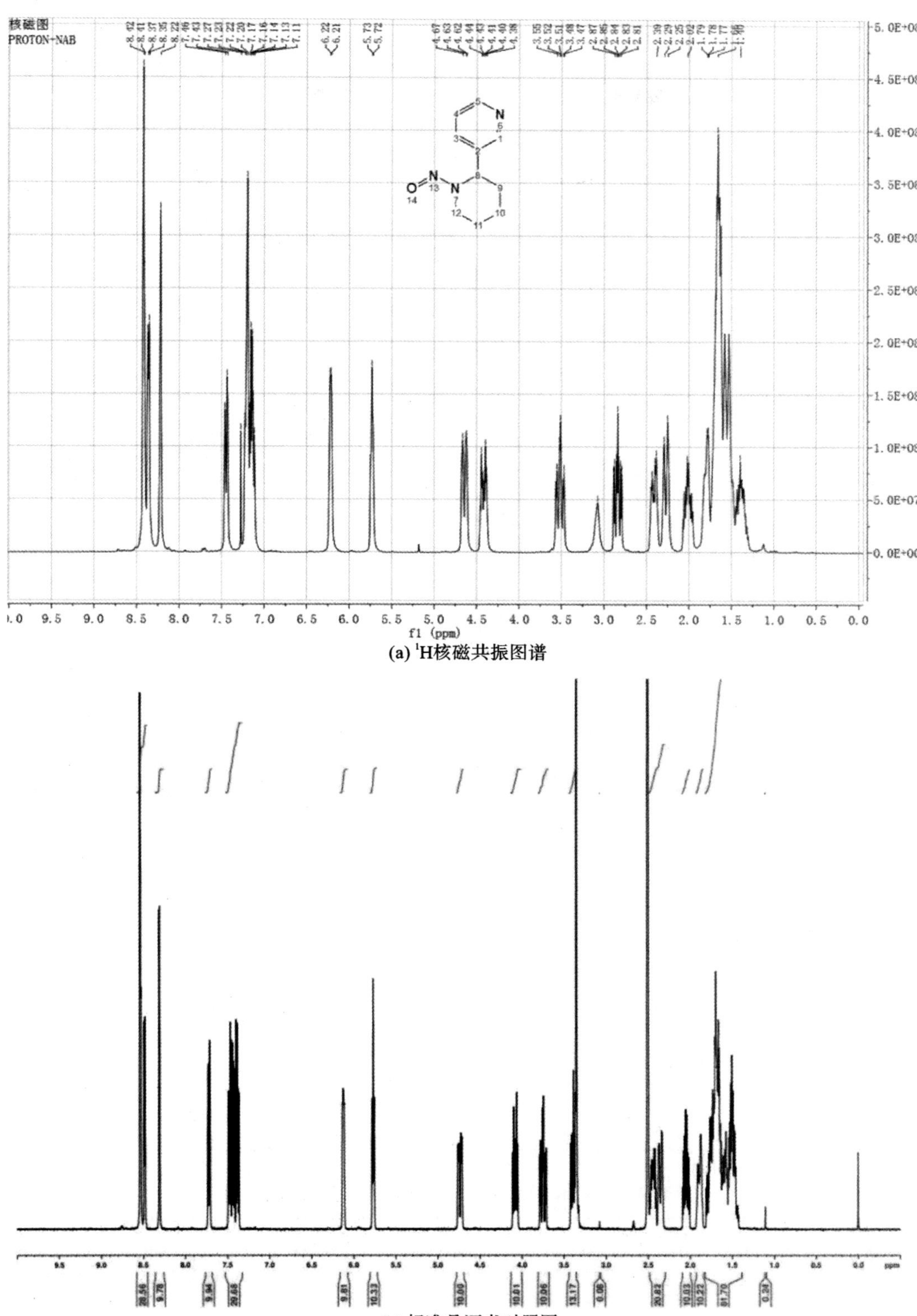

(a) ^{1}H核磁共振图谱

(b) 标准品证书对照图

图 2-12　NAB 标准品的^{1}H 核磁共振图谱及标准品证书对照图(溶剂为 DMSO-D_6)

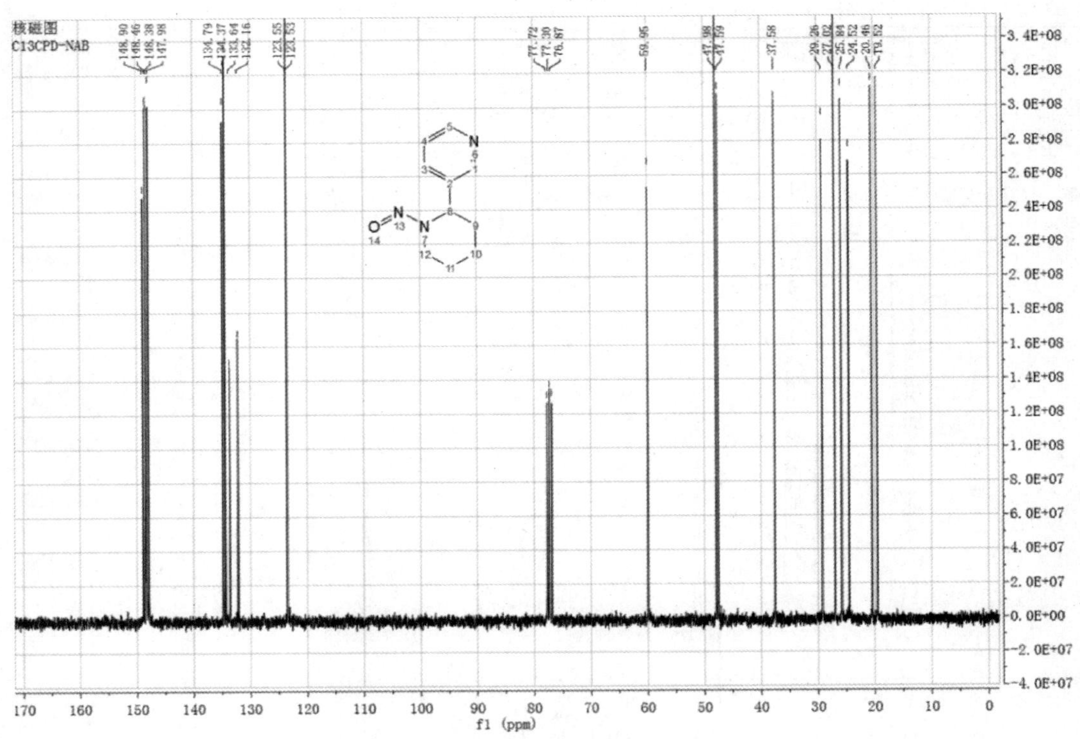

图 2-13 NAB 标准品的[13]C 核磁共振图谱

表 2-2 NNN 标准品的核磁共振图谱解析结果

C 原子序号	^{1}H NMR 化学位移 /(×10⁻⁶)	^{13}C NMR 化学位移 /(×10⁻⁶)	积分[1]H 原子个数
1,5	8.27～8.46	147.38～149.21	2
2,3		133.11～136.19	
3	7.42～7.46		1
4	7.11～7.42	123.40～123.60	1
8	4.28～4.32	58.33～62.36	1
11	3.59～3.78	46.12～50.76	2
9,10	1.95～2.41		4
9		33.03～33.29	
10		20.83～22.74	

表 2-3 NNK 标准品的核磁共振图谱解析结果

C 原子序号	^{1}H NMR 化学位移 /(×10⁻⁶)	^{13}C NMR 化学位移 /(×10⁻⁶)	积分[1]H 原子个数
1		197.47	
6	8.97～8.98	153.45～153.54	1
10	8.60～8.61	149.30	1

续表

C原子序号	^{1}H NMR化学位移/(×10^{-6})	^{13}C NMR化学位移/(×10^{-6})	积分^{1}H原子个数
8	8.03～8.06	135.15	1
7		131.67	
9	7.25～7.30	123.58	1
4		52.72	
15		34.99～35.59	
2		31.32	
3		19.78～21.61	
4,15,2	2.79～2.97		7
3	1.79～2.09		2

表 2-4 NAT标准品的核磁共振图谱解析结果

C原子序号	^{1}H NMR化学位移/(×10^{-6})	^{13}C NMR化学位移/(×10^{-6})	积分^{1}H原子个数
7	8.49～8.50	149.12～149.31	1
11	8.38～8.45	148.34～148.53	1
8		134.64～134.73	
9	7.42～7.55	134.02	1
4		123.50～124.19	
3,10		121.49～122.83	
10	7.15～7.21		1
4,3	5.61～6.06		2
1	4.03～4.93	57.19	1
5	3.25～3.32	39.50	2
2	2.55～3.32	26.97～28.56	2

表 2-5 NAB标准品的核磁共振图谱解析结果

C原子序号	^{1}H NMR化学位移/(×10^{-6})	^{13}C NMR化学位移/(×10^{-6})	积分^{1}H原子个数
1,5	8.22～8.42	147.98～148.90	2
2		133.64,134.79	
3	7.43～7.46	134.37,132.16	1
4	7.11～7.27	123.53～123.55	1
8	4.38～4.67	59.95	1
12	2.81～3.55	47.59～47.98	2
9,10,11	1.40～2.39		6

续表

C 原子序号	^{1}H NMR 化学位移 /(×10^{-6})	^{13}C NMR 化学位移 /(×10^{-6})	积分^{1}H 原子个数
9		29.26	
10,11		19.52～27.02	

（二）红外光谱分析

红外光谱分析技术利用物质对不同波长红外线的吸收情况对物质进行分析和鉴定。为了进一步鉴定 TSNAs 标准品的结构信息，本章采用傅立叶变换红外光谱仪（Tensor 27，Bruker 公司），采用涂膜制样技术将标准品直接压制成薄膜进行红外光谱分析（涂膜法）。仪器的具体参数为：扫描波数范围为 4000～650 cm^{-1}，扫描速度为 10 kHz，分辨率为 650 cm^{-1}，样品扫描次数为 32 次。4 种 TSNAs 标准品的分析结果和标准对照图如图 2-14 至图 2-17 所示。

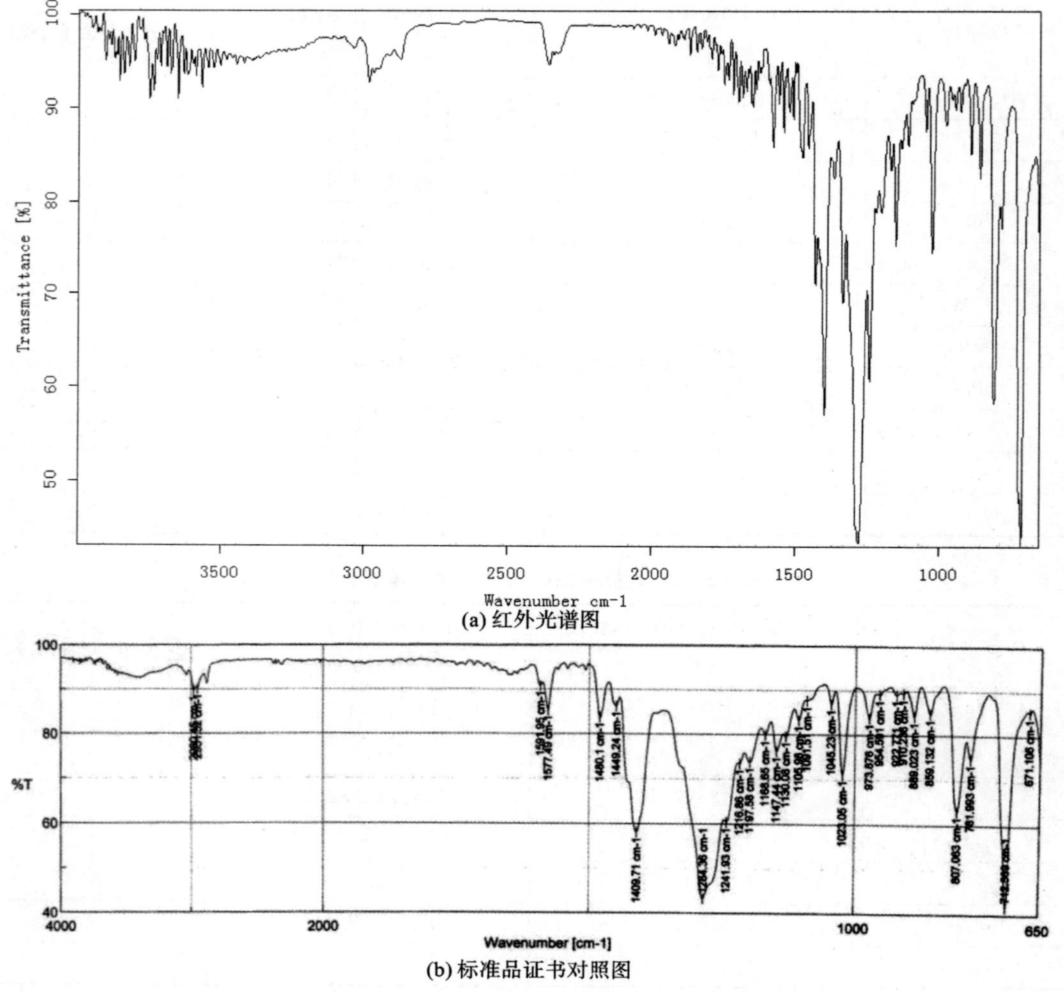

(a) 红外光谱图

(b) 标准品证书对照图

图 2-14　NNN 标准品的红外光谱图及标准品证书对照图

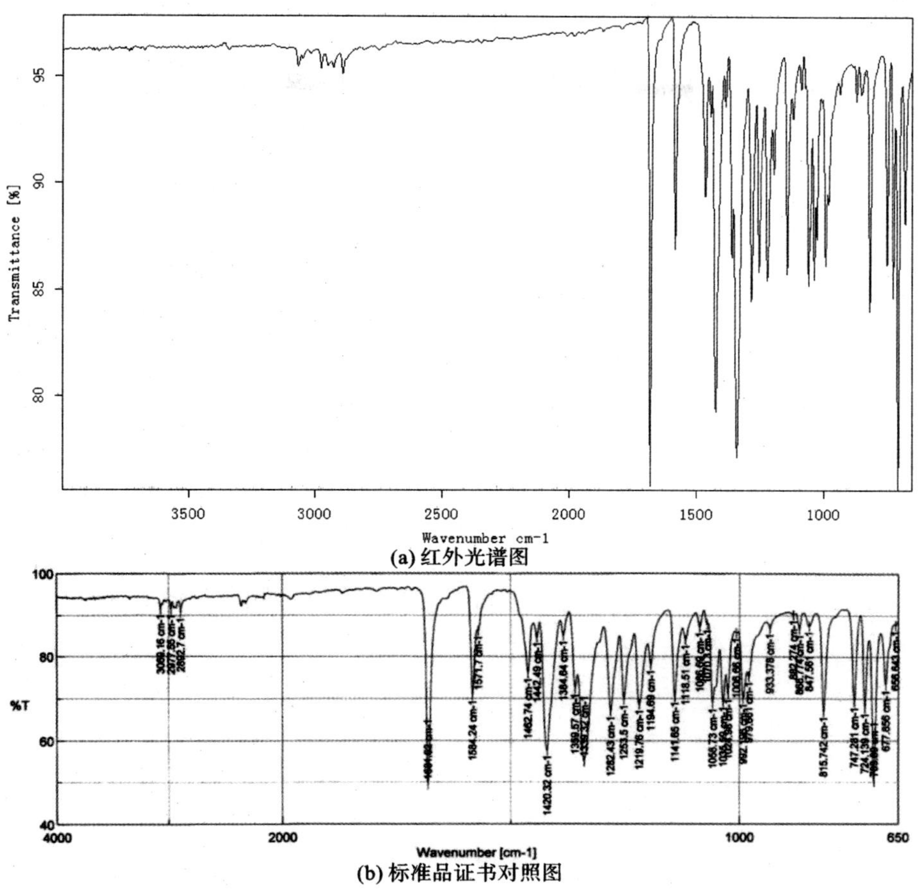

(a) 红外光谱图

(b) 标准品证书对照图

图 2-15　NNK 标准品的红外光谱图及标准品证书对照图

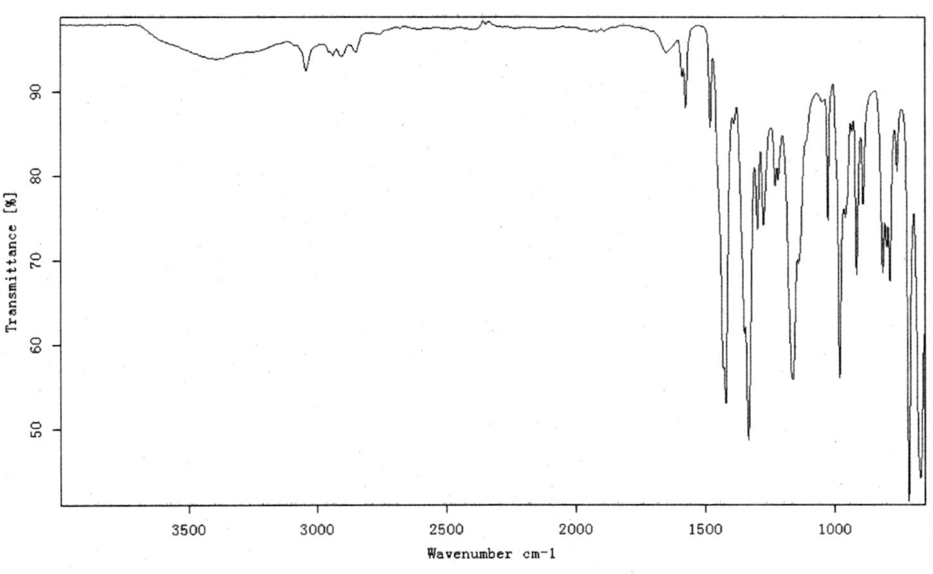

图 2-16　NAT 标准品的红外光谱图

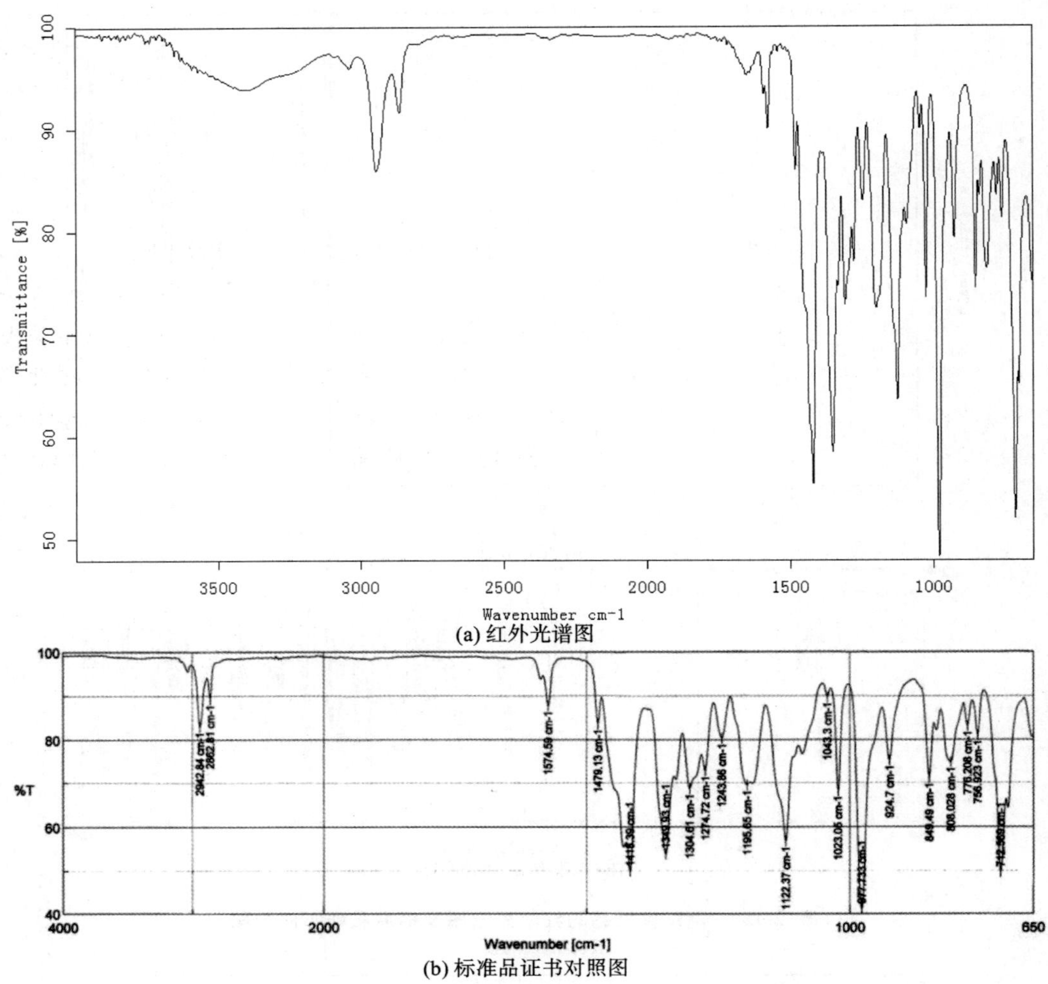

(a) 红外光谱图

(b) 标准品证书对照图

图 2-17　NAB 标准品的红外光谱图及标准品证书对照图

在图 2-14 中,与吡啶环相关的吸收峰为 3075～3020 cm^{-1}处的 C—H 伸缩振动吸收峰、1620～1590 cm^{-1}处的杂芳环伸缩振动吸收峰、920～720 cm^{-1}处的芳氢面外弯曲振动吸收峰;与 N—NO 相关的吸收峰为 1500～1430 cm^{-1}处的 N=O 伸缩振动吸收峰;与吡咯烷基相关的吸收峰为 1360～1310 cm^{-1}处的 C—N 伸缩振动吸收峰、2925～2850 cm^{-1}处的—CH_2—伸缩振动吸收峰、1470 cm^{-1}处的—CH_2—面内弯曲伸缩振动吸收峰、725～720 cm^{-1}处的—CH_2—面外弯曲伸缩振动吸收峰。

在图 2-15 中,与吡啶环相关的吸收峰为 3075～3020 cm^{-1}处的 C—H 伸缩振动吸收峰、1620～1590 cm^{-1}处的杂芳环伸缩振动吸收峰、1360～1310 cm^{-1}处的 C—N 伸缩振动吸收峰、920～720 cm^{-1}处的芳氢面外弯曲振动吸收峰;与 N—NO 相关的吸收峰为 1500～1430 cm^{-1}处的 N=O 伸缩振动吸收峰;与羰基相关的吸收峰为 1700～1600 cm^{-1}处的 C=O 强伸缩振动吸收峰;与—$(CH_2)_3$—相关的吸收峰为 2925～2850 cm^{-1}处的—CH_2—伸缩振动吸收峰、1470 cm^{-1}处的—CH_2—面内弯曲伸缩振动吸收峰、725～720 cm^{-1}处的—CH_2—面外弯曲伸缩振动吸收峰;与—CH_3相关的吸收峰为 2960～2870 cm^{-1}处的伸缩振动吸收峰、

1460～1380 cm^{-1}处的面内弯曲伸缩振动吸收峰。

在图 2-16 中，与吡啶环相关的吸收峰为 3075～3020 cm^{-1}处的 C—H 伸缩振动吸收峰、1620～1590 cm^{-1}处的杂芳环伸缩振动吸收峰、920～720 cm^{-1}处的芳氢面外弯曲振动吸收峰；与 N—NO 相关的吸收峰为 1500～1430 cm^{-1}处的 N＝O 伸缩振动吸收峰；与四氢吡啶环相关的吸收峰为 1660 cm^{-1}处的 C＝C 伸缩振动吸收峰、2925～2850 cm^{-1}处的—CH_2—伸缩振动吸收峰、1470 cm^{-1}处的—CH_2—面内弯曲伸缩振动吸收峰、1360～1310 cm^{-1}处的 C—N 伸缩振动吸收峰、725～720 cm^{-1}处的—CH_2—面外弯曲伸缩振动吸收峰。

在图 2-17 中，与吡啶环相关的吸收峰为 3075～3020 cm^{-1}处的 C—H 伸缩振动吸收峰、1620～1590 cm^{-1}处的杂芳环伸缩振动吸收峰、920～720 cm^{-1}处的芳氢面外弯曲振动吸收峰；与 N—NO 相关的吸收峰为 1500～1430 cm^{-1}处的 N＝O 伸缩振动吸收峰；与哌啶环相关的吸收峰为 2925～2850 cm^{-1}处的—CH_2—伸缩振动吸收峰、1470 cm^{-1}处的—CH_2—面内弯曲伸缩振动吸收峰、1360～1310 cm^{-1}处的 C—N 伸缩振动吸收峰、725～720 cm^{-1}处的—CH_2—面外弯曲伸缩振动吸收峰。

（三）紫外光谱分析

紫外光谱分析技术利用物质分子对紫外光的吸收所产生的紫外光谱及吸收程度对物质的组成、含量和结构进行分析、测定和推断。本章采用紫外-可见光谱仪（Agilent 8453 型紫外-可见分光光度计）对 4 种 TSNAs 标准品进行了紫外光谱分析（甲醇为溶剂）。4 种 TSNAs 标准品的分析结果如图 2-18 至图 2-21 所示。

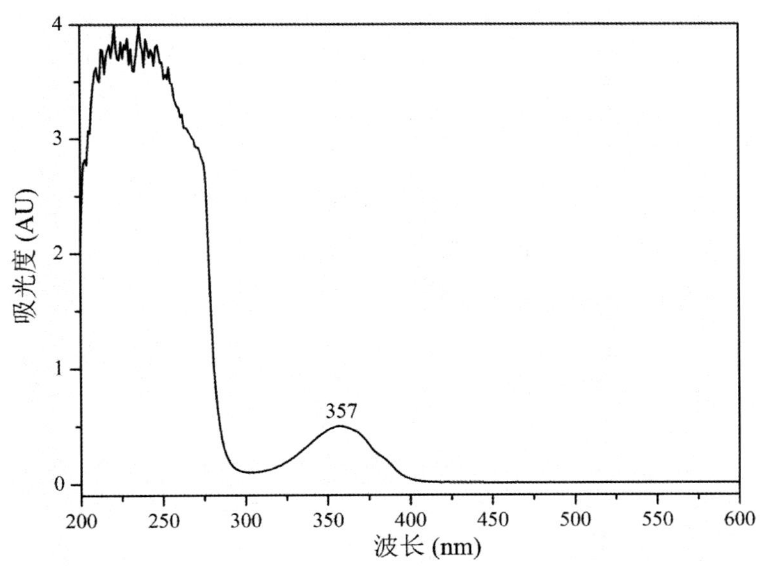

图 2-18　NNN 标准品的紫外光谱图

通过紫外光谱分析可知，4 种 TSNAs(NNN、NNK、NAT、NAB)标准品的最大紫外吸收波长分别为 357 nm、339 nm、361 nm 和 361 nm。4 种 TSNAs 标准品的紫外吸收光谱与其特征官能团一致。

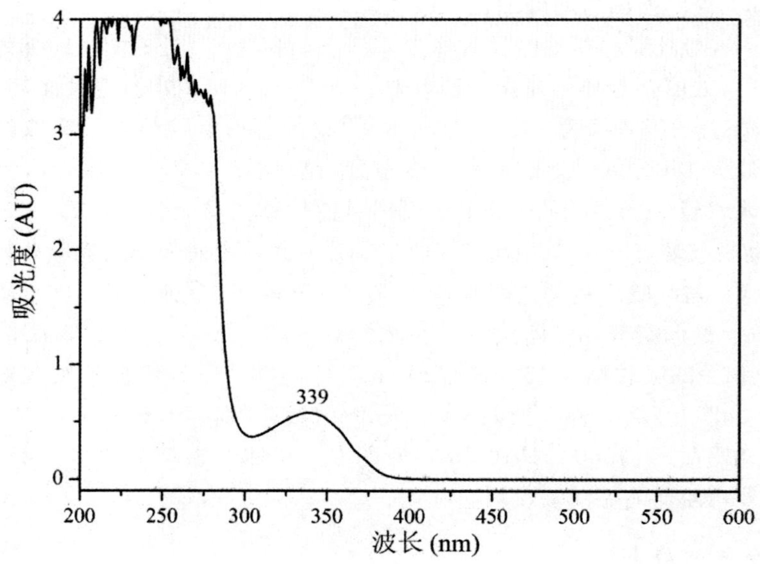

图 2-19　NNK 标准品的紫外光谱图

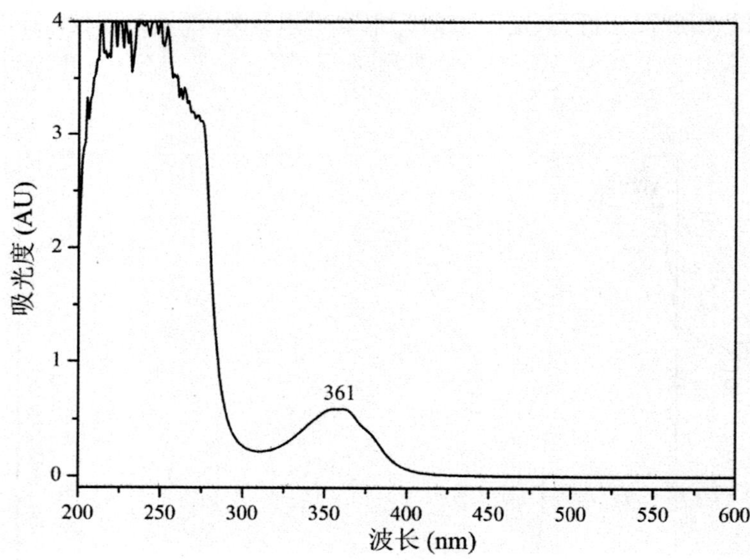

图 2-20　NAT 标准品的紫外光谱图

(四)质谱分析

质谱分析法是通过测定被测样品离子的质荷比来进行分析的一种分析方法。它可以对目标分析物进行定性和定量分析,已经广泛应用于化学、生物学、医学、药学、环境、物理、材料和能源等领域。本章采用质谱仪对 4 种 TSNAs 标准品进行了分析。

由于电子轰击离子源可以得到化合物丰富的结构信息,而且有用于比对的标准质谱库,因此,本章对 4 种 TSNAs 标准品进行了气相色谱-质谱分析。具体的气相色谱-质谱分析条件为:气相色谱-质谱联用仪型号为 7890A-5975C(Agilent 公司),采用 MassHunter 工作站

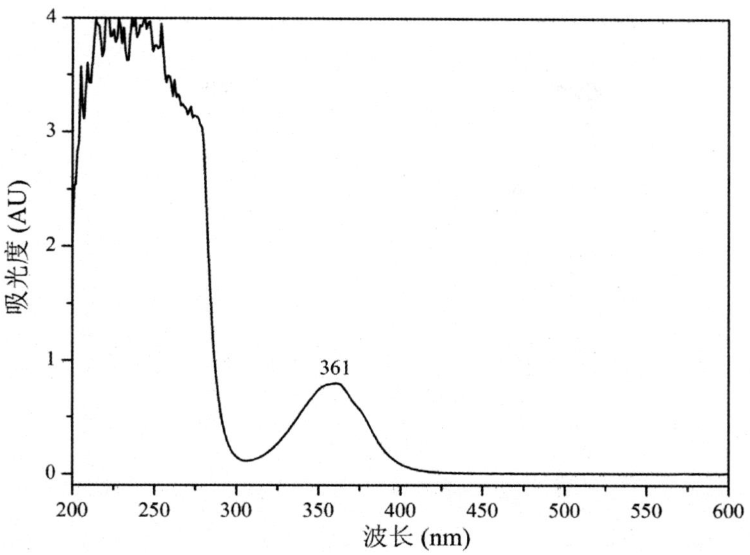

图 2-21 NAB 标准品的紫外光谱图

完成仪器的控制及数据采集和处理；色谱柱为 Rtx®-35MS(35％二苯基/65％二甲基聚硅氧烷)，规格为 30 m(长)×0.25 mm(内径)×0.25 μm(膜厚)；在 80 ℃下保持 1.0 min，然后以 10 ℃/mL 的速率升至 280 ℃并保持 20 min；采用分流进样模式，分流比为 50 ∶ 1，进样量为 1.0 μL，溶剂切割时间为 10.0 min；以高纯 He(纯度≥99.999％)为载气，流速为 1.0 mL/min；进样口、离子源和接口的温度分别为 280 ℃、230 ℃和 280 ℃；质谱扫描模式为全扫描，扫描范围为 m/z＝40～250。4 种 TSNAs 标准品的分析结果如图 2-22 至图 2-25 所示。

通过质谱分析可知，4 种 TSNAs 标准品的质谱图与 NIST 标准谱库中的质谱图基峰的质合比、碎片峰的质合比及相对强度信息相同，说明了所购的 4 种 TSNAs 标准品的信息与分析证书中所声明的一致。

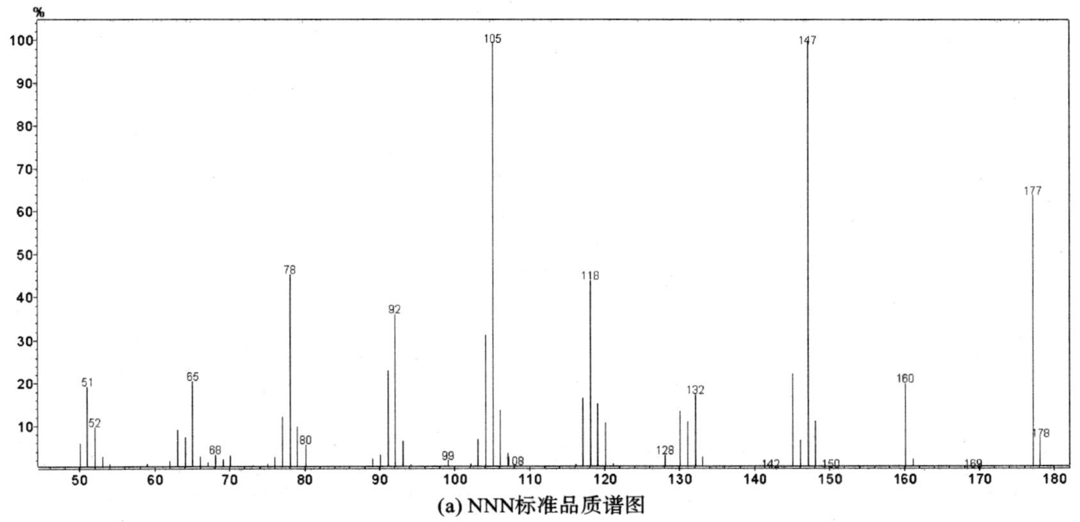

(a) NNN标准品质谱图

图 2-22 NNN 标准品质谱图及 NIST 标准谱库中的质谱图

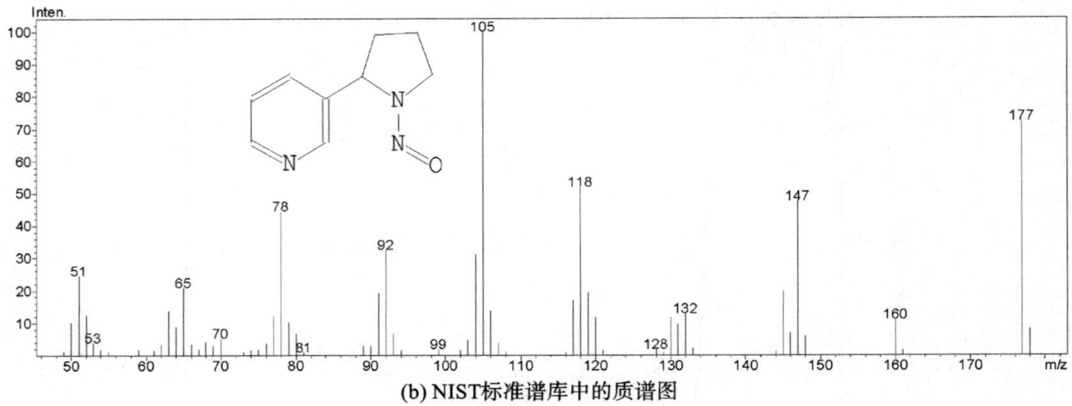

(b) NIST标准谱库中的质谱图

续图 2-22

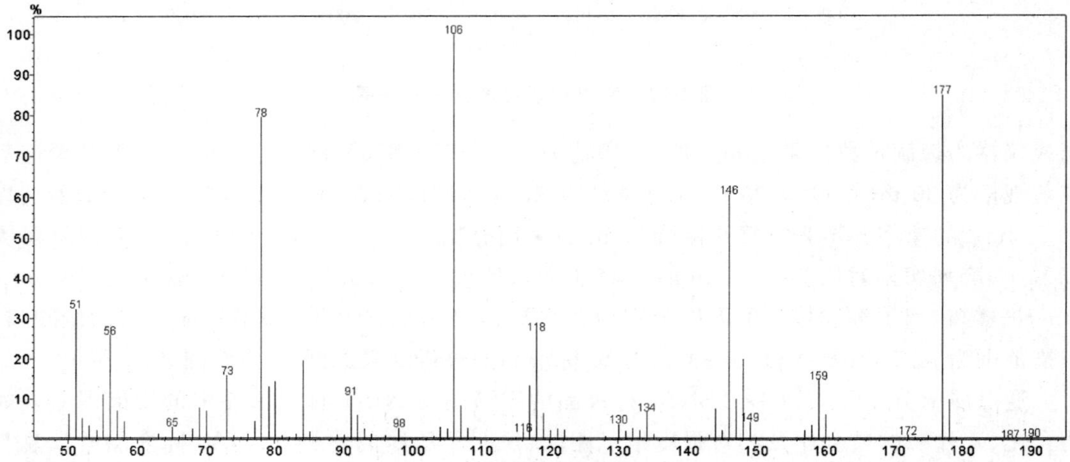

(a) NNK标准品质谱图

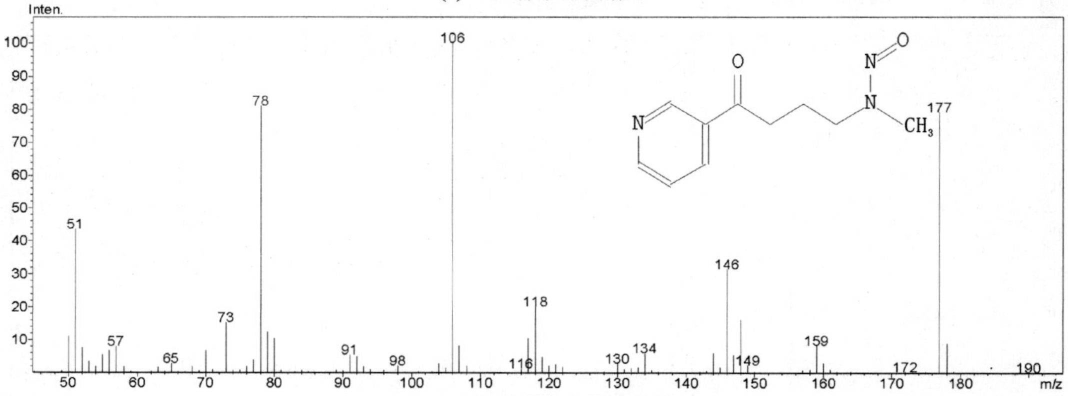

(b) NIST标准谱库中的质谱图

图 2-23　NNK 标准品质谱图及 NIST 标准谱库中的质谱图

由图 2-22 可知，NNN 标准品和 NIST 标准谱库中的质谱图中均有特征离子(m/z)177、147、118、105 和 78，特征离子的相对强度也一致。除此以外，两张质谱图的其他碎片离子信息也吻合一致。

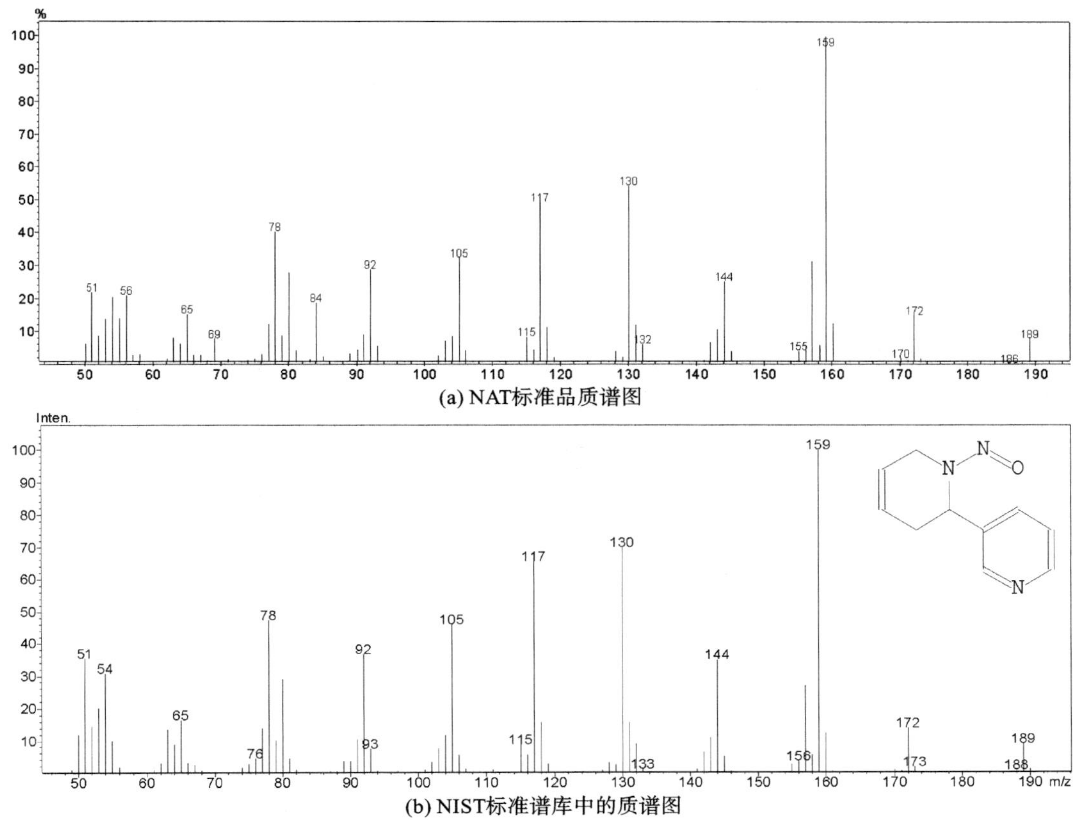

(a) NAT标准品质谱图

(b) NIST标准谱库中的质谱图

图 2-24 NAT 标准品质谱图及 NIST 标准谱库中的质谱图

由图 2-23 可知，NNK 标准品和 NIST 标准谱库中的质谱图中均有特征离子（m/z）177、146、106 和 78，特征离子的相对强度也一致。除此以外，两张质谱图的其他碎片离子信息也吻合一致。

由图 2-24 可知，NAT 标准品和 NIST 标准谱库中的质谱图中均有特征离子（m/z）159、144、130、117、105、92 和 78，特征离子的相对强度也一致。除此以外，两张质谱图的其他碎片离子信息也吻合一致。

由图 2-25 可知，NAB 标准品和 NIST 标准谱库中的质谱图中均有特征离子（m/z）161、132、118、105、92 和 78，特征离子的相对强度也一致。除此以外，两张质谱图的其他碎片离子信息也吻合一致。

（五）小结

本节通过核磁共振波谱分析、红外光谱分析、紫外光谱分析及质谱分析，验证了所购买的 4 种 TSNAs 标准品的官能团信息、相对分子质量及结构式等信息与分析证书中所声明的一致。

三、候选物的纯度测试

在进行候选物纯度测试前，本章先对 4 种标准品中的水分和无机元素进行了测定。

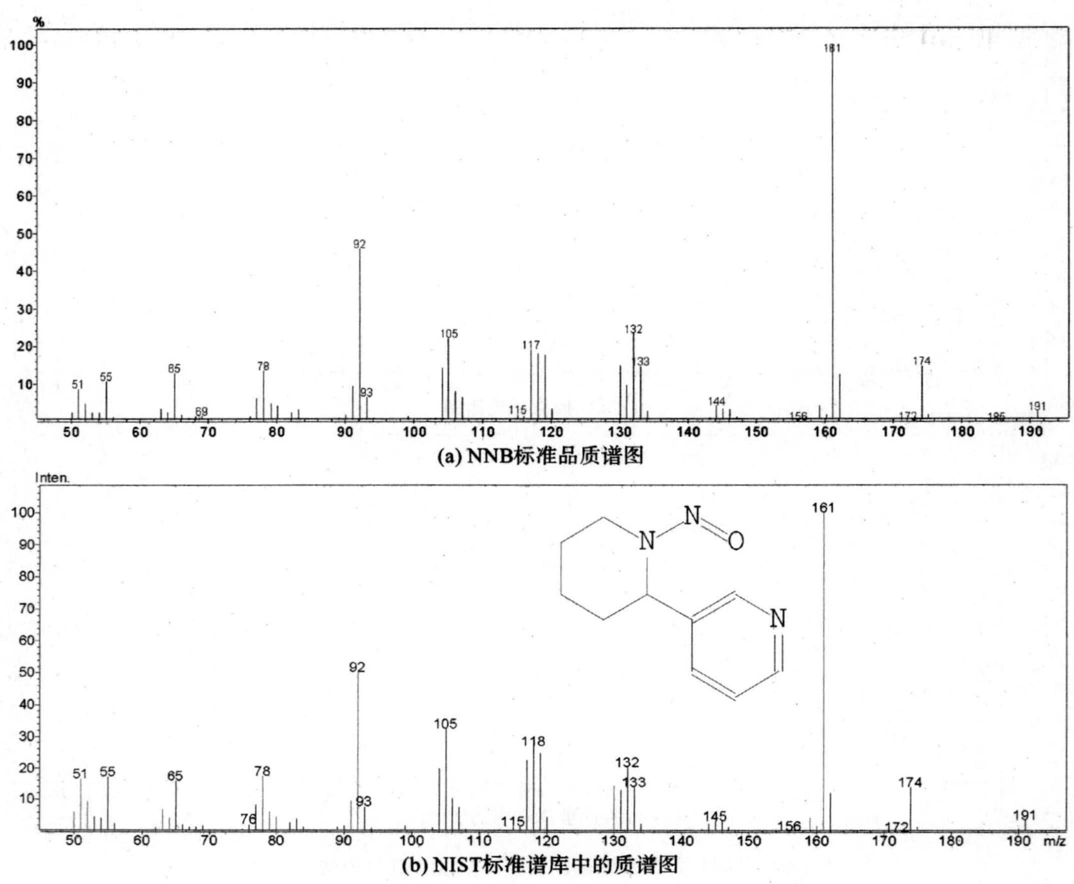

(a) NNB标准品质谱图

(b) NIST标准谱库中的质谱图

图 2-25　NAB 标准品质谱图及 NIST 标准谱库中的质谱图

(一)标准品中水分的测定

利用卡尔·费休水分仪(METTLER TOLEDO C30 型),采用卡尔·费休法测定 4 种 TSNAs 标准品中的水分含量。以无吡啶型卡尔·费休试剂(AQUARANAL Coulomat AG,上海安谱实验科技股份有限公司)为滴定试剂,先将反应池中的反应溶剂滴定至无水,将一定质量的标准品溶解到反应溶剂后,用卡尔·费休试剂滴定至终点。每种标准品重复分析 6 次,取平均值后得到的水分含量数据如表 2-6 所示。可以发现,实际测定的标准品中的水分含量结果与证书标注值基本一致。

表 2-6　标准品中水分含量测定结果(%,括号内为以 mg 计的称样量)

	NNN	NNK	NAT	NAB
测量 1	1.63(33.9)	1.01(41.3)	0.31(104.2)	0.71(53.9)
测量 2	1.60(34.1)	1.02(40.7)	0.32(105.1)	0.69(54.5)
测量 3	1.60(33.8)	1.04(41.1)	0.32(104.3)	0.68(53.6)
测量 4	1.61(34.1)	0.99(40.8)	0.32(104.6)	0.69(54.1)
测量 5	1.59(34.2)	1.03(40.9)	0.30(103.6)	0.73(53.8)

续表

	NNN	NNK	NAT	NAB
测量 6	1.64(33.8)	1.01(41.2)	0.30(104.8)	0.71(54.4)
平均值	**1.61**	**1.02**	**0.31**	**0.70**
标准偏差	0.0194	0.0175	0.0098	0.0183
证书标注值	**1.6**	**1.0**	**0.3**	**0.7**

(二)标准品中无机元素的测定

用超纯水配制浓度为 0.2 mg/mL 的 4 种 TSNAs 标准品溶液，利用电感耦合等离子体质谱仪(Agilent 7900)测定了标准品中的无机元素。仪器分析参数为：射频电压为 1500 V；分析模式为碰撞；蠕动泵转速为 0.1 r/s；碰撞气(He)流速为 4.5 mL/min；载气(Ar)流速为 1.10 mL/min；碰撞池稳定时间为 30 s；定量方法为内标法；积分时间为 0.3 s；内标元素为 ^{45}Sc、^{72}Ge、^{115}In 和 ^{209}Bi。检测结果如表 2-7 所示，发现标准品中所含无机元素的种类和含量不尽相同，主要含有微量的 Na、Cr、Mg 和 Ni 等元素，总量为 139.00～3274.16 ng/g，所占比例很小。可以认为无机元素含量极低，不会影响 TSNAs 标准品纯度的计算，因此忽略不计。

表 2-7　标准品中无机元素含量测定结果　　单位：ng/g

元素	NNN	NNK	NAT	NAB
Na	3249.96	1709.12	225.12	*0.56*
Mg	*0.09*	13.93	*0.09*	*0.09*
Al	*1.10*	*1.10*	*1.10*	*1.10*
K	*1.05*	*1.05*	*1.05*	*1.05*
Ca	*3.46*	*3.46*	*3.46*	*3.46*
Cr	14.44	71.74	140.25	128.68
Mn	*0.13*	*0.13*	*0.13*	*0.13*
Fe	*0.58*	*0.58*	*0.58*	*0.58*
Ni	*0.11*	1.25	*0.11*	*0.11*
Cu	*0.01*	*0.01*	*0.01*	*0.01*
As	*0.04*	*0.04*	*0.04*	*0.04*
Se	*0.50*	*0.50*	*0.50*	*0.50*
Cd	*0.01*	*0.01*	*0.01*	*0.01*
Pb	*0.02*	*0.02*	*0.02*	*0.02*
Zn	*1.69*	*1.69*	*1.69*	*1.69*
Mo	*0.01*	*0.01*	*0.01*	*0.01*
Sb	*0.02*	*0.02*	*0.02*	*0.02*
Ti	*0.94*	*0.94*	*0.94*	*0.94*
总量	3274.16	1805.60	375.13	139.00

注：表中斜体表示未检出，测定结果以检出限(也称检测限)表示，并以此计入元素总量。

（三）标准品中溶剂残留物的测定

以三乙酸甘油酯（江苏瑞佳食品添加剂有限公司，批号为03-27-3-1，纯度≥99.5%）为溶剂，配制浓度为1 mg/mL的每种TSNAs标准品溶液，采用气相色谱-质谱联用仪（Agilent 7890B-5977A）定量分析每种标准品中的溶剂残留物。具体分析条件为：色谱柱为HP-VOC专用毛细管柱，规格为60 m（长度）×0.32 mm（内径）×1.8 μm（膜厚）；载气为氦气（He），采用恒流模式，流量为2.0 mL/min；进样口温度为180 ℃；不分流进样；以40 ℃保持2 min，以4 ℃/min的速率升温至200 ℃，保持10 min；质谱柱接口温度为220 ℃；电离方式为电子轰击电离源（EI）；离子源温度为230 ℃；电离能量为70 eV；四极杆温度为150 ℃；先用全扫描监测模式（扫描范围29～350 amu）对样品进行分析，再用选择离子监测模式对26种典型的醇类、酮类、芳香烃和酯类化合物进行准确定量；离子选择参数原则为在各个溶剂残留物的质谱离子碎片中，选择特异性和响应较高的离子作为定量离子，同时选择另外1个碎片离子作为辅助定性离子。典型溶剂残留物的保留时间、离子选择参数和检出限如表2-8所示。

表2-8 典型溶剂残留物的保留时间、离子选择参数和检出限

化合物	保留时间/min	定量离子(m/z)	定性离子(m/z)	检出限/(ng/mL)
甲醇	5.49	31	29	0.19
乙醇	5.63	31	45	0.13
异丙醇	6.58	45	43	0.46
丙酮	6.95	43	58	1.39
正丙醇	8.61	31	59	0.41
丁酮	10.63	43	72	0.44
乙酸乙酯	10.97	43	61	0.56
乙酸异丙酯	12.87	43	61	0.60
正丁醇	12.99	56	41	1.24
苯	13.50	78	77	0.07
1-甲氧基-2-丙醇	13.79	47	45	15.11
乙酸正丙酯	15.53	43	61	0.81
2-乙氧基乙醇	15.76	59	72	0.52
4-甲基-2-戊酮	17.06	43	58	0.51
1-乙氧基-2-丙醇	17.29	59	45	13.34
甲苯	18.66	91	92	0.09
乙酸正丁酯	20.40	43	56	0.80
乙苯	23.47	91	106	0.06
间，对-二甲苯	23.72	91	106	0.10
邻-二甲苯	25.20	91	106	0.11
苯乙烯	25.33	104	78	0.19

续表

化合物	保留时间/min	定量离子(m/z)	定性离子(m/z)	检出限/(ng/mL)
2-乙氧基乙基乙酸酯	25.51	43	59	1.14
环己酮	26.71	55	98	0.92
丁二酸二甲酯	32.04	115	114	12.07
戊二酸二甲酯	36.36	100	129	13.44
己二酸二甲酯	40.54	114	143	10.91

4 种 TSNAs 溶液的总离子流图如图 2-26 所示。在图 2-26 中,虚线框内为未放大的色谱图。可以发现,4 种 TSNAs 标准品中均含有不同含量的乙醇和异丙醇。4 种标准品中的溶剂残留物种类均只有乙醇和异丙醇 2 种,这可能是标准品在人工合成时引起的。

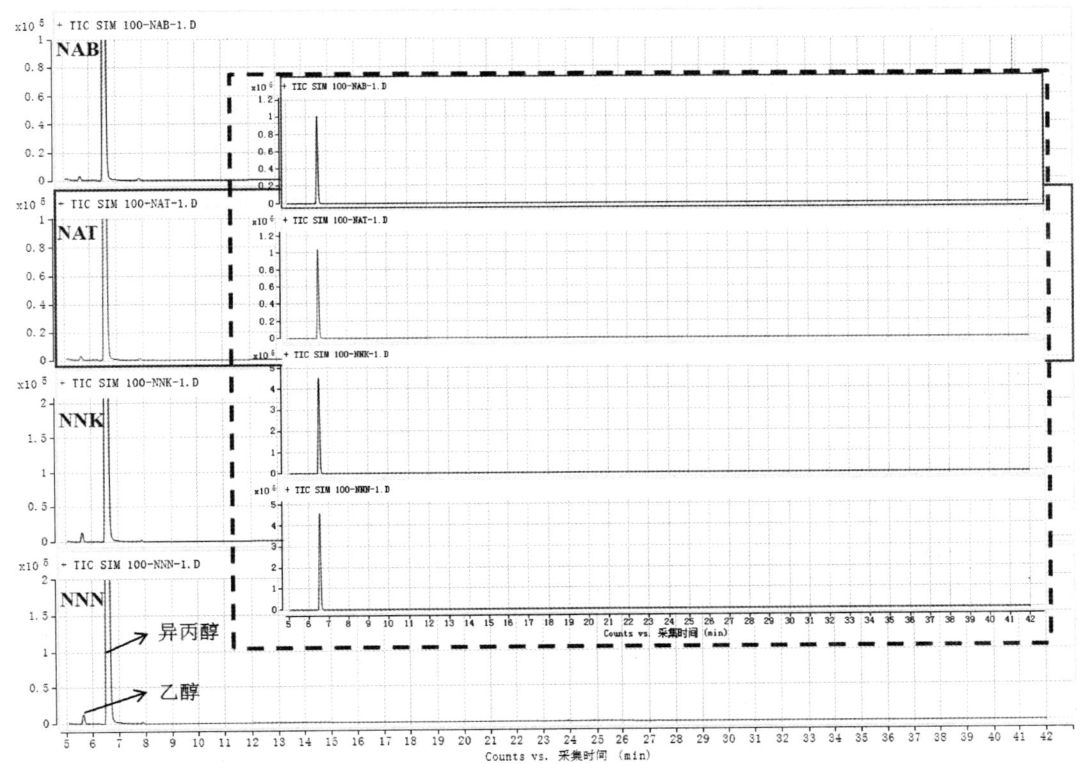

图 2-26 4 种 TSNAs 溶液的总离子流图

检测结果如表 2-9 所示,4 种标准品中溶剂残留物的质量百分比为 0.0064%~0.030%。可以认为溶剂残留物较少,不会影响 TSNAs 标准品纯度的计算,因此忽略不计。

表 2-9 标准品中溶剂残留物测定结果(%)

溶剂残留物	NNN	NNK	NAT	NAB
乙醇	0.000 12	0.000 11	0.000 022	0.000 020

续表

溶剂残留物	NNN	NNK	NAT	NAB
异丙醇	0.030	0.029	0.0065	0.0064
总量	0.030	0.029	0.0065	0.0064

(四)标准品互为杂质的情况

对 4 种 TSNAs 标准品进行气相色谱-火焰离子化(GC-FID)分析。以甲醇为溶剂，配制浓度为 1 mg/mL 的每种 TSNAs 溶液，每种标准品溶液重复分析三次。具体分析条件为：仪器型号为美国 Agilent 7890A；色谱柱为 DB-35MS 弹性毛细管柱（35％二苯基/65％二甲基聚硅氧烷），规格为 30 m(长度)×0.25 mm(内径)×0.25 μm(膜厚)；进样口温度为 250 ℃；进样量为 1 μL，采用分流进样模式(分流比为 30 ∶ 1)；载气为氮气(纯度≥99.999％)，恒流流速为 1.0 mL/min；升温程序为初始温度为 80 ℃，保持 1 min，以 10 ℃/min 的速率升至 280 ℃，保持 20 min；检测器为火焰离子化检测器；检测器氢气、空气和尾吹气(氮气)的流量分别为 45 mL/min、350 mL/min 和 3 mL/min；检测器温度为 250 ℃。

结果如图 2-27 所示，没有在一种 TSNAs 标准品中发现其余一种或几种 TSNAs 类化合物。标准品互为杂质的情况如表 2-10 所示。本章中的 4 种标准品均由人工合成，且结构有一定的差异，这在一定程度上保证了某一标准品中不含其余的 3 种标准品。

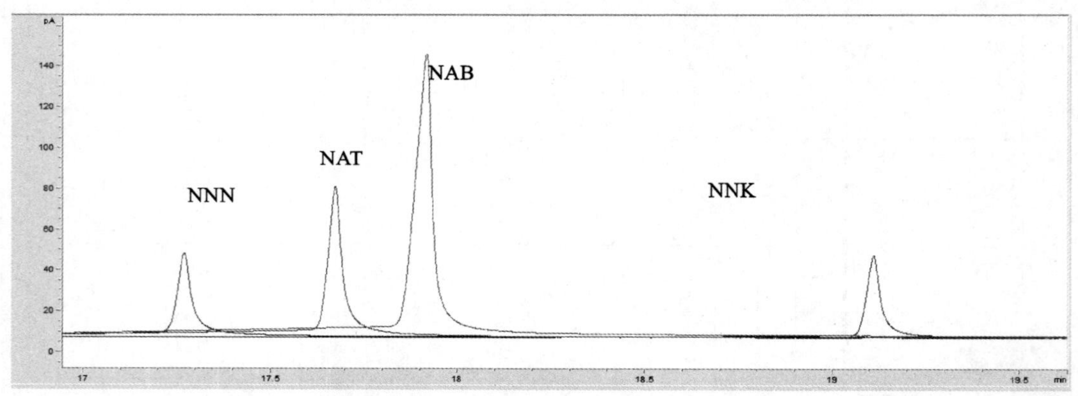

图 2-27 4 种 TSNAs 单一标准品溶液的气相色谱图

表 2-10 标准品互为杂质的情况

标准品	含量/(％)			
	NNN	NNK	NAT	NAB
NNN	100	0	0	0
NNK	0	100	0	0
NAT	0	0	100	0
NAB	0	0	0	100

（五）气相色谱法纯度测试

气相色谱-火焰离子化（GC-FID）分析在美国 Agilent 7890A 系统上完成。以甲醇为溶剂，配制浓度为 1 mg/mL 的每种 TSNAs 溶液。具体分析条件为：色谱柱为 DB-35MS 弹性毛细管柱（35％二苯基/65％二甲基聚硅氧烷），规格为 30 m（长度）×0.25 mm（内径）×0.25 μm（膜厚）；进样口温度为 250 ℃；进样量为 1 μL，采用分流进样模式（分流比为 30 ： 1）；载气为氮气（纯度≥99.999％），恒流流速为 1.0 mL/min；升温程序为初始温度为 80 ℃，保持 1 min，以 10 ℃/min 的速率升至 280 ℃，保持 20 min；检测器为火焰离子化检测器；检测器氢气、空气和尾吹气（氮气）的流量分别为 45 mL/min、350 mL/min 和 3 mL/min；检测器温度为 250 ℃。

在气相色谱分析方法的优化方面，本章以 NNN 为代表考察了 TSNAs 标准品在不同极性色谱柱上的保留行为。如图 2-28 所示，当使用极性较大（DB-WAX，聚乙二醇涂层）的色谱柱时，NNN 的保留行为很强，无法被洗脱；当使用极性较小（DB-5MS，5％二苯基/95％二甲基聚硅氧烷）的色谱柱时，色谱峰出现前伸。这和我们之前的研究结果是一致的。因此，本章使用中等极性色谱柱（DB-35MS）对 TSNAs 标准品溶液进行分析。

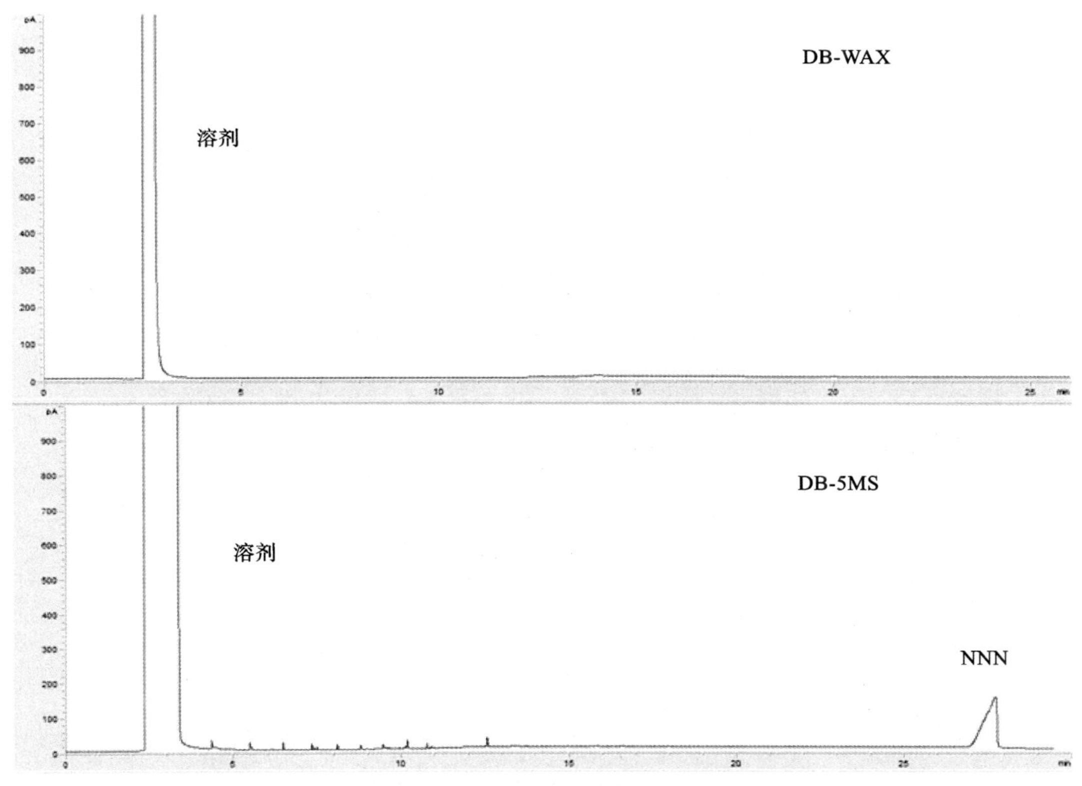

图 2-28 NNN 在不同极性色谱柱上的保留行为

在上述条件下，连续分析 NNN 标准品溶液 4 次得到的色谱图如图 2-29 所示。NNN 保留时间和峰面积的相对标准偏差分别为 0.26％和 0.68％，说明所采用的方法具有良好的重现性。

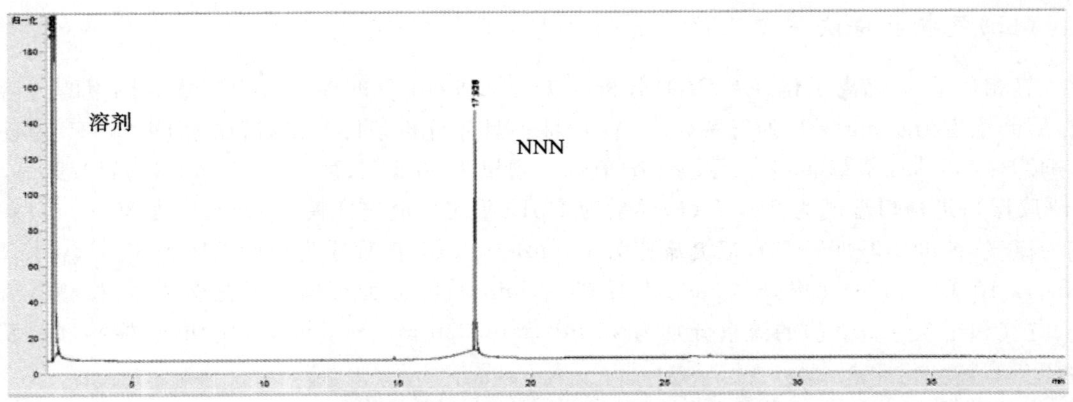

图 2-29 连续分析 NNN 标准品溶液 4 次得到的色谱图

4 种 TSNAs 标准品溶液的气相色谱图如图 2-30 至图 2-33 所示。

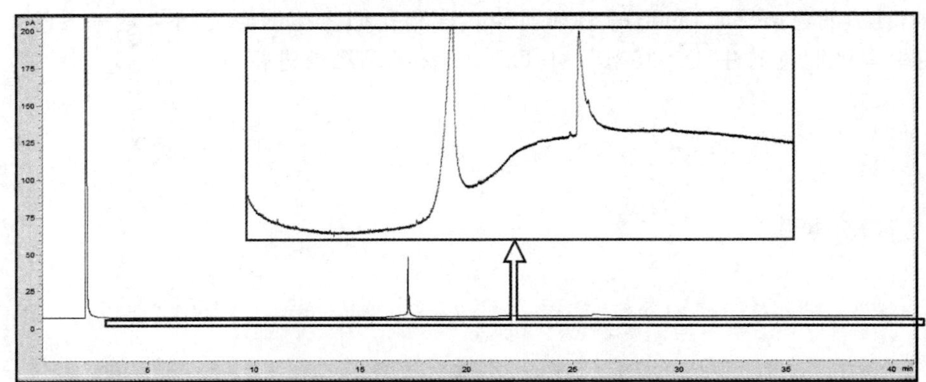

图 2-30 NNN 标准品溶液的气相色谱图

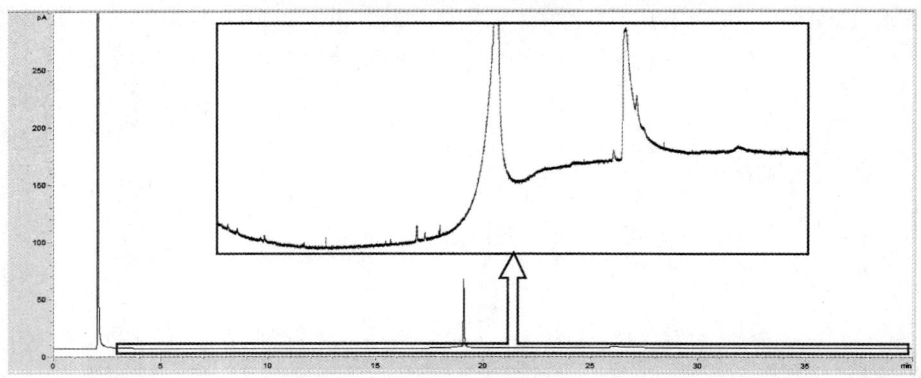

图 2-31 NNK 标准品溶液的气相色谱图

采用面积归一化法，每种标准品溶液重复分析 6 次，取平均值后得到的 NNN、NNK、NAT 和 NAB 的纯度为 99.94%、99.79%、99.52%和 99.44%。4 种 TSNAs 标准品的实际纯度应为扣除所有杂质（水分、无机元素和溶剂残留物）之后的结果，即 $P_{纯度}=(1-W_{水分}-W_{元素}-W_{溶剂})\times P_{测定}$，由于无机元素和溶剂残留物对纯度计算的影响可以忽略不计，且水分

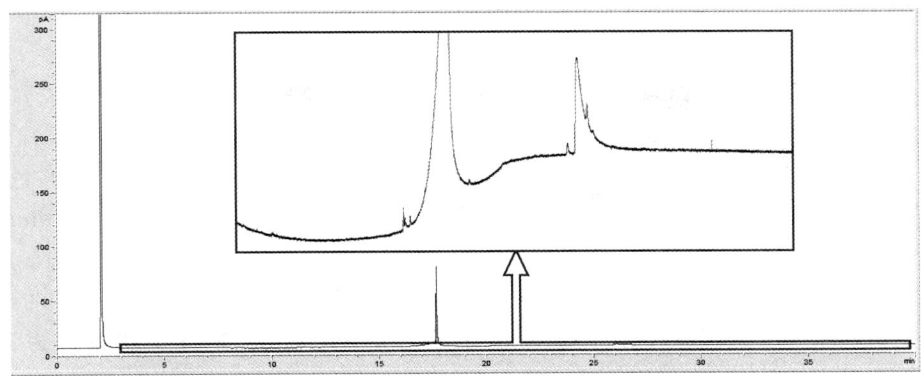

图 2-32 NAT 标准品溶液的气相色谱图

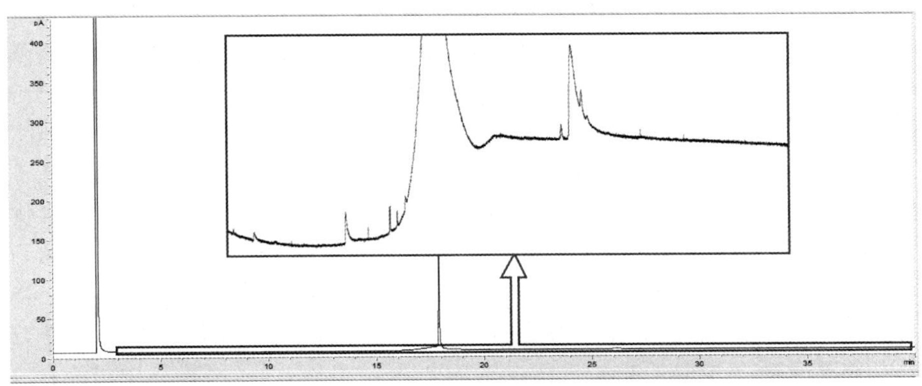

图 2-33 NAB 标准品溶液的气相色谱图

在 GC-FID 分析条件下没有响应，因此，4 种 TSNAs 标准品的纯度可以表示为扣除水分之后的结果，数据如表 2-11 所示。可以发现，气相色谱纯度测试结果在标准品分析证书提供的纯度精确度范围内，初步说明所购标准品分析报告给出的纯度值及精确度值准确可靠。

表 2-11 气相色谱面积归一化法纯度测试结果(%)

	NNN	NNK	NAT	NAB
测量 1	99.84	99.81	99.48	99.49
测量 2	99.86	99.76	99.52	99.40
测量 3	99.80	99.79	99.50	99.45
测量 4	99.85	99.78	99.52	99.46
测量 5	99.84	99.80	99.53	99.44
测量 6	99.86	99.82	99.55	99.42
平均值	99.84	99.79	99.52	99.44
水分	1.6	1.0	0.3	0.7
纯度	98.24	98.79	99.22	98.75
证书标注值	99.97±2.0	99.96±2.0	99.82±2.0	99.80±2.0

(六)液相色谱法纯度测试

高效液相色谱-紫外(HPLC-UV)分析在美国 Agilent 1260 Infinity II 上完成。整套分析系统包括一台 G7111A 1260 四元输液泵、G7114A 1260 紫外检测器、G7129A 1260 自动进样器。以甲醇为溶剂,配制浓度为 1 mg/mL 的每种 TSNAs 溶液。色谱条件为:色谱柱为 Agilent InfinityLab Poroshell 120 EC-C18 色谱柱,规格为 100 mm(长度)×4.6 mm(内径)×2.7 μm(膜厚),柱温为 40 ℃。流动相为甲醇(B 相)-水(A 相),采用梯度洗脱方式,$t=0$ min 时 30% B 相,保持 4 min,然后在 3 min 内线性上升到 90% B 相,保持 5 min,再在 1 min 内将流动相回到原始比例并平衡 5 min,流速为 1.0 mL/min。紫外检测波长为 357 nm(NNN)、339 nm(NNK)、361 nm(NAT 和 NAB),进样量为 5 μL。

本章优化了影响分离效果的色谱柱和流动相,具体如下。

(1)色谱柱选择:本章选择常用的反相色谱柱对 4 种 TSNAs 进行分离。在选择填料键合基团时,由于 C18 是常用的反相分离基团,因此本章用 C18 键合硅胶作为分离基质。同时,考虑到硅胶不同的键合方式,本章选择核壳型色谱柱,以提高 4 种 TSNAs 的分离效率。因此,本章选择的色谱柱型号为 Agilent InfinityLab Poroshell 120 EC-C18 色谱柱(100 mm(长度)×4.6 mm(内径)×2.7 μm(膜厚))。

(2)流动相优化:为了得到适宜的流动相条件,本章以 NNN 为代表性化合物优化了甲醇的比例。从图 2-34 可以看到,当流动相中甲醇的比例逐渐降低时,NNN 的保留行为逐渐增强,呈现出疏水保留机理。同时发现,当流动相中甲醇的含量高于 30%时,4 种 TSNAs 中极性较大的 NNN 在色谱柱上的保留行为较弱,在死时间左右被洗脱。综合考虑分离效果与分离时间,将流动相中甲醇的初始比例设置为 30%。另外,为了将样品中可能存在的极性较小的物质全部洗脱出来,本章采用梯度淋洗模式将流动相中甲醇的最高比例设置为 90%,并保持 5 min。在上述条件下,4 种 TSNAs 保留时间的日内及日间精密度分别不大于 0.07%和 0.10%;峰面积的日内及日间精密度分别不大于 1.02%和 1.41%。这说明所采用的方法具有良好的重现性。

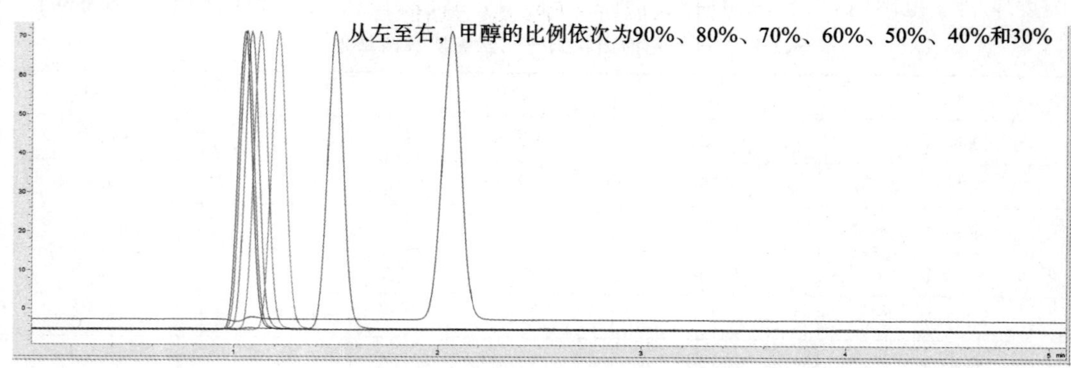

图 2-34 不同甲醇比例下 NNN 的色谱图

在上述条件下,4 种 TSNAs 标准品溶液用液相色谱分析的结果如图 2-35 至图 2-38 所示。

采用面积归一化法,每种标准品溶液重复分析 6 次,取平均值后得到的 NNN、NNK、NAT 和 NAB 的纯度为 99.70%、99.76%、99.57%和 99.43%。4 种 TSNAs 标准品的实际

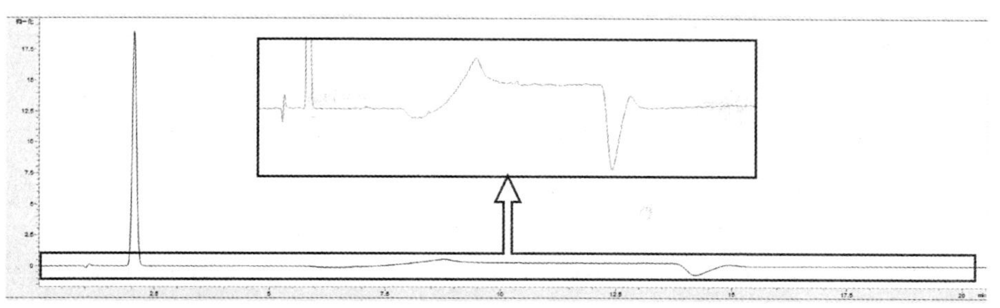

图 2-35　NNN 标准品溶液的液相色谱图

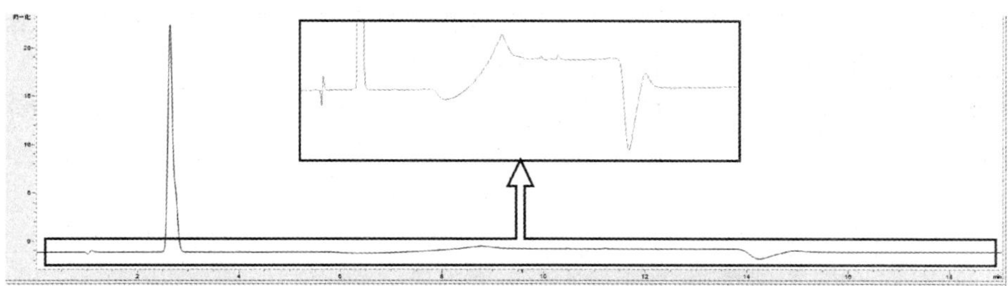

图 2-36　NNK 标准品溶液的液相色谱图

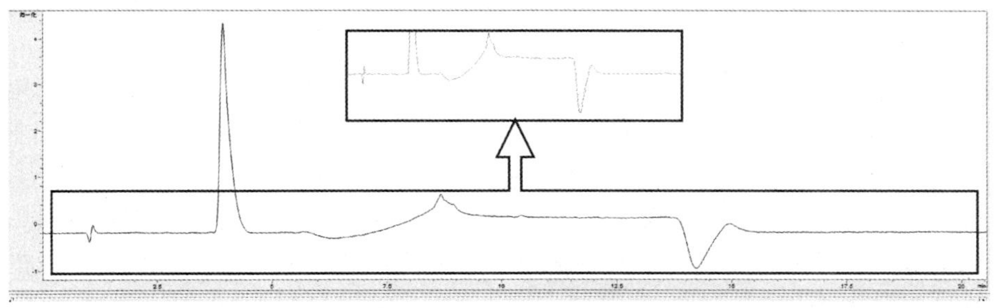

图 2-37　NAT 标准品溶液的液相色谱图

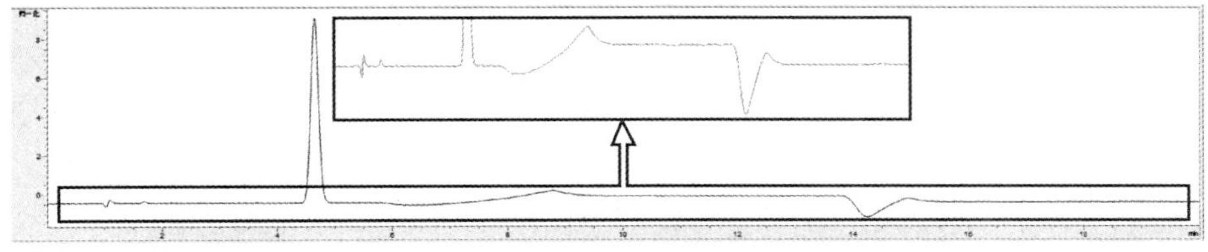

图 2-38　NAB 标准品溶液的液相色谱图

纯度应为扣除所有杂质（水分、无机元素和溶剂残留物）之后的结果，即 $P_{\text{纯度}}=(1-W_{\text{水分}}-W_{\text{元素}}-W_{\text{溶剂}})\times P_{\text{测定}}$，由于无机元素和溶剂残留物对纯度计算的影响可以忽略不计，且水分在 HPLC-UV 分析条件下没有响应，因此，4 种 TSNAs 标准品的纯度可以表示为扣除水分之后的结果，数据如表 2-12 所示。可以发现，液相色谱纯度测试结果在标准品分析证书提供的纯度精确度范围内，说明所购标准品分析报告给出的纯度值及精确度值准确可靠。

表 2-12　液相色谱面积归一化法纯度测试结果(%)

	NNN	NNK	NAT	NAB
测量 1	99.73	99.80	99.61	99.44
测量 2	99.63	99.73	99.59	99.46
测量 3	99.72	99.76	99.53	99.40
测量 4	99.70	99.74	99.53	99.42
测量 5	99.71	99.78	99.57	99.42
测量 6	99.73	99.75	99.56	99.45
平均值	99.70	99.76	99.57	99.43
水分	1.6	1.0	0.3	0.7
纯度	98.11	98.76	99.27	98.74
证书标注值	99.97±2.0	99.96±2.0	99.82±2.0	99.80±2.0

根据气相色谱和液相色谱的核验结果(见表 2-11 和表 2-12)可知,NNN、NNK、NAT 和 NAB 标准品扣除水分、溶剂残留物和无机元素的纯度分别为 98.18%、98.78%、99.25%和 98.75%。

四、溶剂空白验证

本章采用德国 Merck 公司生产的色谱级甲醇进行标准物质样品的制备。由于串联质谱检测器比紫外检测器具有更高的灵敏度,因此本章使用串联质谱进行溶剂空白验证。对甲醇溶剂进行液相色谱-串联质谱分析,具体的液相色谱-串联质谱条件为:仪器型号为 Agilent 1200-AB 5500;色谱柱为 Agilent InfinityLab Poroshell 120 EC-C18,规格为 100 mm(长度)×3.0 mm(内径)×2.7 μm(膜厚);进样量为 5 μL;柱温为 40 ℃;流动相为 10 mmol/L 甲酸铵溶液(溶剂 A)、乙腈(含 0.1%甲酸,V/V,溶剂 B);流速为 0.4 mL/min;流动相梯度为 $t=0$ min 时 10% B,在 2 min 内线性上升到 40% B,然后在 2 min 内线性上升到 60% B,接着在 2 min 内线性上升到 90% B,保持 3 min,最后在 0.5 min 内使流动相回到原始比例并平衡 5.5 min。4 种 TSNAs 的多离子反应监测参数为(不牵涉定量,故只给出一组离子对信息,括号内为碰撞能):NNN 为 178.1>148.2(15)、NNK 为 208.1>122.1(16)、NAT 为 190.1>160.1(15)、NAB 为 192.1>162.2(17)。液相色谱-串联质谱分析结果如图 2-39 所示,溶剂的色谱图中不含本章涉及的 4 种 TSNAs,表明所选溶剂对目标物无干扰。

五、混合溶液标准物质的制备和分装

在温度为(20±2)℃、相对湿度为 60%±5%的环境下,以所购买的标准品纯度为准,采用重量-容量法制备混合溶液标准物质。具体地,用经过校准的①级天平称取一定量的 4 种 TSNAs 标准品到经过校准的同一 A 级 100 mL 容量瓶中,具体称量质量如表 2-13 所示。加入甲醇,使其完全溶解,以甲醇定容至刻度并摇匀。考虑到烟草及烟草制品、卷烟主流烟气中 TSNAs 测定时系列标准溶液配制所需标准溶液的量,将 0.5 mL 上述“甲醇中 4 种烟草特有 N-亚硝胺混合溶液标准物质”转移至底部带有锥形凹槽的螺纹口棕色玻璃瓶(容积为

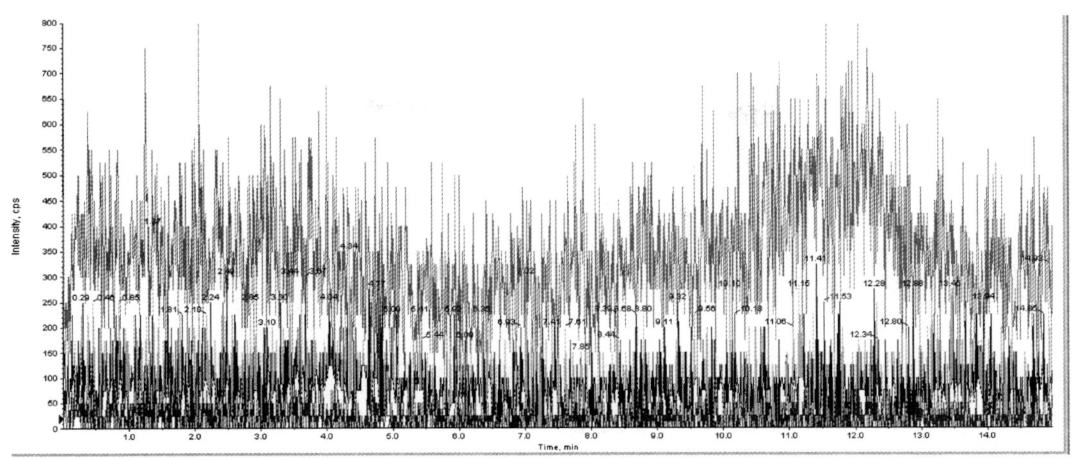

图 2-39　以液相色谱-串联质谱分析溶剂甲醇得到的色谱图

1.5 mL)中，立即封口，共计得到 192 瓶“甲醇中 4 种烟草特有 *N*-亚硝胺混合溶液标准物质”样品，并将其避光保存于 0～4 ℃冰箱中。

表 2-13　4 种 TSNAs 标准品称量质量

序号	标准品名称	质量/g
1	NNN	0.1003
2	NNK	0.1011
3	NAT	0.1009
4	NAB	0.1019

第三节　标准物质均匀性检验

一、均匀性实验方案设计及样品制备

根据《标准物质定值的通用原则及统计学原理》(JJF 1343—2012)均匀性评估中抽取单元数的要求(当 $N \leqslant 200$ 时，抽取单元数不少于 11 个)，在分装好的“甲醇中 4 种烟草特有 *N*-亚硝胺混合溶液标准物质”样品中，按照封装先后顺序在样品分装前、中、后分别抽取 4 瓶、4 瓶和 4 瓶样品。如图 2-40 所示，每瓶制备 3 个试样，共制得 36 个试样，并对每个试样进行编号，依次编号为 1＃，2＃，3＃，…，34＃，35＃，36＃。

为避免仪器系统误差对结果的影响，本章对 36 个试样进行随机排列，随机顺序为 6＃、7＃、17＃、10＃、9＃、14＃、27＃、13＃、26＃、11＃、29＃、1＃、18＃、30＃、3＃、31＃、33＃、12＃、34＃、21＃、16＃、24＃、8＃、28＃、35＃、23＃、15＃、22＃、5＃、2＃、32＃、4＃、25＃、20＃、19＃、36＃，按照此顺序对样品进行测定。

二、液相色谱分析方法

本章考察了液相色谱分析方法的重现性。由于测定化合物的浓度相对固定，因此在考

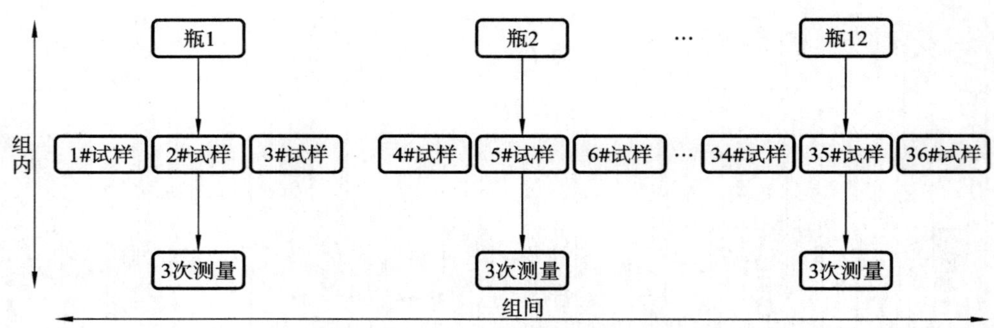

图 2-40 均匀性检验抽样及制样方案

察方法的重现性时,本章在一天内连续测定 5 次 TSNAs 混合标准溶液(结果如图 2-41 所示),计算保留时间和峰面积的日内相对标准偏差;连续 3 天测定 TSNAs 混合标准溶液,计算保留时间和峰面积的日间相对标准偏差,结果如表 2-14 所示。4 种 TSNAs 保留时间的日内及日间精密度分别不大于0.07%和 0.10%;峰面积的日内及日间精密度分别不大于1.02%和 1.41%。这说明所采用的方法具有良好的重现性。需要说明的是,在图 2-41 所示的色谱图中,NAT 色谱峰的对称性稍逊于另外 3 种 TSNAs,这可能是由 NAT 标准品存在旋光异构体引起的。由于在均匀性和后续的稳定性检验中,标准工作曲线和样品均使用相同的色谱分析和数据处理方法,且所有样品均不含除 4 种 TSNAs 外的其他干扰性物质,再加上分析方法具有很好的重现性,因此,在实际均匀性和稳定性检验中,并未发现对检验结果的影响。

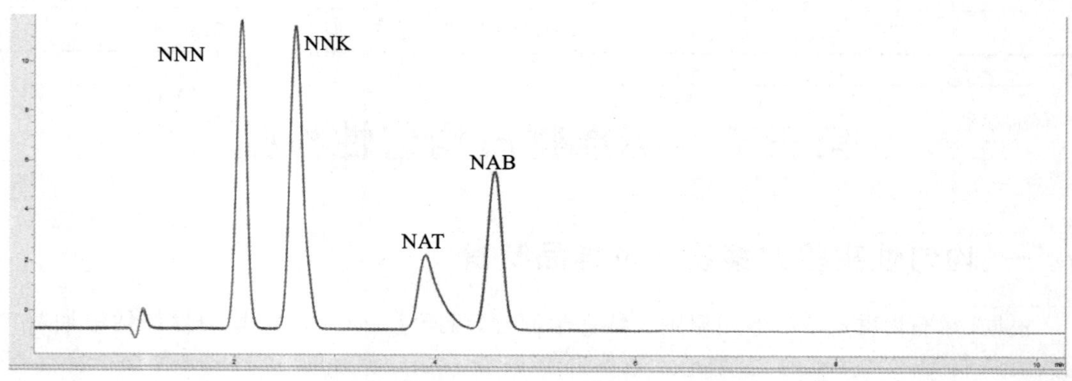

图 2-41 4 种 TSNAs 混合标准溶液经连续 5 次分析后得到的色谱图

表 2-14 分析方法的重现性考察

序号	化合物	日内精密度(RSD,%,n=5)		日间精密度(RSD,%,n=3)	
		保留时间	峰面积	保留时间	峰面积
1	NNN	0.06	0.44	0.07	0.60
2	NNK	0.06	0.37	0.08	0.52
3	NAT	0.07	1.02	0.09	1.41
4	NAB	0.07	0.22	0.10	0.30

三、标准工作曲线制备

以经过纯度验证的甲醇为溶剂，采用万分之一天平称取 20.0 mg TRC 公司的 TSNAs 标准品至 10 mL 容量瓶中制备混合储备液，并采用逐级稀释的方法配制标准工作曲线溶液，浓度分别为 2.00 mg/mL、1.50 mg/mL、1.00 mg/mL、0.75 mg/mL 和 0.50 mg/mL，用该标准工作曲线计算“甲醇中 4 种烟草特有 *N*-亚硝胺混合溶液标准物质”样品中各组分的浓度。

四、数理统计方法

根据《标准物质定值的通用原则及统计学原理》(JJF 1343—2012)的规定，采用单因素方差分析作为本章均匀性检验的数理统计方法。

五、样品中各组分统计分析和结果判断

利用根据液相色谱建立的 TSNAs 标准工作曲线，测定“甲醇中 4 种烟草特有 *N*-亚硝胺混合溶液标准物质”样品中 4 种组分的含量，其均匀性检验测试结果如表 2-15 至表 2-18 所示。据 JJF 1343—2012，采用 *F* 检验法进行统计分析。查 *F* 分布表可知，置信概率为 95% 时，$F_{0.05}(11,24)=2.2163$。$F_{计算}<F_{0.05}(11,24)$，表明样品之间在置信概率 95%水平下不存在显著性差异，分装后的“甲醇中 4 种烟草特有 *N*-亚硝胺混合溶液标准物质”样品是均匀的。

表 2-15　“甲醇中 4 种烟草特有 *N*-亚硝胺混合溶液标准物质”样品中 NNN 的均匀性检验测试结果

样品编号	重复测定结果/(mg/mL)			S_H (mg/mL)	$\overline{x}$ (mg/mL)	$\frac{S_H}{\overline{x}}$
1	1.001	1.002	1.002	0.000 701	1.004	0.070%
2	1.001	1.004	1.005			
3	1.003	1.003	1.005			
4	1.001	1.008	1.002			
5	1.000	1.008	1.008			
6	1.001	1.003	1.004			
7	1.003	1.002	1.001			
8	1.004	1.002	1.002			
9	1.002	1.003	1.004			
10	1.002	1.005	1.001			
11	1.006	1.007	1.006			
12	1.004	1.005	1.006			

方差汇总

方差来源	差方和	自由度	方差	$F_{计算}$	$F_{0.05}(11,24)$
组间	5.96×10^{-5}	11	5.42×10^{-6}	1.3733	2.2163
组内	9.47×10^{-5}	24	3.95×10^{-6}		

注：表中，$S_H=\sqrt{(组间方差-组内方差)/3}$，下同。

表 2-16 “甲醇中 4 种烟草特有 N-亚硝胺混合溶液标准物质”样品中 NNK 的均匀性检验测试结果

样品编号	重复测定结果/(mg/mL)			S_H (mg/mL)	$\overline{x}$ (mg/mL)	$\frac{S_H}{\overline{x}}$
1	1.013	1.011	1.012	0.001 58	1.010	0.156%
2	1.012	1.009	1.012			
3	1.008	1.010	1.012			
4	1.010	1.015	1.008			
5	1.004	1.008	1.015			
6	1.010	1.010	1.006			
7	1.005	1.011	1.003			
8	1.014	1.012	1.006			
9	1.012	1.012	1.016			
10	1.005	1.005	1.007			
11	1.013	1.015	1.014			
12	1.012	1.010	1.014			

方差汇总

方差来源	差方和	自由度	方差	$F_{计算}$	$F_{0.05}(11,24)$
组间	2.04×10^{-4}	11	1.86×10^{-5}	1.6720	2.2163
组内	2.66×10^{-4}	24	1.11×10^{-5}		

表 2-17 “甲醇中 4 种烟草特有 N-亚硝胺混合溶液标准物质”样品中 NAT 的均匀性检验测试结果

样品编号	重复测定结果/(mg/mL)			S_H (mg/mL)	$\overline{x}$ (mg/mL)	$\frac{S_H}{\overline{x}}$
1	1.006	1.010	1.006	0.001 02	1.008	0.101%
2	1.004	1.012	1.012			
3	1.006	1.007	1.008			
4	1.007	1.007	1.006			
5	1.008	1.006	1.006			
6	1.006	1.007	1.008			
7	1.006	1.009	1.006			
8	1.010	1.011	1.010			
9	1.008	1.009	1.010			
10	1.011	1.009	1.007			
11	1.010	1.012	1.010			
12	1.009	1.005	1.007			

方差汇总

方差来源	差方和	自由度	方差	$F_{计算}$	$F_{0.05}(11,24)$
组间	8.29×10^{-5}	11	7.54×10^{-6}	1.7037	2.2163
组内	1.06×10^{-4}	24	4.42×10^{-6}		

表 2-18　“甲醇中 4 种烟草特有 N-亚硝胺混合溶液标准物质”样品中 NAB 的均匀性检验测试结果

样品编号	重复测定结果/(mg/mL)			S_H (mg/mL)	$\overline{x}$ (mg/mL)	$\frac{S_H}{\overline{x}}$
1	1.017	1.022	1.015	0.000 992	1.017	0.098%
2	1.010	1.015	1.022			
3	1.017	1.017	1.013			
4	1.012	1.018	1.014			
5	1.021	1.019	1.012			
6	1.019	1.019	1.023			
7	1.016	1.016	1.018			
8	1.020	1.022	1.021			
9	1.019	1.017	1.021			
10	1.019	1.018	1.019			
11	1.016	1.017	1.015			
12	1.018	1.017	1.016			

方差汇总

方差来源	差方和	自由度	方差	$F_{计算}$	$F_{0.05}(11,24)$
组间	1.20×10^{-4}	11	1.09×10^{-5}	1.3720	2.2163
组内	1.91×10^{-4}	24	7.94×10^{-6}		

从上述检验结果可以看出，分装后的“甲醇中 4 种烟草特有 N-亚硝胺混合溶液标准物质”样品中各组分的均匀性良好。

第四节　标准物质稳定性检验

一、样品存放条件

本章研制的“甲醇中 4 种烟草特有 N-亚硝胺混合溶液标准物质”样品避光保存于 0～4 ℃冰箱中。

二、样品短期稳定性

(一)检验方案设计

根据《标准物质定值的通用原则及统计学原理》(JJF 1343—2012)的规定，标准物质的研制需要研究运输及转移过程对环境的要求，需对分装后的标准物质样品进行高温实验(60 ℃，14 天)、高湿实验(90%±5%，25 ℃，14 天)、光照实验(照度(4500±500)lx，14 天)，并分别于第 0 天、第 5 天、第 7 天、第 10 天和第 14 天对经过高温、高湿、光照后的标准物质样品进行检测，以考察标准物质样品变化情况。

考虑到“甲醇中 4 种烟草特有 N-亚硝胺混合溶液标准物质”样品存放于冰箱里，环境为高湿(相对湿度95%以上)避光,“甲醇中4种烟草特有N-亚硝胺混合溶液标准物质”样品采用棕色瓶包装,且采用黑色牛皮纸袋外包装避光运输,因此在考察“甲醇中4种烟草特有N-亚硝胺混合溶液标准物质”样品中NNK的短期稳定性时,仅考察高温对各组分特性值的影响,即考察“甲醇中4种烟草特有N-亚硝胺混合溶液标准物质”样品在60℃条件下,在第0天、第5天、第7天、第10天和第14天各组分含量的变化情况。

(二)抽样及测试

从冰箱中取出15瓶“甲醇中4种烟草特有N-亚硝胺混合溶液标准物质”样品,将其中12瓶放置于设定温度为60℃的烘箱中,对其余3瓶直接进行测试,并分别于第5天、第7天、第10天和第14天从烘箱中各取出3瓶进行测试,每瓶样品均重复测定3次。每次测量时都按照均匀性检验中“标准工作曲线制备”描述的方法,重新配制标准工作溶液并制作标准工作曲线,测量方法参见均匀性检验部分。

(三)统计分析和结果判断

“甲醇中4种烟草特有N-亚硝胺混合溶液标准物质”中NNK样品的短期稳定性检验结果如表2-19和图2-42所示。

表2-19　样品中NNK的短期稳定性检验数据

时间	结果/(mg/mL)				斜率 a	$t\times s_{(a)}$	$T\times s_{(a)}$	$\frac{s_T}{\bar{x}}$
	瓶1	瓶2	瓶3	$\bar{x}$				
2019.06.10	1.012	1.012	1.012	1.012	1.0789×10^{-5}	0.000 125	0.000 55	0.055%
2019.06.15	1.012	1.011	1.015	1.013				
2019.06.17	1.012	1.012	1.011	1.012				
2019.06.20	1.012	1.012	1.016	1.013				
2019.07.04	1.012	1.012	1.011	1.012				

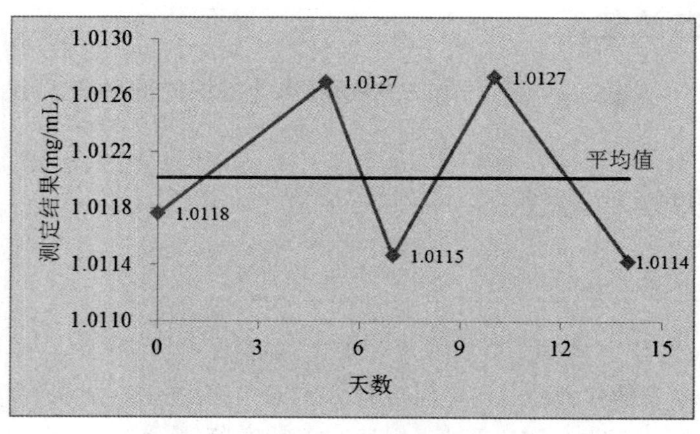

图2-42　样品中NNK的短期稳定性检验结果图

根据JJF 1343—2012的规定,由于没有准确的模型反映溶液中NNK含量的真实变化规律,因此检验采用直线作为经验模型。

直线方程：$y=b+ax$。

直线的标准偏差：$s^2=\dfrac{\sum_1^n (y_i-b-ax_i)^2}{n-2}$。

斜率的不确定度：$s_{(a)}=\dfrac{s}{\sqrt{\sum_1^n (x_i-\overline{x})^2}}$。

当$|a|<t_3^{0.05}\times s_{(a)}$时，斜率是不显著的，稳定性良好。

在95%的置信概率下，自由度为3，双尾检验t分布的分位点值为3.18。

按照JJF 1343—2012的规定，以x代表时间（日），以y代表标准品的值，将表2-19中的数据拟合成一条直线，获得直线方程$y=1.0789\times10^{-5}x+1.0121$。其中，斜率$a=1.0789\times10^{-5}$，截距$b=1.0121$。

直线的标准偏差为：$s^2=\dfrac{\sum_1^n (y_i-b-ax_i)^2}{n-2}=0.000\ 757\ 2$。

斜率的不确定度为：$s_{(a)}=\dfrac{s}{\sqrt{\sum_1^n (x_i-\overline{x})^2}}=3.9365\times10^{-5}$。

自由度为$n-2=5-2=3$和$p=0.95$（95%置信区间），查t值表得$t=3.18$。

由于$|a|<t_3^{0.05}\times s_{(a)}$，即$1.0789\times10^{-5}<3.18\times3.9365\times10^{-5}=0.000\ 13$，因此斜率不显著，未观察到对稳定性的影响。这说明“甲醇中4种烟草特有N-亚硝胺混合溶液标准物质”样品在规定存放条件（60 ℃）下14天内NNK的稳定性良好。

“甲醇中4种烟草特有N-亚硝胺混合溶液标准物质”样品中其余3种TSNAs的短期稳定性含量测试结果如表2-20至表2-22所示，稳定性检验结果如表2-23所示。

表2-20 样品中NNN的短期稳定性测定结果 单位：mg/mL

日期	瓶1	瓶2	瓶3
2019.06.10	1.003	1.006	1.005
2019.06.15	1.002	1.004	1.001
2019.06.17	1.005	1.007	1.005
2019.06.20	1.004	1.002	1.002
2019.07.04	1.003	1.005	1.005

表2-21 样品中NAT的短期稳定性测定结果 单位：mg/mL

日期	瓶1	瓶2	瓶3
2019.06.10	1.006	1.007	1.006
2019.06.15	1.008	1.008	1.010
2019.06.17	1.008	1.006	1.006
2019.06.20	1.010	1.009	1.008
2019.07.04	1.005	1.009	1.005

表 2-22 样品中 NAB 的短期稳定性测定结果

单位：mg/mL

日期	瓶 1	瓶 2	瓶 3
2019.06.10	1.017	1.018	1.017
2019.06.15	1.019	1.019	1.021
2019.06.17	1.018	1.017	1.017
2019.06.20	1.019	1.019	1.018
2019.07.04	1.016	1.018	1.017

表 2-23 “甲醇中 4 种烟草特有 N-亚硝胺混合溶液标准物质”样品中其余 3 种 TSNAs 的短期稳定性检验结果

化合物	斜率 a	$t \times s_{(a)}$	$T \times s_{(a)}$	$\frac{s_T}{\overline{x}}$
NNN	-3.8338×10^{-5}	0.000 277	0.001 22	0.122%
NAT	2.0147×10^{-5}	0.000 220	0.000 97	0.097%
NAB	-2.7146×10^{-5}	0.000 193	0.000 85	0.084%

从上述检验结果可以看出，分装后的“甲醇中 4 种烟草特有 N-亚硝胺混合溶液标准物质”样品中各组分的短期稳定性良好。

三、样品长期稳定性

（一）检验方案设计

按照《标准物质定值的通用原则及统计学原理》(JJF 1343—2012)的规定，国家二级标准物质长期稳定性考察周期要求在 6 个月及以上。考虑到“甲醇中 4 种烟草特有 N-亚硝胺混合溶液标准物质”样品在低温状态下的稳定性，将包装后的标准物质样品放置在 0～4 ℃下保存，按照先密后梳的原则，分别考察样品在第 0 月、第 2 月、第 4 月、第 7 月和第 12 月各组分含量的变化情况。

（二）抽样及测试

在上述每个时间点随机抽取 3 瓶样品，每瓶样品重复测定 3 次。每次测量时都按照均匀性检验中“标准工作曲线制备”描述的方法，重新配制标准工作溶液并制作标准工作曲线，测量方法参见均匀性检验部分。

（三）统计分析和结果判断

“甲醇中 4 种烟草特有 N-亚硝胺混合溶液标准物质”样品中 NNK 的长期稳定性检验结果如表 2-24 和图 2-43 所示。

表 2-24 样品中 NNK 长期稳定性检验数据

测量时间	结果/(mg/mL)				斜率 a	$t\times s_{(a)}$	$T\times s_{(a)}$	$\frac{s_T}{\bar{x}}$
	瓶 1	瓶 2	瓶 3	$\bar{x}$				
2019.06.10	1.012	1.012	1.012	1.012	-1.449×10^{-4}	0.000 503	0.001 900	0.188%
2019.08.12	1.015	1.014	1.017	1.015				
2019.10.10	1.014	1.012	1.011	1.012				
2020.01.10	1.017	1.015	1.014	1.015				
2020.06.10	1.010	1.011	1.010	1.010				

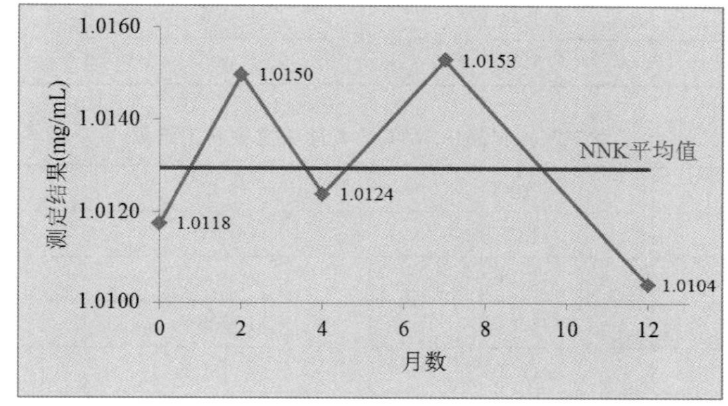

图 2-43 样品中 NNK 的长期稳定性检验结果图

根据 JJF 1343—2012 的规定，由于没有准确的模型反映溶液中 NNK 含量的真实变化规律，因此实验采用直线作为经验模型。

直线方程：$y=b+ax$。

直线的标准偏差：$s^2=\dfrac{\sum_1^n (y_i-b-ax_i)^2}{n-2}$。

斜率的不确定度：$s_{(a)}=\dfrac{s}{\sqrt{\sum_1^n (x_i-\bar{x})^2}}$。

当 $|a|<t_3^{0.05}\times s_{(a)}$ 时，斜率是不显著的，稳定性良好。

在 95% 的置信概率下，自由度为 3，双尾检验 t 分布的分位点值为 3.18。

按照 JJF 1343—2012 的规定，以 x 代表时间(月)，以 y 代表标准品的值，将表 2-24 中的数据拟合成一条直线，获得直线方程 $y=-1.449\times10^{-4}x+1.0137$。其中，斜率 $a=-1.449\times10^{-4}$，截距 $b=1.0137$。

直线的标准偏差为：$s^2=\dfrac{\sum_1^n (y_i-b-ax_i)^2}{n-2}=0.002\ 310$。

斜率的不确定度为：$s_{(a)}=\dfrac{s}{\sqrt{\sum_1^n (x_i-\bar{x})^2}}=0.000\ 158$。

自由度为 $n-2=5-2=3$ 和 $p=0.95$(95% 置信区间)，查 t 值表得 $t=3.18$。

由于 $1.449\times10^{-4}<3.18\times0.000\ 158=0.000\ 503$，即 $|a|<t_3^{0.05}\times s_{(a)}$，因此斜率不显著，

未观察到对稳定性的影响。这说明“甲醇中 4 种烟草特有 *N*-亚硝胺混合溶液标准物质”样品在规定的存放条件下 12 个月内 NNN 的稳定性良好。

“甲醇中 4 种烟草特有 *N*-亚硝胺混合溶液标准物质”样品中其余 3 种 TSNAs 的长期稳定性含量测试结果如表 2-25 至表 2-27 所示,稳定性检验结果如表 2-28 所示。

表 2-25 样品中 NNN 的长期稳定性测定结果 单位:mg/mL

日期	瓶 1	瓶 2	瓶 3
2019.06.10	1.003	1.006	1.005
2019.08.12	1.005	1.008	1.008
2019.10.10	1.004	1.004	1.003
2020.01.10	1.005	1.007	1.007
2020.06.10	1.003	1.003	1.002

表 2-26 样品中 NAT 的长期稳定性测定结果 单位:mg/mL

日期	瓶 1	瓶 2	瓶 3
2019.06.10	1.006	1.007	1.006
2019.08.12	1.004	1.004	1.004
2019.10.10	1.007	1.008	1.008
2020.01.10	1.004	1.005	1.006
2020.06.10	1.006	1.006	1.008

表 2-27 样品中 NAB 的长期稳定性测定结果 单位:mg/mL

日期	瓶 1	瓶 2	瓶 3
2019.06.10	1.017	1.018	1.017
2019.08.12	1.020	1.021	1.021
2019.10.10	1.017	1.018	1.017
2020.01.10	1.018	1.018	1.019
2020.06.10	1.015	1.017	1.016

表 2-28 “甲醇中 4 种烟草特有 *N*-亚硝胺混合溶液标准物质”样品中其余 3 种 TSNAs 的长期稳定性检验结果

化合物	斜率 a	$t\times s_{(a)}$	$T\times s_{(a)}$	$\frac{s_T}{x}$
NNN	-1.7294×10^{-4}	0.000 415	0.001 57	0.156%
NAT	7.1896×10^{-5}	0.000 337	0.001 27	0.127%
NAB	-2.1925×10^{-4}	0.000 363	0.001 37	0.135%

从上述检验结果可以看出,分装后的“甲醇中 4 种烟草特有 *N*-亚硝胺混合溶液标准物质”样品中各组分的长期稳定性良好。

第五节　各组分的定值

一、特性量

“甲醇中 4 种烟草特有 *N*-亚硝胺混合溶液标准物质”的特性量参数选择为各组分的浓度(mg/mL)。

二、定值依据

根据《标准物质定值的通用原则及统计学原理》(JJF 1343—2012)的规定，可选用下列方式之一对标准品定值：①由单一实验室采用单一基准方法定值；②由一个实验室采用两种或更多不同原理的独立参考方法定值；③使用一种或多种已证明准确性的方法，由多个实验室合作定值；④利用特定方法进行定值；⑤利用一级标准物质进行比较定值。

本章采用“①由单一实验室采用单一基准方法定值”，即利用天平称取一定质量的标准品，用经过纯度验证的甲醇定容到一定体积的容量瓶中。

三、溯源性和测量方法

“甲醇中 4 种烟草特有 *N*-亚硝胺混合溶液标准物质”中各组分的含量溯源到标准品和计量检定的天平、容量瓶。

所研制标准品溶液中各组分的浓度标准值 c 按下式计算：

$$c = \frac{m \times \rho}{V}$$

式中：c——所制备溶液组分的浓度标准值；

m——用天平称取的标准品的质量；

V——配制的体积；

ρ——标准品的纯度。

(一)测量仪器和试剂

测量仪器和试剂包括：CP224S 电子天平(德国 Sartorius 公司，经广州广电计量检测股份有限公司校准为①级天平，证书见图 2-44)；100 mL 容量瓶(天津玻璃厂，经广州广电计量检测股份有限公司校准为 A 级，证书见图 2-45)；甲醇(色谱纯，德国 Merck 公司，经验证不含 TSNAs)。

(二)标准品中各组分的标准值

依据 4 种 TSNAs 标准品的纯度、称量量及本节给出的公式计算“甲醇中 4 种烟草特有 *N*-亚硝胺混合溶液标准物质”中各组分含量的标准值，如表 2-29 所示。

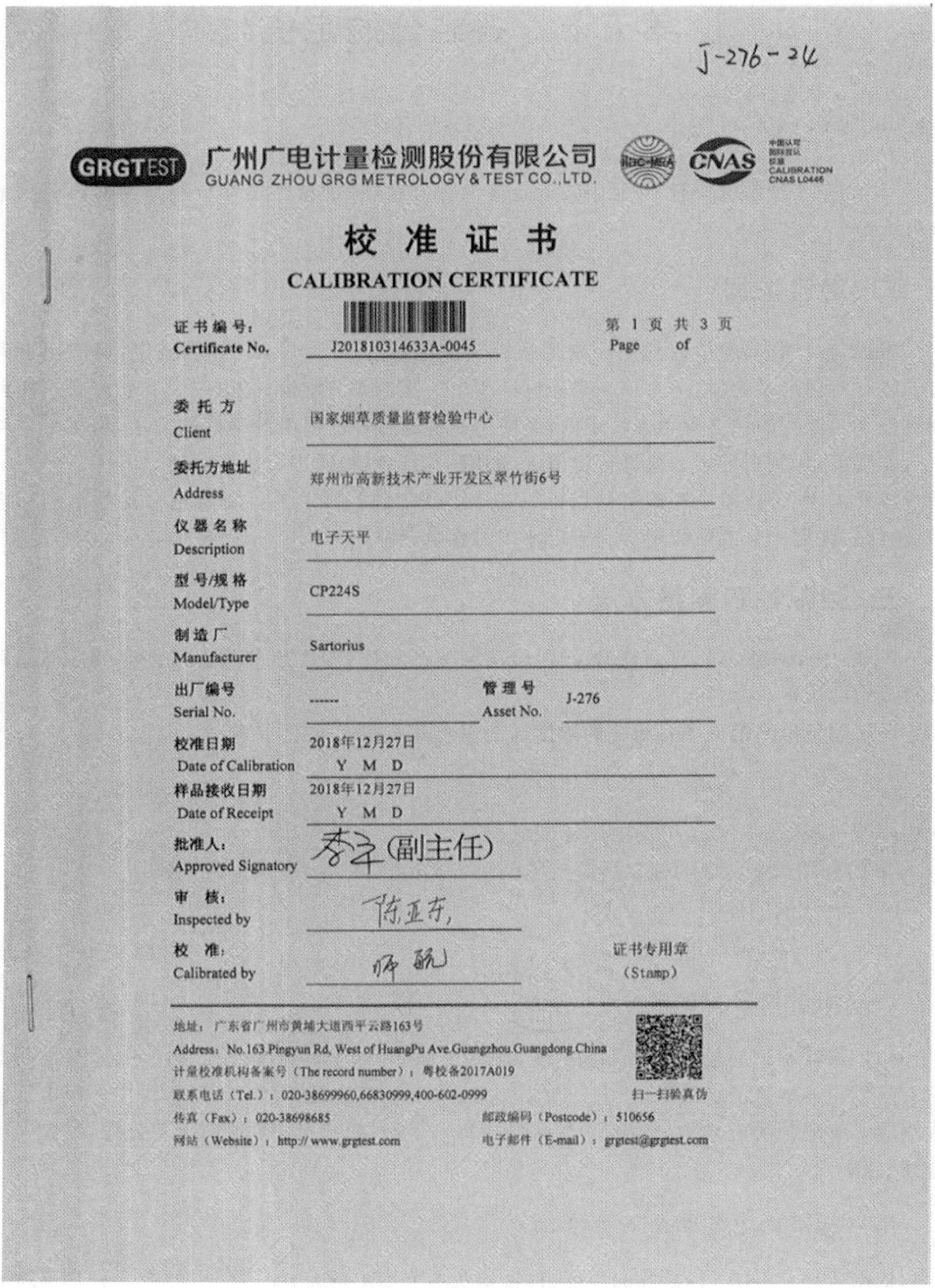

J-276-24

广州广电计量检测股份有限公司
GUANG ZHOU GRG METROLOGY & TEST CO.,LTD.

校 准 证 书

CALIBRATION CERTIFICATE

证书编号：Certificate No. J201810314633A-0045 　　第 1 页 共 3 页 Page of

委托方 Client：国家烟草质量监督检验中心

委托方地址 Address：郑州市高新技术产业开发区翠竹街6号

仪器名称 Description：电子天平

型号/规格 Model/Type：CP224S

制造厂 Manufacturer：Sartorius

出厂编号 Serial No.：------ 　　管理号 Asset No.：J-276

校准日期 Date of Calibration：2018年12月27日 Y M D

样品接收日期 Date of Receipt：2018年12月27日 Y M D

批准人：Approved Signatory：李平(副主任)

审　核：Inspected by：陈亚东

校　准：Calibrated by：师硕

证书专用章 (Stamp)

地址：广东省广州市黄埔大道西平云路163号
Address：No.163,Pingyun Rd, West of HuangPu Ave.Guangzhou.Guangdong.China
计量校准机构备案号（The record number）：粤校备2017A019
联系电话（Tel.）：020-38699960,66830999,400-602-0999
传真（Fax）：020-38698685 　　邮政编码（Postcode）：510656
网站（Website）：http:// www.grgtest.com 　　电子邮件（E-mail）：grgtest@grgtest.com

扫一扫验真伪

图 2-44　天平校准证书

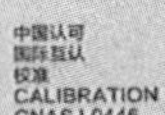

广州广电计量检测股份有限公司
GUANG ZHOU GRG METROLOGY & TEST CO.,LTD.

校 准 说 明
DIRECTIONS OF CALIBRATION

证书编号： J201810314633A-0045
Certificate No.

第 2 页 共 3 页
Page of

1. 本实验室出具的数据均可溯源至国家计量基准和国际单位制(SI)。
(All data issued by GRGTest are traced to National Primary Standards and International System of Units(SI).)

2. 本结果仅对当次被测样品有效，如有疑问请在15个工作日内反馈。(The result is ONLY valid for the tested sample, please feedback to us within 15 working days if you have any question.)

3. 本证书编号具有唯一性，后缀若带有"-Gx"的证书为替换证书，自发出后原证书即刻作废。
(Each certificate has a unique number. The suffix of "-Gx" will be added to the number as a replacement of the old version. The original certificate will be officially invalid once the new certificate number is issued.)

4. 证书中如有最大允许误差、判定结果，仅供参考，其中"P"代表"合格"，"F"代表"不合格"。证书中结论判定是指测得值是否符合规定要求的限定值，而使用人员还应结合实际测量要求，评估校准结果测量不确定度对符合性评定的影响。(MPE & judgement result in the datasheet is only for reference , "P" represents "Pass" and "F" represents "Fail".The judgement is made on the basis of whether the measured value conforms to the limited value specified in the regulation, whereas users should evaluate the effects of measurement uncertainty of calibration results on conformity determination associated with actual measurement.)

5.本次校准的技术依据及CNAS认可范围，超出范围的内容未被认可。注：详细的认可范围请查看CNAS网站中注册编号为L0446的证书附件。(Reference document and accredited scope by CNAS for calibration, beyond which isn't accredited. Please see the attachment of certificate No.L0446 on CNAS website for details.)

JJG 1036-2008 电子天平检定规程(V.R. for Electronic Balance)：(0.1mg~300kg)

6. 本次校准使用的主要测量标准(Main Standards of Measurement Used in the Calibration.)：

名称 / 型号 Description / Model	编 号 Serial No.	证书编号 Certificate No.	证书有效期 Due Date	技术特征 Technique Character
E2等级砝码/1mg~500g	GD103	LZM201801882	2019-07-09	E_2等级

7. 校准地点、环境条件(Place and environmental conditions of the calibration)：

地点 Place 客户二楼实验室 温度 Temperature 19 ℃ 相对湿度 Relative Humidity 40 %

8. 建议复校时间间隔： 1年，送校单位也可按实际使用情况自主决定。
Suggested calibration interval is 1 year or it can be altered depending on the actual usage of the user.

续图 2-44

广州广电计量检测股份有限公司
GUANG ZHOU GRG METROLOGY & TEST CO.,LTD.

中国认可 国际互认 校准 CALIBRATION CNAS L0446

校 准 结 果
RESULTS OF CALIBRATION

证书编号：J201810314633A-0045 第 3 页 共 3 页
Certificate No. Page of

1、外观以及一般性检查：符合要求
In view of External and Generality check :

2、最大秤量(Max)：220 g 最小秤量(Min)：0.01 g
Maximum weighting: Minimum weighting:

3、实际分度值(d)：0.0001 g 检定分度值(e)：0.001 g
Actual scale: Verification scale:

4、分度数(n)：220000
Scale division number:

5、示值误差校准：Calibration of the indication error:

载荷 g Weighting	测量误差 g Error	允许误差 MPE	结论(P/F) Conclusion	不确定度$U(k=2)$ Uncertainty
0	0.0000	± 0.5 e	P	0.0003 g
0.01	0.0000	± 0.5 e	P	0.0003 g
1	0.0000	± 0.5 e	P	0.0003 g
10	-0.0001	± 0.5 e	P	0.0003 g
20	-0.0005	± 0.5 e	P	0.0003 g
50	-0.0001	± 0.5 e	P	0.0003 g
100	-0.0008	± 1.0 e	P	0.0003 g
200	-0.0005	± 1.0 e	P	0.0003 g
220	-0.0004	± 1.5 e	P	0.0003 g

6、重复性测试：Repeatability testing

载荷 g Weighting	测量误差 g Error	允许误差 MPE	结论(P/F) Conclusion	不确定度$U(k=2)$ Uncertainty
200	0.0002	1.0 e	P	0.0003 g

7、偏载测试：Bias testing

载荷 g Weighting	测量误差 g Error	允许误差 MPE	结论(P/F) Conclusion	不确定度$U(k=2)$ Uncertainty
100	-0.0008	± 1.0 e	P	0.0003 g

备注：
Notes：

结论（Conclusion)：所校项目符合 Ⅰ 级要求

1.本报告中的扩展不确定度是由标准不确定度乘以包含概率约为95%时的包含因子k。
The expanded uncertainty is given in the report by the standard uncertainty multiplied by the probability of about 95% when the factor k.

2.依据(Reference document)
JJF 1059.1-2012 测量不确定度评定与表示
(JJF 1059.1-2012 Evaluation and Expression of Uncertainty in Measurement)

(以下空白)
(The below is blank)

续图 2-44

广州广电计量检测股份有限公司
GUANG ZHOU GRG METROLOGY & TEST CO.,LTD.

校 准 证 书
CALIBRATION CERTIFICATE

证书编号：Certificate No. J201911250700G-0003　　第 1 页 共 3 页 Page of

委托方 Client	国家烟草质量监督检验中心
委托方地址 Address	郑州市高新技术产业开发区翠竹街6号
仪器名称 Description	电子天平
型号/规格 Model/Type	CP224S
制造厂 Manufacturer	赛多利斯
出厂编号 Serial No.	------
管理号 Asset No.	J-276
校准日期 Date of Calibration	2020年01月10日 Y M D
样品接收日期 Date of Receipt	2020年01月10日 Y M D
批准人：Approved Signatory	李辛(副主任)
审　核：Inspected by	陈亚东
校　准：Calibrated by	师硕

证书专用章 (Stamp)

总部地址(Headquarters Add):广东省广州市黄埔大道西平云路163号
No.163.Pingyun Rd, West of HuangPu Ave.Guangzhou.Guangdong.China
承校实验室地址(Add. of the Cal. Lab): 广东省广州市黄埔大道西平云路163号
No.163.Pingyun Rd, West of HuangPu Ave.Guangzhou.Guangdong.China
联系电话(Tel.):020-38699960,66830999,400-602-0999
传真(Fax):020-38695185　　邮政编码(Postcode):510656
网站(Website):http:// www.grgtest.com　　电子邮件(E-mail):grgtest@grgtest.com

扫一扫验真伪

续图 2-44

广州广电计量检测股份有限公司
GUANG ZHOU GRG METROLOGY & TEST CO.,LTD.

校　准　说　明
DIRECTIONS OF CALIBRATION

证书编号：J201911250700G-0003　　　　第 2 页 共 3 页
Certificate No.　　　　Page　　of

1.本实验室出具的数据可溯源至国家计量基准或社会公用计量标准。
(The data issued by GRGTest are traced to national primary standards or the public metrological standards.)

2.本结果仅对本次校准样品有效。未经书面批准，不得部分复制。如有疑问请在15个工作日内反馈。(The result is only valid for the calibrated sample.The certificate shall not be reproduced except in full,without the written approval of our laboratroy .please feedback to us within 15 days if you have any question.)

3.本证书编号具有唯一性，后缀若带有"-Gx"的证书为替换证书，自发出后原证书即刻作废。
(Each certificate has a unique number. The suffix of "-Gx" will be added to the number as a replacement of the old version. The original certificate will be officially invalid once the new certificate number is issued.)

4.证书中如有最大允许误差、判定结果，仅供参考，其中"P"代表"合格"，"F"代表"不合格"。使用人员还应结合实际测量要求，评估校准结果测量不确定度对符合性评定的影响。(MPE & judgement result in the datasheet is only for reference , "P" represents "Pass" and "F" represents "Fail".Whereas users should evaluate the effects of MU of calibration results on conformity determination associated with actual measurement.)

5.本次校准的技术依据及CNAS认可范围，超出范围的内容未被认可。详细认可范围请查看CNAS网站中注册编号为L0446的证书附件。(Reference document and accredited scope by CNAS for calibration，beyond which isn't accredited. Please see the attachment of certificate No.L0446 on CNAS website for details.)
JJG 1036-2008 电子天平检定规程(V.R. for Electronic Balance) 质量：1 mg~300 kg

6. 本次校准使用的主要测量标准(Main Standards of Measurement Used in the Calibration.)：

名称 / 型号 Description / Model	编　号 Serial No.	证书号/有效期 Certificate No./ Due Date	溯源机构 Traceability Institute	技术特征 Technique Character
E2砝码/1mg~500g	GD204	LZM201901925 2020-08-04	广东省计量科学研究院	E_2等级

7. 校准地点、环境条件(Place and environmental conditions of the calibration)：

地点 Place　客户二楼实验室　　温度 Temperature　21　℃　　相对湿度 Relative Humidity　53　%

8. 建 议 复 校 时 间 间 隔：　1 年，送校单位也可按实际使用情况自主决定。
Suggested calibration interval is　1 year or it can be altered depending on the actual usage of the user.

续图 2-44

广州广电计量检测股份有限公司
GUANG ZHOU GRG METROLOGY & TEST CO.,LTD.

校 准 结 果
RESULTS OF CALIBRATION

证书编号：J201911250700G-0003 第 3 页 共 3 页
Certificate No. Page of

1、外观以及一般性检查：符合要求
In view of External and Generality check :

2、最大秤量(Max)：220 g 最小秤量(Min)：0.01 g
Maximum weighting: Minimum weighting:

3、实际分度值(d)：0.0001 g 检定分度值(e)：0.001 g
Actual scale: Verification scale:

4、分度数(n)：220000
Scale division number:

5、示值误差校准：Calibration of the indication error:

载荷 g Weighting	测量误差 g Error	允许误差 MPE	结论(P/F) Conclusion	不确定度U(k=2) Uncertainty
0	0.0000	± 0.5 e	P	0.0003 g
0.01	0.0000	± 0.5 e	P	0.0003 g
1	0.0000	± 0.5 e	P	0.0003 g
10	0.0000	± 0.5 e	P	0.0003 g
20	0.0000	± 0.5 e	P	0.0003 g
50	0.0000	± 0.5 e	P	0.0003 g
100	-0.0003	± 1.0 e	P	0.0003 g
200	-0.0010	± 1.0 e	P	0.0003 g
220	-0.0012	± 1.5 e	P	0.0003 g

6、重复性测试：Repeatability testing

载荷 g Weighting	测量误差 g Error	允许误差 MPE	结论(P/F) Conclusion	不确定度U(k=2) Uncertainty
200	0.0002	1.0 e	P	0.0003 g

7、偏载测试：Bias testing

载荷 g Weighting	测量误差 g Error	允许误差 MPE	结论(P/F) Conclusion	不确定度U(k=2) Uncertainty
100	-0.0010	± 1.0 e	P	0.0003 g

备注：
Notes:

结论（Conclusion）：所校项目符合 Ⅰ 级要求

1.本报告中的扩展不确定度是由标准不确定度乘以包含概率约为95%时的包含因子k。
The expanded uncertainty is given in the report by the standard uncertainty multiplied by the probability of about 95% when the factor k.

2.依据(Reference document)
JJF 1059.1-2012 测量不确定度评定与表示
(JJF 1059.1-2012 Evaluation and Expression of Uncertainty in Measurement)

(以下空白)
(The below is blank)

续图 2-44

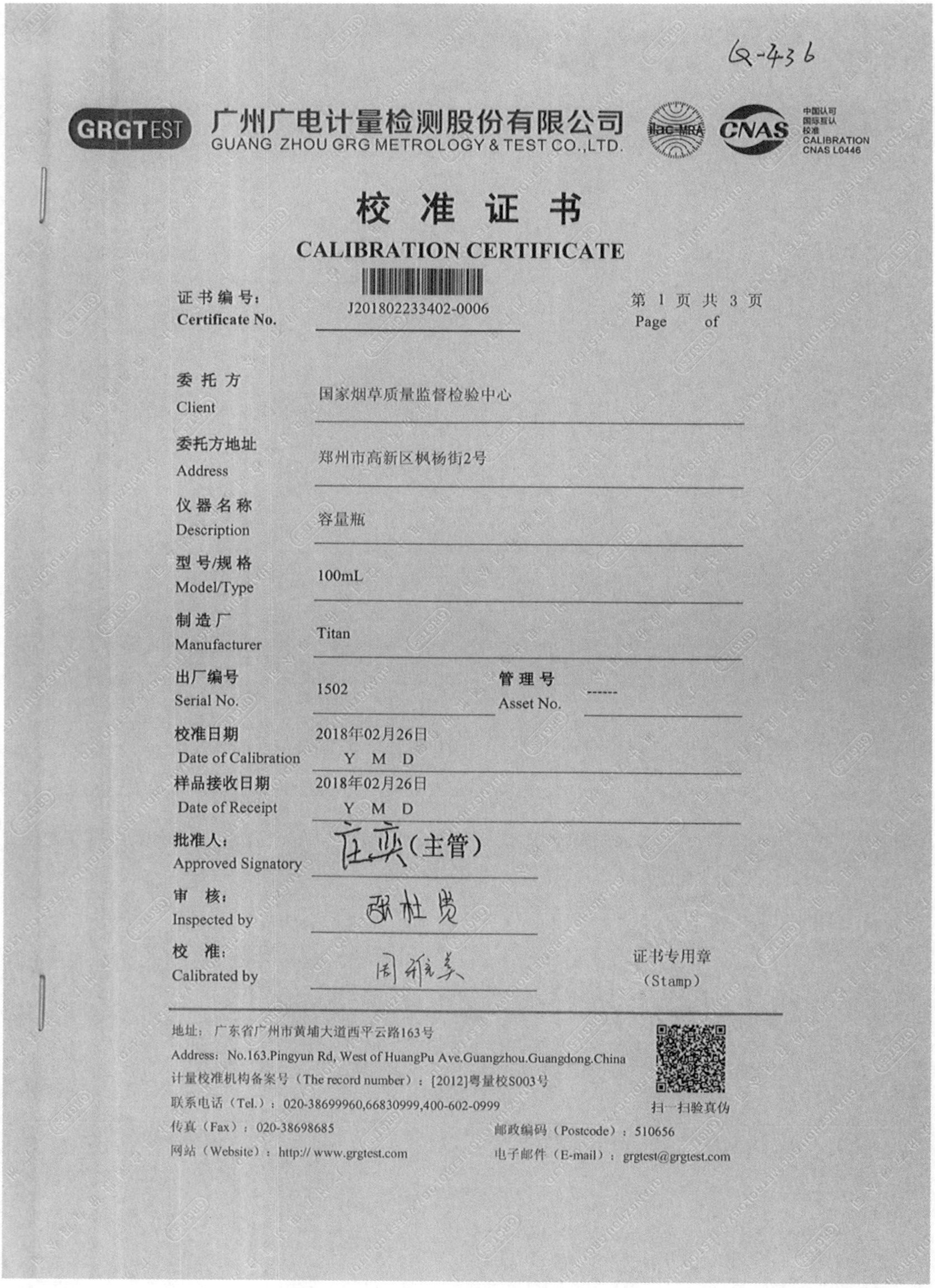

Q-436

广州广电计量检测股份有限公司
GUANG ZHOU GRG METROLOGY & TEST CO.,LTD.

中国认可 国际互认 校准 CALIBRATION CNAS L0446

校 准 证 书
CALIBRATION CERTIFICATE

证书编号：Certificate No.　J201802233402-0006　　第 1 页 共 3 页 Page of

委托方 Client：国家烟草质量监督检验中心

委托方地址 Address：郑州市高新区枫杨街2号

仪器名称 Description：容量瓶

型号/规格 Model/Type：100mL

制造厂 Manufacturer：Titan

出厂编号 Serial No.：1502　　管理号 Asset No.：------

校准日期 Date of Calibration：2018年02月26日 Y M D

样品接收日期 Date of Receipt：2018年02月26日 Y M D

批准人：Approved Signatory：庄奕(主管)

审　核：Inspected by：邵杜贵

校　准：Calibrated by：周雅美

证书专用章 (Stamp)

地址：广东省广州市黄埔大道西平云路163号
Address: No.163.Pingyun Rd, West of HuangPu Ave.Guangzhou.Guangdong.China
计量校准机构备案号（The record number）：[2012]粤量校S003号
联系电话（Tel.）：020-38699960,66830999,400-602-0999
传真（Fax）：020-38698685　　邮政编码（Postcode）：510656
网站（Website）：http:// www.grgtest.com　　电子邮件（E-mail）：grgtest@grgtest.com

扫一扫验真伪

图 2-45　容量瓶校准证书

广州广电计量检测股份有限公司
GUANG ZHOU GRG METROLOGY & TEST CO.,LTD.

校 准 说 明
DIRECTIONS OF CALIBRATION

证书编号：J201802233402-0006 第 2 页 共 3 页
Certificate No. Page of

1. 本实验室出具的数据均可溯源至国家计量基准和国际单位制(SI)。
(All data issued by GRGTest are traced to National Primary Standards and International System of Units(SI).)

2. 本结果仅对当次被测样品有效，如有疑问请在15个工作日内反馈。(The result is ONLY valid for the tested sample, please feedback to us within 15 working days if you have any question.)

3. 本证书编号具有唯一性，后缀若带有"-Gx"的证书为替换证书，自发出后原证书即刻作废。
(Each certificate has a unique number. The suffix of "-Gx" will be added to the number as a replacement of the old version. The original certificate will be officially invalid once the new certificate number is issued.)

4. 证书中如有最大允许误差、判定结果，仅供参考，其中"P"代表"合格"，"F"代表"不合格"。证书中结论判定是指测得值是否符合规定要求的限定值，而使用人员还应结合实际测量要求，评估校准结果测量不确定度对符合性评定的影响。(MPE & judgement result in the datasheet is only for reference , "P" represents "Pass" and "F" represents "Fail".The judgement is made on the basis of whether the measured value conforms to the limited value specified in the regulation, whereas users should evaluate the effects of measurement uncertainty of calibration results on conformity determination associated with actual measurement.)

5.本次校准的技术依据及CNAS认可范围，超出范围的内容未被认可。注：详细的认可范围请查看CNAS网站中注册编号为L0446的证书附件。(Reference document and accredited scope by CNAS for calibration, beyond which isn't accredited. Please see the attachment of certificate No.L0446 on CNAS website for details.)
JJG 196-2006 常用玻璃量器检定规程(V.R. of Working Glass Container)：容量：(0.1～5000)mL；时间：(0～120)s

6. 本次校准使用的主要测量标准(Main Standards of Measurement Used in the Calibration.)：

名称/型号 Description / Model	编号 Serial No.	证书编号 Certificate No.	证书有效期 Due Date	技术特征 Technique Character
数字温度表/51 II	23240146	J201701222634-50-0009	2018-08-31	±（0.05%rdg+0.3)℃
电子天平/MS205DU	B533307654	J201801261298-0001	2019-01-25	I级

7. 校准地点、环境条件(Place and environmental conditions of the calibration)：

地点 Place 广州计量理化天平室 温度 Temperature 20.7 ℃ 相对湿度 Relative Humidity 32 %

8. 建议复校时间间隔： 3年，送校单位也可按实际使用情况自主决定。
Suggested calibration interval are 3 years or it can be altered depending on the actual usage of the user.

续图 2-45

广州广电计量检测股份有限公司
GUANG ZHOU GRG METROLOGY & TEST CO.,LTD.

校 准 结 果
RESULTS OF CALIBRATION

证书编号: J201802233402-0006 第 3 页 共 3 页
Certificate No. Page of

1、外观以及一般性检查: 正常
In view of External & Generality check: Pass

2、密合性: 符合要求
Adaptation: Meet the Requirement

3、容量校准:
Capacity Calibration:

标称容量 Nominal Capacity (mL)	容量偏差 Capacity Error (mL)	技术要求 Specification (mL)	结论 Conclusion (P/F)
100	-0.04	±0.10	P

备注:
Notes:

结论(Conclusion): 所校项目符合A级要求
1.本次测量结果扩展不确定度(Expanded uncertainty of the measurement results)
1.1 容量: U= 0.02mL (k=2)
2.依据(Reference document)
JJF 1059.1-2012 测量不确定度评定与表示
(JJF 1059.1-2012 Evaluation and Expression of Uncertainty in Measurement)

(以下空白)
(The below is blank)

续图 2-45

表 2-29　标准品中各组分含量的标准值

名称	纯度/(%)	称量量/g	体积/mL	浓度/(mg/mL)
NNN	98.18	0.1003	100	0.98
NNK	98.78	0.1011	100	1.00
NAT	99.25	0.1009	100	1.00
NAB	98.75	0.1019	100	1.01

第六节　各组分定值的不确定度评定

一、不确定度来源

“甲醇中 4 种烟草特有 N-亚硝胺混合溶液标准物质”中各组分含量定值结果的不确定度由标准物质的均匀性引入的不确定度、标准物质的稳定性(短期和长期)引入的不确定度、标准物质的定值(纯度、称量、体积)过程引入的不确定度等三个部分组成，且各组分含量定值不确定度的量化图如图 2-46 所示。

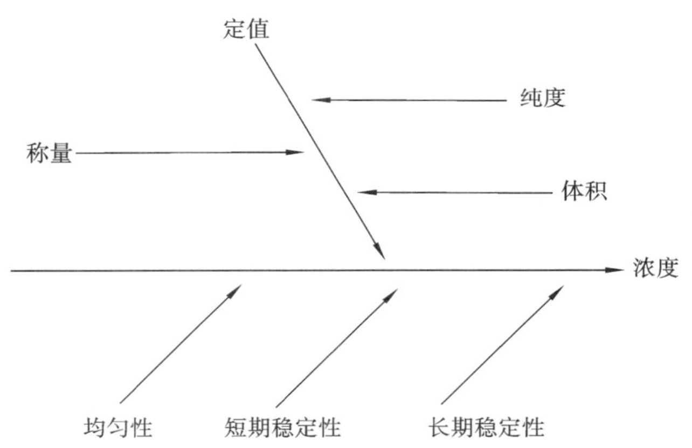

图 2-46　各组分含量定值不确定度的量化图

相对合成标准不确定度为：

$$\left[\frac{u_c(c)}{c}\right]^2=\left[\frac{u_c(m)}{m}\right]^2+\left[\frac{u_c(\rho)}{\rho}\right]^2+\left[\frac{u_c(V)}{V}\right]^2+\left[\frac{u_c(H)}{H}\right]^2+\left[\frac{u_c(t)}{S_t}\right]^2+\left[\frac{u_c(T)}{S_T}\right]^2$$

式中，$u_c(m)$、$u_c(\rho)$、$u_c(V)$、$u_c(H)$、$u_c(t)$和 $u_c(T)$分别表示称量、纯度、体积、均匀性、短期稳定性和长期稳定性引入的不确定度。

二、不确定度评定

统计方法参考《测量不确定度评定与表示》(JJF 1059.1—2012)，数值修约参考《一级标准物质技术规范》(JJF 1006—1994)和《数值修约规则与极限数值的表示和判定》(GB/T

8170—2008)。

(一)称量引入的不确定度

(1)A类不确定度。用天平重复称取0.1000 g NNK标准品8次，实际称量结果分别为0.1003 g、0.1005 g、0.1007 g、0.1002 g、0.0998 g、0.1006 g、0.0996 g和0.0998 g，通过贝塞尔公式计算得到标准偏差为 $u_m(\mathrm{A})=\sqrt{\dfrac{\sum_{i=1}^{n}(x_i-\bar{x})^2}{n-1}}=0.000\,412\,1\ \mathrm{g}$，因此，标准物质样品制备过程中的称量引起的标准不确定为0.000 412 1 g。

(2)B类不确定度。实验使用的电子天平经广州广电计量检测股份有限公司校准为①级天平，标准物质样品制备过程中的天平校准引起的标准不确定度为 $u_m(\mathrm{B})=\dfrac{0.0003}{2}\ \mathrm{g}=0.000\,15\ \mathrm{g}$。

(3)标准不确定度。将称量的A类、B类不确定度合成为称量不确定度，为 $u_c(m)=\sqrt{u_m^2(\mathrm{A})+u_m^2(\mathrm{B})}=0.000\,438\,6\ \mathrm{g}$。

(4)相对标准不确定度。由本章第二节中称量NNK标准品的质量可得到 $m=0.1011$ g，因此有 $\dfrac{u_c(m)}{m}=\dfrac{0.000\,438\,6}{0.1011}=0.004\,338$。

同理，NNN、NAT和NAB称量过程中引起的相对标准不确定度分别为0.004 373、0.004 347和0.004 304。

(二)纯度引入的不确定度

以下以NNK为例说明标准品纯度核验过程引入的不确定度。纯度核验过程引入的不确定度包括样品制备、杂质(水分、无机元素和溶剂残留物)测定和仪器核验等过程引入的不确定度。

1. 样品制备引起的不确定度

样品制备的方法是将100 mg NNK标准品以甲醇定容于100 mL容量瓶中，得到1 mg/mL的溶液。因此，样品制备的不确定度由两部分组成：天平称量和容量瓶定容。

1)天平称量引起的不确定度

(1)A类不确定度。由天平重复称取0.1000 g NNK标准品8次，实际称量结果分别为0.1003 g、0.1005 g、0.1007 g、0.1002 g、0.0998 g、0.1006 g、0.0996 g和0.0998 g，通过贝塞尔公式计算得到标准偏差为 $u_m(\mathrm{A})=\sqrt{\dfrac{\sum_{i=1}^{n}(x_i-\bar{x})^2}{n-1}}=0.000\,412\,1\ \mathrm{g}$，因此，标准物质样品制备过程中的称量引起的标准不确定为0.000 412 1 g。

(2)B类不确定度。实验使用的电子天平经广州广电计量检测股份有限公司校准为①级天平，标准物质样品制备过程中的天平校准引起的标准不确定度为 $u_m(\mathrm{B})=\dfrac{0.0003}{2}\ \mathrm{g}=0.000\,15\ \mathrm{gg}$。

(3)标准不确定度。将称量的A类、B类不确定度合成为称量不确定度，为 $u_c(m)=\sqrt{u_m^2(\mathrm{A})+u_m^2(\mathrm{B})}=0.000\,438\,6\ \mathrm{g}$。

(4)相对标准不确定度。由称量所得到的 NNK 标准品的质量(0.1003 g)可得到，$\frac{u_c(m)}{m}=\frac{0.000\,438\,6}{0.1003}=0.4377\%$ 。

2)容量瓶定容引起的不确定度

(1)A 类不确定度。通过对容量瓶进行重复性定容 8 次，用天平称量，考察体积引起的 A 类不确定度，8 次定容得到的结果为 99.96 mL、99.93 mL、99.87 mL、100.02 mL、99.94 mL、100.01 mL、100.00 mL 和 100.02 mL。通过贝塞尔公式计算得到标准偏差为 0.053 57 mL，因此标准物质样品制备过程中的体积引起的不确定为 0.053 57 mL，以相对标准偏差表示的相对标准不确定度为 0.000 535 7。

(2)B 类不确定度。B 类不确定度来源于容量瓶校准和校准温度与实验温度不一致两个方面。实验用的容量瓶经广州广电计量检测股份有限公司校准为 A 级。A 级 100 mL 容量瓶 20 ℃时标准容量允差为±0.10 mL，因此其标准不确定度为 $u_V(\mathrm{B_1})=\frac{a}{k}=\frac{0.10}{2}\mathrm{mL}=0.05\ \mathrm{mL}$。由于容量瓶在 20 ℃时校准，实验室的温度在(20±2)℃区间变化，因此它所引起的体积变化的不确定度可以通过温度变动范围和体积膨胀系数来估算。由于甲醇的体积膨胀明显大于容量瓶的体积膨胀，因此只需考虑前者。甲醇的体积膨胀系数为 $1.20\times10^{-3}\ ℃^{-1}$，因此产生的体积变化为 $\pm(100\times2\times1.20\times10^{-3})\mathrm{mL}=\pm0.24\ \mathrm{mL}$，相应的标准不确定度为 $u_V(\mathrm{B_2})=\frac{a}{k}=\frac{0.24}{2}\ \mathrm{mL}=0.12\ \mathrm{mL}$。B 类合成不确定度为 $u_V(B)=\sqrt{u_V^2(\mathrm{B_1})+u_V^2(\mathrm{B_2})}=0.13\ \mathrm{mL}$，相对标准不确定度为$\frac{u_V(\mathrm{B})}{V}=\frac{0.13}{100}=0.0013$。

(3)容量瓶引起的合成相对标准不确定度为：$\frac{u_c(V)}{V}=\sqrt{\left(\frac{u_V(A)}{V}\right)^2+\left(\frac{u_V(B)}{V}\right)^2}=0.1407\%$ 。

2.杂质测定引起的不确定度

由于无机元素和溶剂残留物对纯度计算的影响可以忽略不计，所以它们所引入的不确定度忽略不计，此处主要考虑水分测定引起的不确定度。采用卡尔·费休法进行水分测量时，不确定度来源有测量重复性和天平称量。

1)测量重复性引起的不确定度

水分的测量结果为 1.02%，水分测量的标准偏差为 0.0175%，因此水分测量重复性引入的标准不确定度为 0.0175%。

2)天平称量引起的不确定度

(1)A 类不确定度。在测定水分时，用天平重复称取 NNK 标准品 6 次，实际称量结果分别为 0.0413 g、0.0407 g、0.0411 g、0.0408 g、0.0409 g 和 0.0412 g，通过贝塞尔公式计算得到标准偏差为 $u_m(\mathrm{A})=\sqrt{\frac{\sum_{i=1}^{n}(x_i-\bar{x})^2}{n-1}}=0.000\,236\,7\ \mathrm{g}$，因此，标准物质样品制备过程中的称量引起的标准不确定为 0.000 236 7 g。

(2)B 类不确定度。实验使用的电子天平经广州广电计量检测股份有限公司校准为①级天平，标准物质样品制备过程中的天平校准引起的标准不确定度为 $u_m(\mathrm{B})=\frac{0.0003}{2}\ \mathrm{g}=$

0.000 15 g。

(3)标准不确定度。将称量的 A 类、B 类不确定度合成为称量不确定度,为 $u_c(m)=\sqrt{u_m^2(\mathrm{A})+u_m^2(\mathrm{B})}=0.000\ 280\ 2\ \mathrm{g}$。

3. 仪器核验引起的不确定度

仪器核验引起的不确定度为两种核验方法(液相色谱法和气相色谱法)带来的不确定度。以下分别进行评定。

液相色谱法引起的不确定度有测量重复性和液相色谱仪本身引起的不确定度。液相色谱法重复测定 6 次得到的纯度数值分别为 99.80%、99.73%、99.76%、99.74%、99.78%和 99.75%。通过贝塞尔公式计算得到标准偏差为 0.026 08%,因此,液相色谱法测量引起的 A 类不确定为 0.026 08%。对于液相色谱仪引入的 B 类不确定度,由仪器的检定证书(见图 2-47)可知,色谱峰定量重复性为 0.7%,不考虑实验室温度和湿度因素,将它换算成相对标准不确定度,为 0.35%。所以,液相色谱法核验引起的相对标准不确定度为 0.3510%。

GRGTEST 广州广电计量检测股份有限公司
GUANG ZHOU GRG METROLOGY & TEST CO.,LTD.

中国认可 国际互认 校准 CALIBRATION CNAS L0446

校 准 证 书

CALIBRATION CERTIFICATE

证书编号: Certificate No. J201810314633C-0013　　第 1 页 共 4 页 Page of

委托方 Client: 国家烟草质量监督检验中心

委托方地址 Address: 郑州市高新技术产业开发区翠竹街6号

仪器名称 Description: 液相色谱仪(双检测器)

型号/规格 Model/Type: 1200

制造厂 Manufacturer: Agilent

出厂编号 Serial No.: DE90958877　　管理号 Asset No.: J-326

校准日期 Date of Calibration: 2018年12月28日 Y M D

样品接收日期 Date of Receipt: 2018年12月28日 Y M D

批准人: Approved Signatory: 庄爽(主管)

审 核: Inspected by: 陈毅

校 准: Calibrated by: 周雅美

证书专用章 (Stamp)

地址:广东省广州市黄埔大道西平云路163号

Address: No.163.Pingyun Rd, West of HuangPu Ave.Guangzhou.Guangdong.China

计量校准机构备案号(The record number):粤校备2017A019

联系电话(Tel.):020-38699960,66830999,400-602-0999　　扫一扫验真伪

传真(Fax):020-38698685　　邮政编码(Postcode):510656

网站(Website):http:// www.grgtest.com　　电子邮件(E-mail):grgtest@grgtest.com

图 2-47　液相色谱仪校准证书

广州广电计量检测股份有限公司
GUANG ZHOU GRG METROLOGY & TEST CO.,LTD.

校 准 说 明
DIRECTIONS OF CALIBRATION

证书编号：J201810314633C-0013 第 2 页 共 4 页
Certificate No. Page of

1. 本实验室出具的数据均可溯源至国家计量基准和国际单位制(SI)。
(All data issued by GRGTest are traced to National Primary Standards and International System of Units(SI).)
2. 本结果仅对当次被测样品有效，如有疑问请在15个工作日内反馈。(The result is ONLY valid for the tested sample, please feedback to us within 15 working days if you have any question.)
3. 本证书编号具有唯一性，后缀若带有"-Gx"的证书为替换证书，自发出后原证书即刻作废。
(Each certificate has a unique number. The suffix of "-Gx" will be added to the number as a replacement of the old version. The original certificate will be officially invalid once the new certificate number is issued.)
4. 证书中如有最大允许误差、判定结果，仅供参考，其中"P"代表"合格"，"F"代表"不合格"。证书中结论判定是指测得值是否符合规定要求的限定值，而使用人员还应结合实际测量要求，评估校准结果测量不确定度对符合性评定的影响。(MPE & judgement result in the datasheet is only for reference , "P" represents "Pass" and "F" represents "Fail".The judgement is made on the basis of whether the measured value conforms to the limited value specified in the regulation, whereas users should evaluate the effects of measurement uncertainty of calibration results on conformity determination associated with actual measurement.)
5.本次校准的技术依据及CNAS认可范围，超出范围的内容未被认可。注：详细的认可范围请查看CNAS网站中注册编号为L0446的证书附件。(Reference document and accredited scope by CNAS for calibration, beyond which isn't accredited. Please see the attachment of certificate No.L0446 on CNAS website for details.)
JJG705-2014液相色谱仪检定规程(Liquid Chromatographs):浓度:UV-VIS/DAD:(0.0001~1)×10^-4g/mL; RID:(0.1~200)μg/mL;FLD:(0.0001~1)×10^-4g/mL;ELSD:(0.1~200)μg/mL;流量:(0.1~2)mL/min;温度:(0~100)℃

6. 本次校准使用的主要测量标准(Main Standards of Measurement Used in the Calibration.)：

名称/型号 Description / Model	编 号 Serial No.	证书编号 Certificate No.	证书有效期 Due Date	技术特征 Technique Character
萘甲醇/GBW(E)130167	18004	GBW(E)130167	2019-06-29	二级
萘甲醇/GBW(E)130168	18003	GBW(E)130168	2019-06-29	二级

7. 校准地点、环境条件(Place and environmental conditions of the calibration)：

地点 Place	客户一楼实验室	温度 Temperature	20 ℃	相对湿度 Relative Humidity	33 %

8. 建议复校时间间隔： 2年，送校单位也可按实际使用情况自主决定。
Suggested calibration interval are 2 years or it can be altered depending on the actual usage of the user.

续图 2-47

 广州广电计量检测股份有限公司
GUANG ZHOU GRG METROLOGY & TEST CO.,LTD.   

校准结果
RESULTS OF CALIBRATION

证书编号：J201810314633C-0013 第 3 页 共 4 页
Certificate No. Page of

项目 Subject	校准结果 Calibration Result	技术要求 Specification	结论(P/F) Conclusion
1 外观以及一般性检查： In view of External & Generality check :	正常 Pass		
2 检测器一： Detector:			
检测器类型： Detector Type:	二极管阵列检测器		
2.1 基线噪声： Baseline Noise:	2.6 $\times10^{-5}$AU	≤5×10^{-4}AU	P
基线漂移： Baseline Drift:	4.3 $\times10^{-5}$AU/30min	≤5×10^{-3}AU/30min	P
2.2 最小检测浓度： Minimum Detection Concentration:	1.2 $\times10^{-13}$g/mL	≤5×10^{-8}g/mL	P
2.3 整机性能： Overall Performance:			
2.3.1 定性重复性： Qualitative Repeatability:	0.0%	≤1.0%	P
2.3.2 定量重复性： Quantifying Repeatability:	0.7%	≤3.0%	P
3 检测器二： Detector:			
检测器类型： Detector Type:	荧光检测器		
3.1 基线噪声： Baseline Noise:	3.1 $\times10^{-5}$LU		
基线漂移： Baseline Drift:	1.1 $\times10^{-4}$LU/30min		
3.2 最小检测浓度： Minimum Detection Concentration:	2.8 $\times10^{-12}$g/mL	≤5×10^{-9}g/mL	P
3.3 整机性能： Overall Performance:			
3.3.1 定性重复性： Qualitative Repeatability:	0.3%	≤1.0%	P
3.3.2 定量重复性： Quantifying Repeatability:	0.4%	≤3.0%	P

续图 2-47

广州广电计量检测股份有限公司
GUANG ZHOU GRG METROLOGY & TEST CO.,LTD.

校　准　结　果
RESULTS OF CALIBRATION

证书编号：J201810314633C-0013　　　　第 4 页 共 4 页
Certificate No.　　　　Page　of

备注：
Notes:

结论(Conclusion):　　按校准结果使用
1.本次测量结果扩展不确定度(Expanded uncertainty of the measurement results)
浓度：　U_{rel}=12% (k=2)
2.依据(Reference document)
JJF 1059.1-2012 测量不确定度评定与表示
(JJF 1059.1-2012 Evaluation and Expression of Uncertainty in Measurement)

(以下空白)
(The below is blank)

续图 2-47

气相色谱法引起的不确定度有测量重复性和气相色谱仪本身引起的不确定度。气相色谱法重复测定 6 次得到的纯度数值分别为 99.81%、99.76%、99.79%、99.78%、99.80%和 99.82%。通过贝塞尔公式计算得到标准偏差为 0.021 61%，因此，气相色谱法测量引起的 A 类不确定为 0.021 61%。对于气相色谱仪引入的 B 类不确定度，由仪器的检定证书(见图

2-48)可知，色谱峰定量重复性为 0.5%，不考虑实验室温度和湿度因素，将它换算成相对标准不确定度，为 0.25%。所以，气相色谱法核验引起的相对标准不确定度为 0.2510%。

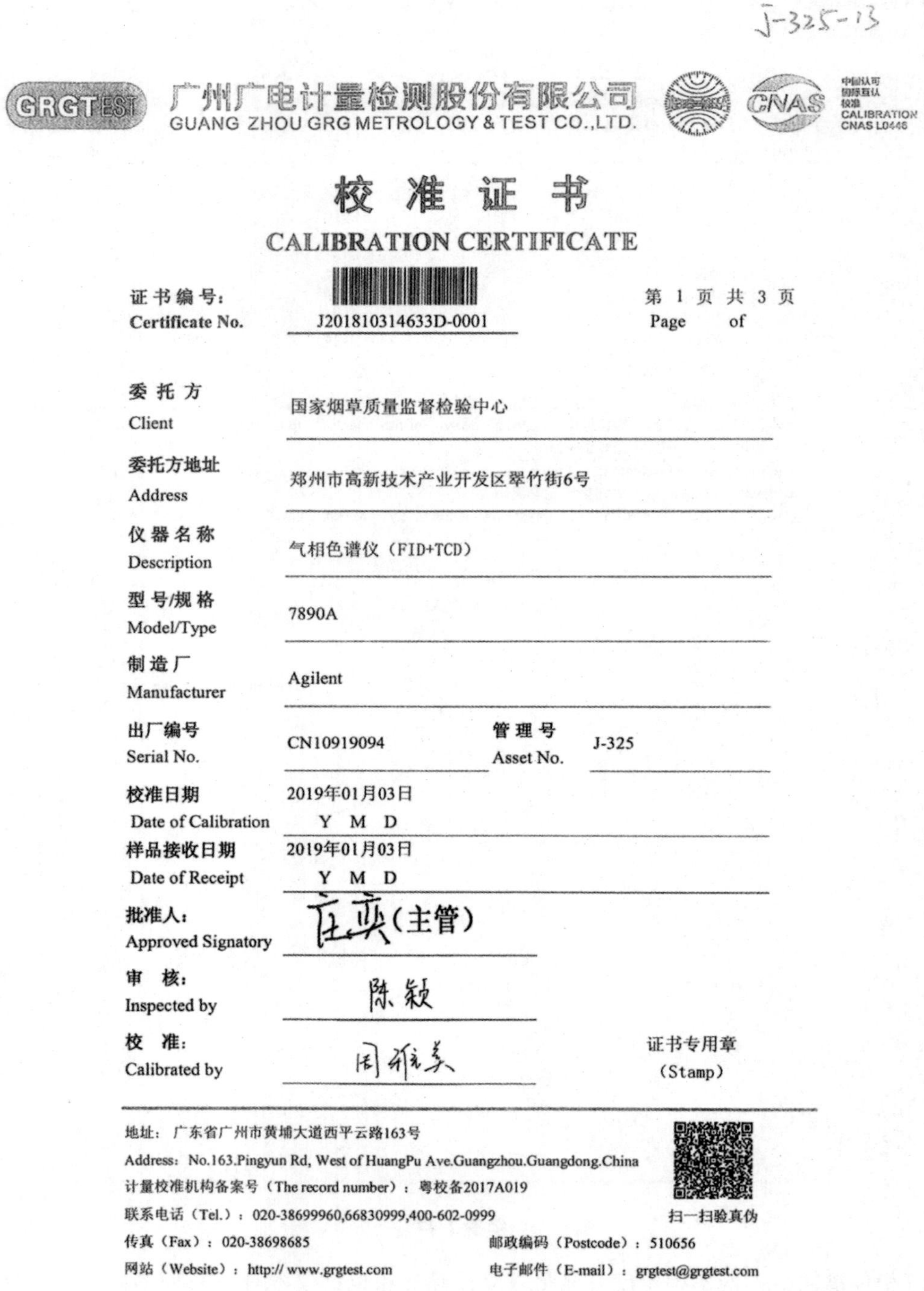

J-325-13

GRGTEST 广州广电计量检测股份有限公司
GUANG ZHOU GRG METROLOGY & TEST CO.,LTD.
中国认可 国际互认 校准 CALIBRATION CNAS L0446

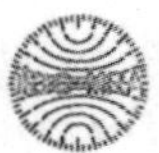

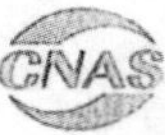

校 准 证 书
CALIBRATION CERTIFICATE

证书编号：Certificate No. J201810314633D-0001　　第 1 页 共 3 页 Page of

委托方 Client：国家烟草质量监督检验中心

委托方地址 Address：郑州市高新技术产业开发区翠竹街6号

仪器名称 Description：气相色谱仪（FID+TCD）

型号/规格 Model/Type：7890A

制造厂 Manufacturer：Agilent

出厂编号 Serial No.：CN10919094　　管理号 Asset No.：J-325

校准日期 Date of Calibration：2019年01月03日 Y M D

样品接收日期 Date of Receipt：2019年01月03日 Y M D

批准人：Approved Signatory：庄爽（主管）

审核：Inspected by：陈毅

校准：Calibrated by：周雅美　　证书专用章（Stamp）

地址：广东省广州市黄埔大道西平云路163号
Address: No.163.Pingyun Rd, West of HuangPu Ave.Guangzhou.Guangdong.China
计量校准机构备案号（The record number）：粤校备2017A019
联系电话（Tel.）：020-38699960,66830999,400-602-0999　　扫一扫验真伪
传真（Fax）：020-38698685　　邮政编码（Postcode）：510656
网站（Website）：http:// www.grgtest.com　　电子邮件（E-mail）：grgtest@grgtest.com

图 2-48　气相色谱仪校准证书

广州广电计量检测股份有限公司
GUANG ZHOU GRG METROLOGY & TEST CO.,LTD.

校　准　说　明

DIRECTIONS OF CALIBRATION

证书编号：J201810314633D-0001　　第 2 页 共 3 页
Certificate No.　　Page　of

1. 本实验室出具的数据均可溯源至国家计量基准和国际单位制(SI)。
(All data issued by GRGTest are traced to National Primary Standards and International System of Units(SI).)

2. 本结果仅对当次被测样品有效，如有疑问请在15个工作日内反馈。(The result is ONLY valid for the tested sample, please feedback to us within 15 working days if you have any question.)

3. 本证书编号具有唯一性，后缀若带有"-Gx"的证书为替换证书，自发出后原证书即刻作废。
(Each certificate has a unique number. The suffix of "-Gx" will be added to the number as a replacement of the old version. The original certificate will be officially invalid once the new certificate number is issued.)

4. 证书中如有最大允许误差、判定结果，仅供参考，其中"P"代表"合格"，"F"代表"不合格"。证书中结论判定是指测得值是否符合规定要求的限定值，而使用人员还应结合实际测量要求，评估校准结果测量不确定度对符合性评定的影响。(MPE & judgement result in the datasheet is only for reference , "P" represents "Pass" and "F" represents "Fail".The judgement is made on the basis of whether the measured value conforms to the limited value specified in the regulation, whereas users should evaluate the effects of measurement uncertainty of calibration results on conformity determination associated with actual measurement.)

5.本次校准的技术依据及CNAS认可范围，超出范围的内容未被认可。注：详细的认可范围请查看CNAS网站中注册编号为L0446的证书附件。(Reference document and accredited scope by CNAS for calibration, beyond which isn't accredited. Please see the attachment of certificate No.L0446 on CNAS website for details.)
JJG700-2016气相色谱仪检定规程(Gas Chromatograph):浓度:FID(L):(0.1~1E3)ng/μL,FID(G):(0.1~1E4)μmol/mol; FPD/NPD:(0.01~10)ng/μL;ECD:(0.001~0.1)ng/μL;TCD(L):(0.1~50)mg/mL,TCD(G):(1~1E4)μmol/mol

6. 本次校准使用的主要测量标准(Main Standards of Measurement Used in the Calibration.)：

名称 / 型号 Description / Model	编　号 Serial No.	证书编号 Certificate No.	证书有效期 Due Date	技术特征 Technique Character
气相色谱仪（TCD）检定用标准物质甲苯中苯 /GBW(E)130101	201801	GBW(E)130101	2020-01-30	二级
气相色谱仪检定用标准物质异辛烷中正十六烷 /GBW(E)130102	1705	GBW(E)130102	2019-12-30	二级

7. 校准地点、环境条件(Place and environmental conditions of the calibration)：

地点 Place　客户一楼实验室　温度 Temperature　19 ℃　相对湿度 Relative Humidity　37 %

8. 建 议 复 校 时 间 间 隔：　2 年，送校单位也可按实际使用情况自主决定。
Suggested calibration interval are　2 years or it can be altered depending on the actual usage of the user.

续图 2-48

 广州广电计量检测股份有限公司 GUANG ZHOU GRG METROLOGY & TEST CO.,LTD.   

校 准 结 果
RESULTS OF CALIBRATION

证书编号： J201810314633D-0001
Certificate No.

第 3 页共 3 页
Page of

项目 Subject	校准结果 Calibration Result	技术要求 Specification	结论(P/F) Conclusion
1 外观以及一般性检查：In view of External & Generality check :	正常 Pass		
2 检测器类型：Detector Type:	FID		
2.1 基线噪声：Baseline Noise:	0.23 pA	≤1pA	P
基线漂移(30min)：Baseline Drift:	0.64 pA	≤10pA	P
2.2 定性重复性：Qualitative Repeatability:	0.0%	≤1%	P
2.3 定量重复性：Quantifying Repeatability:	0.5%	≤3%	P
2.4 检测限：Detection Limit:	0.045 ng/s	≤0.5ng/s	P
3 检测器类型：Detector Type:	TCD		
3.1 基线噪声：Baseline Noise:	0.053 mV	≤0.1mV	P
基线漂移(30min)：Baseline Drift:	0.106 mV	≤0.2mV	P
3.2 定性重复性：Qualitative Repeatability:	1.0%	≤1%	P
3.3 定量重复性：Quantifying Repeatability:	2.9%	≤3%	P
3.4 灵敏度：Sensitivity:	885.0 mV·mL/mg	≥800mV·mL/mg	P

备注：
Notes:

结论(Conclusion): 所校项目符合技术要求

1.本次测量结果扩展不确定度(Expanded uncertainty of the measurement results)

浓度：FID： U_{rel}=3.2% (k=2)

TCD： U_{rel}=4.1% (k=2) ？

2.依据(Reference document)

JJF 1059.1-2012 测量不确定度评定与表示

(JJF 1059.1-2012 Evaluation and Expression of Uncertainty in Measurement)

(以下空白)
(The below is blank)

续图 2-48

综合考虑样品制备、杂质测定和仪器核验，纯度核验过程引入的相对标准不确定度为 0.93%，扩展不确定度为 1.86%。

按照同样的评定过程，可以得到 NNN、NAT 和 NAB 的纯度扩展不确定度分别为 1.85%、1.64%和 1.90%。因此，四种标准品的纯度扩展不确定度统一表示为 2%。

因此，对于 NNK，由原料纯度引入的不确定度如表 2-30 所示。

表 2-30　NNK 原料纯度引入的不确定度

纯度/(%)	扩展不确定度/(%)	标准不确定度/(%)	相对标准不确定度
98.78	2	1	0.010 13

同理，NNN、NAT 和 NAB 标准品纯度引起的相对标准不确定度分别为 0.010 19、0.010 08和 0.010 13。

（三）体积引入的不确定度

(1)A 类不确定度。通过对容量瓶进行重复性定容 8 次，用天平称量，考察体积引起的 A 类不确定度，8 次定容得到的结果为 99.96 mL、99.93 mL、99.87 mL、100.02 mL、99.94 mL、100.01 mL、100.00 mL 和 100.02 mL。通过贝塞尔公式计算得到标准偏差为 0.053 57 mL，因此标准物质样品制备过程中的体积引起的不确定为 0.053 57 mL，以相对标准偏差表示的相对标准不确定度为 0.000 535 7。

(2)B 类不确定度。B 类不确定度来源于容量瓶校准和校准温度与实验温度不一致两个方面。实验用的容量瓶经广州广电计量检测股份有限公司校准为 A 级。A 级 100 mL 容量瓶 20 ℃时标准容量允差为±0.10 mL，因此其标准不确定度为 $u_V(\mathrm{B_1})=\frac{a}{k}=\frac{0.10}{2}\ \mathrm{mL}=0.05\ \mathrm{mL}$。由于容量瓶在 20 ℃时校准，实验室的温度在(20±2)℃区间变化，因此它所引起的体积变化的不确定度可以通过温度变动范围和体积膨胀系数来估算。由于甲醇的体积膨胀明显大于容量瓶的体积膨胀，因此只需考虑前者。甲醇的体积膨胀系数为 $1.20\times10^{-3}\ ℃^{-1}$，因此产生的体积变化为±$(100\times2\times1.20\times10^{-3})$mL=±0.24 mL，相应的标准不确定度为 $u_V(\mathrm{B_2})=\frac{a}{k}=\frac{0.24}{2}\ \mathrm{mL}=0.12\ \mathrm{mL}$。B 类合成不确定度为 $u_V(B)=\sqrt{u_V^2(\mathrm{B_1})+u_V^2(\mathrm{B_2})}=0.13\ \mathrm{g}$，相对标准不确定度为 $\frac{u_V(B)}{V}=\frac{0.13}{100}=0.0013$。

(3)合成相对标准不确定度为 $\frac{u_c(V)}{V}=\sqrt{\left(\frac{u_V(A)}{V}\right)^2+\left(\frac{u_V(B)}{V}\right)^2}=0.001\ 407$。

同理，NNN、NAT 和 NAB 称量过程中体积引起的合成相对标准不确定度也为0.001 407。

（四）均匀性引入的不确定度

如表 2-16 所示，对于 NNK，用均匀性的相对标准偏差表示的相对标准不确定度为0.001 56。

(五)短期稳定性引入的不确定度

如表 2-19 所示,对于 NNK,用短期稳定性的相对标准偏差表示的相对标准不确定度为 0.000 55。

(六)长期稳定性引入的不确定度

如表 2-24 所示,对于 NNK,用长期稳定性的相对标准偏差表示的相对标准不确定度为 0.001 88。

(七)总的合成相对标准不确定度、总的合成标准不确定度、总的合成扩展不确定

按照下式计算总的合成相对标准不确定度,各组分的不确定分量如表 2-31 所示。

$$\left[\frac{u_c(c)}{c}\right]^2=\left[\frac{u_c(m)}{m}\right]^2+\left[\frac{u_c(\rho)}{\rho}\right]^2+\left[\frac{u_c(V)}{V}\right]^2+\left[\frac{u_c(H)}{H}\right]^2+\left[\frac{u_c(t)}{S_t}\right]^2+\left[\frac{u_c(T)}{S_T}\right]^2$$

式中,$u_c(m)$、$u_c(\rho)$、$u_c(v)$、$u_c(H)$、$u_c(t)$和 $u_c(T)$分别表示称量、纯度、体积、均匀性、短期稳定性和长期稳定性引入的不确定度。

表 2-31 相对标准不确定度分量及合成

化合物	称量	纯度	体积	均匀性	短期稳定性	长期稳定性	合成
NNN	0.004 373	0.010 19	0.001 407	0.000 70	0.001 22	0.001 56	0.011 37
NNK	0.004 338	0.010 13	0.001 407	0.001 56	0.000 55	0.001 88	0.011 39
NAT	0.004 347	0.010 08	0.001 407	0.001 01	0.000 97	0.001 27	0.011 23
NAB	0.004 304	0.010 13	0.001 407	0.000 98	0.000 84	0.001 35	0.011 25

利用总的合成相对标准不确定度按照下式计算总的合成标准不确定度,其结果如表 2-32所示。

$$u_c(c)=c\times\left[\frac{u_c(c)}{c}\right]$$

表 2-32 合成标准不确定度

化合物	浓度/(mg/mL)	合成相对标准不确定度	合成标准不确定度/(mg/mL)
NNN	0.98	0.011 37	0.011 15
NNK	1.00	0.011 39	0.011 39

续表

化合物	浓度/(mg/mL)	合成相对标准不确定度	合成标准不确定度/(mg/mL)
NAT	1.00	0.011 23	0.011 23
NAB	1.01	0.011 25	0.011 37

当置信概率为 95%时，取扩展因子为 2，合成扩展不确定度按照 $u_p = k \times u_c(c)$ 计算，结果如表 2-33 所示。

表 2-33　合成扩展不确定度及修约

化合物	合成标准不确定度/(mg/mL)	合成扩展不确定度/(mg/mL)	不确定度修约/(mg/mL)
NNN	0.011 15	0.022 30	0.03
NNK	0.011 39	0.022 78	0.03
NAT	0.011 23	0.022 46	0.03
NAB	0.011 37	0.022 74	0.03

第七节　标准物质特性量表示

本章采用重量-容量法，以 4 种 TSNAs 标准品作为量值传递基础，用高准确度的绝对测量方法定值，对"甲醇中 4 种烟草特有 *N*-亚硝胺混合溶液标准物质"样品中各组分的含量定值，并以称量质量、标准品纯度、定容体积计算其标准值，同时评定样品中各组分的不确定度。

本章研制的"甲醇中 4 种烟草特有 *N*-亚硝胺混合溶液标准物质"样品中的烟碱标准值和不确定度如表 2-34 所示。

表 2-34　"甲醇中 4 种烟草特有 *N*-亚硝胺混合溶液标准物质"样品中各组分的标准值和不确定度

化合物	浓度/(mg/mL)	不确定度/(mg/mL)	标准不确定度/(%)
N-亚硝基降烟碱	1.00	0.03	3
4-(甲基亚硝胺基)-1-(3-吡啶基)-1-丁酮	1.00	0.03	3
N-亚硝基新烟碱	1.00	0.03	3
N-亚硝基假木贼碱	1.00	0.03	3

第八节　标准物质证书和标签格式

国家标准物质(NCRM)

标准物质编号：GBW(E)×××××

Code

标准物质证书

Reference Material Certificate

甲醇中 4 种烟草特有 *N*-亚硝胺混合溶液标准物质

批次编号：

Batch Number

定值日期：20××年××月

Certification Date

有 效 期：20××年××月

Period of Validity

研制(生产)单位：国家烟草质量监督检验中心

Reference Material Producer

单 位 地 址：郑州市高新技术产业开发区翠竹街 6 号(450001)

Address

联 系 电 话：

Telephone

电 子 邮 箱：

E-mail

版 本 号：1.0

Version

本标准物质是甲醇中 4 种烟草特有 *N*-亚硝胺(*N*-亚硝基降烟碱、4-(甲基亚硝胺基)-1-(3-吡啶基)-1-丁酮、*N*-亚硝基新烟碱和 *N*-亚硝基假木贼碱)混合溶液标准物质，可用于烟草及烟草制品中烟草特有 *N*-亚硝胺定量分析的校准和评价测试。

一、样品制备

本标准物质由 4 种烟草特有 *N*-亚硝胺经重量-容量法配制而成，用精密天平准确称量一定量的高纯烟草特有 *N*-亚硝胺至同一洁净的容量瓶，用纯甲醇溶解并定容至刻度，反复倒置，充分混匀后密封于 1.5 mL 棕色玻璃瓶中。

二、溯源性及定值方法

采用气相色谱-质谱分析、核磁共振波谱分析、红外光谱分析和紫外光谱分析等方法对 4 种烟草特有 *N*-亚硝胺进行定性分析，采用高效液相色谱-紫外(HPLC-UV)检测器、气相色谱-氢火焰离子化(GC-FID)检测器对 4 种烟草特有 *N*-亚硝胺进行纯度核验，根据纯度值、纯品称样量和定容体积确定量值。通过使用满足计量学特性要求的纯度定值方法和计量器具，保证其溯源性。

三、特性量值及不确定度

名称	编号	质量浓度/(mg/mL)	相对不确定度/(%)
甲醇中 4 种烟草特有 *N*-亚硝胺混合溶液标准物质	GBW(E)	*N*-亚硝基降烟碱：1.00 4-(甲基亚硝胺基)-1-(3-吡啶基)-1-丁酮：1.00 *N*-亚硝基新烟碱：1.00 *N*-亚硝基假木贼碱：1.00	3

标准值的不确定度主要由原料纯度、称量、定容等制备过程及标准物质的均匀性检验及稳定性考察引入的不确定度分量合成。

四、均匀性检验及稳定性考察

参照国家《标准物质定值的通用原则及统计学原理》技术规范，随机抽取分装后的样品，采用 HPLC-UV 对样品进行均匀性检验、稳定性考察，结果表明均匀性和稳定性良好。本标准物质自定值日期起，有效期为 1 年。研制单位将继续监测该标准物质的稳定性，有效期内如发现量值变化，将及时通知用户。

五、包装、贮存及使用

1. 包装：本标准物质采用 1.5 mL 棕色玻璃瓶封装，0.5 mL/瓶。

2. 贮存：低温(0～4 ℃)、避光保存。

3. 使用：使用前置于室温(20±3)℃下平衡，并摇动均匀。使用时应注意防护，避免吸入或与皮肤接触，使用后剩余的溶液应置于专门废液瓶中集中处理，不可随便倒入下水管道。

声明

1. 本标准物质仅供实验室研究与分析测试工作使用。因用户使用或储存不当所引起的投诉，不予承担责任。
2. 收到后请立即核对品种、数量和包装，相关赔偿只限于标准物质本身，不涉及其他任何损失。
3. 仅对加盖"国家烟草质量监督检验中心检验报告专用章"的完整证书负责。请妥善保管此证书。
4. 如需获得更多与使用有关的信息，请与技术咨询部门联系。

国家烟草质量监督检验中心　　地址：郑州市高新技术产业开发区翠竹街 6 号

National Certified Reference Material(NCRM)
Code:GBW(E)×××××

Reference Material Certificate
4 tobacco specific *N*-nitrosamines compounds in methanol

Batch Number:
Certification Date:
Period of Validity:

Reference Material Producer: China National Tobacco Quality Supervision and Test Center
Address: No. 6 Cuizhu Street,Zhengzhou Hi-Tech Industrial Development Zone
Telephone:
E-mail:
Version: 1.0

This certified reference material is 4 tobacco specific *N*-nitrosamines (TSNAs) compounds in methanol. It can be used to a calibration solution for the TSNAs determination in tobacco and tobacco product samples.

1. Preparation

This solution was prepared by weighing the TSNAs with stated purity and mixing the methanol. The weighed TSNAs were placed to the volumetric flask, adding methanol and mixing until completely dissolved and filled the volumetric flask with methanol, homogenized. Aliquots(0. 5 mL) were dispensed into 1. 5 mL brown glass bottles, which were then sealed. The concentration is calculated by the weighed mass and the purity of TSNAs, which was determined using HPLC and GC.

2. Traceability and Certification

The qualitative analysis of TSNAs was carried out by GC-MS, NMR, IR and UV. The purities of TSNAs were tested by HPLC-UV and GC-FID. The quantity value was determined according to the purity, the weight and the constant volume of TSNAs. The calibration method of purity and measuring instruments that meet the requirements of metrological characteristics are used to ensure the traceability.

3. Certified Value and Uncertainty

Compound	Code	Value/(mg/mL)	Expanded Uncertainty/(%)
4 tobacco specific *N*-nitrosamines compounds in methanol	GBW(E)	*N*-nitrosonornicotine: 1. 00 4-(*N*-nitrosomethylamino)-1-(3-pyridyl)-1-butanone: 1. 00 *N*-nitrosoanatabine: 1. 00 *N*-nitrosoanabasine: 1. 00	3

Uncertainty of certified value is a sum of those arising from the purity of starting material, formulation process including weighing and volume filling, consistency check and stability test.

4. Consistency Check and Stability Test

According to the requirement of national technique criterion on CRM, aliquots from twelve randomly selected bottles were analyzed by HPLC-UV and the result demonstrated good consistency(by *F* test) and stability. The period of validity of this CRM is set for 12 months from the date of certification. China National Tobacco Quality Supervision and Test Center will continue to monitor the stability. The user will be promptly informed, if the value is found to vary during the period of validity.

5. Instructions for Package, Storage and Usage

Package: This CRM is packaged in a sealed brown glass bottle, and each bottle contains 0. 5 mL.

Storage: The CRM should be stored in the dark and cool(0～4 ℃) condition.

Usage:Prior to use,the CRM should be equilibrated to room temperature(20±3 ℃) and mixed well by shaking. TSNAs belongs to the poisonous and harmful substance,when using,should pay attention to protect,avoiding to inhale or contact with the skin.

STATEMENT

1. The CRM is only limited in use of scientific research and analytical measurement. Any loss caused by improper use and storage by customer will not be respond by maker.
2. Please check the kind,number and package as soon as the sample arriving. The incurred maximum compensation will be exclusively restricted to the CRM itself,and no others should be claimed.
3. The maker only answers for the intact certificate with cachet of China National Tobacco Quality Supervision and Test Center. Please keep the certificate appropriately.
4. Please contact with technical consultant section,if more information related to the use of the CRM is needed.

China National Tobacco Quality Supervision and Test Center
Zhengzhou Hi-Tech Industrial Development Zone,Zhengzhou,China
Post Code:450001

标签样式如下。

(1)中文标签:

国家标准物质(NCRM)
标准物质编号:
Code

甲醇中 4 种烟草特有 *N*-亚硝胺

1.00 mg/mL

首次编号:2019001
Batch Number:
研制(生产)单位:国家烟草质量监督检验中心
Reference Material Producer

(2)英文标签:

GBW(E)×××××

4 tobacco-specific *N*-nitrosamines in methanol

1.00 mg/mL

China National Tobacco Quality Supervision and Test Center

第九节 结 论

本章以实际测试需求为目的，制备了“甲醇中 4 种烟草特有 *N*-亚硝胺混合溶液标准物质”样品，通过称量质量、标准品纯度、定容体积计算其标准值，同时评定样品中组分的不确定度，最终确定其标准值为 1.00 mg/mL、相对扩展不确定度为 3%($k=2$)。经国家标准品信息服务平台查询，没有该标准物质，填补了烟草特有 *N*-亚硝胺混合溶液标准物质的空白。

参考文献

[1] 谢剑平，刘惠民，朱茂祥，等. 卷烟烟气危害性指数研究[J]. 烟草科技，2009，(2)：5-15.

[2] 烟草及烟草制品 烟草特有 *N*-亚硝胺的测定 高效液相色谱-串联质谱联用法：YQ/T 29—2013[S].

[3] 卷烟 主流烟气总粒相物中烟草特有 *N*-亚硝胺的测定 高效液相色谱-串联质谱联用法：YQ/T 17—2012[S].

[4] 中华人民共和国教育部. 超导脉冲傅里叶变换核磁共振波谱测试方法通则：JY/T 0578—2020[S].

[5] 中国石油和化学工业联合会. 红外光谱分析方法通则：GB/T 6040—2019[S]. 北京：中国标准出版社，2019.

[6] 中国石油和化学工业协会. 化学试剂 分子吸收分光光度法通则(紫外和可见光部分)：GB/T 9721—2006[S]. 北京：中国标准出版社，2007.

[7] 中国石油和化学工业联合会. 质谱分析方法通则：GB/T 6041—2020[S]. 北京：中国标准出版社，2020.

[8] LUO Y-B，CHEN X-J，ZHANG H-F，et al. Simultaneous determination of polycyclic aromatic hydrocarbons and tobacco-specific *N*-nitrosamines in mainstream cigarette smoke using in-pipette-tip solid-phase extraction and on-line gel permeation chromatography-gas chromatography-tandem mass spectrometry [J]. Journal of Chromatography A，2016，1460：16-23.

[9] 全国标准物质计量技术委员会. 标准物质定值的通用原则及统计学原理：JJF 1343—2012[S]. 北京：中国质检出版社，2012.

第三章 基于在线 GPC-GC-MS/MS 的 TSNAs 分析方法

第一节 电子烟烟液中 TSNAs 的分析方法

在线凝胶渗透色谱-气相色谱-串联质谱(在线 GPC-GC-MS/MS)联用仪的主要构造和工作原理已经在前文介绍,此处不再赘述。

电子烟(electrical cigarette,E-cigarette)是一种外形模仿卷烟的电子产品,通过雾化含烟碱的烟液而让使用者在吸食时产生一种类似抽烟的感觉。近年来,随着国内外对传统卷烟的管控措施不断加强,电子烟取得了十足的发展,并且在国内外的产销量都大幅增加。然而,迄今为止,国内外对电子烟安全性的评估仍在继续,且其安全性尚未得到充分的科学论证。因此,准确测定电子烟烟液中的成分显得尤为重要。目前已经有资料显示电子烟烟液中含有烟草特有 *N*-亚硝胺,但是测定其含量时也会遇到含量低和基质复杂的问题。

前期有文献报道将电子烟烟液用 100 mmol/L 乙酸铵溶液稀释后直接引入液相色谱-串联质谱联用仪进行测定;对于卷烟主流烟气中的烟草特有 *N*-亚硝胺,目前的测定方法是使用玻璃纤维滤片捕集卷烟主流烟气中的总粒相物,用乙酸铵溶液超声萃取,萃取液经微孔滤膜过滤后,采用内标法使用高效液相色谱-串联质谱联用仪进行定量分析。以上测定方法虽然简单,但是在检测灵敏度和去除基质干扰方面都有待改进,对某些烟草特有 *N*-亚硝胺含量低的样品并不能实现准确检测。因此,开发一种灵敏度高、基质去除效果好、抗干扰能力强的电子烟烟液中烟草特有 *N*-亚硝胺的测定方法,对正确评估电子烟的安全性等具有重要的意义。

本章建立了一种灵敏准确、基质去除效果好、抗干扰能力强的电子烟烟液中烟草特有 *N*-亚硝胺的测定方法。具体的在线 GPC 优化过程如下。

一、在线 GPC-GC-MS/MS 系统接口的选择和优化

程序升温汽化(programmed temperature vaporizer,PTV)进样口是将注入衬管内的样品按设定的程序升温步骤迅速提高汽化室的温度,进而实现样品的快速汽化的一类进样口。PTV 进样口在不分流模式下的示意图如图 3-1 所示。在步骤(1)下,在低于溶剂沸点的温度下,样品被注入 PTV 进样口,分流出口处于关闭状态;在步骤(2)下,PTV 进样口迅速升温,样品汽化并转移至色谱柱中;在步骤(3)下,分流出口打开,排出进样中残留的溶剂和样品。PTV 进样口中通常会放置一定量的吸附剂,目标分析物在低温下被吸附剂吸附,再在高温

下解吸，可以达到对样品进行二次富集、提高进样量的目的。因此，PTV 进样口又称大体积进样口，经过改造后的 PTV 进样口可以达到毫升级别的进样体积。由于 GPC 部分的流速为 0.1 mL/min，且含有目标分析物的馏分的体积通常为几百微升级别，因此注入气相色谱部分的样品体积相对较大。因此，气相色谱部分常规的分流/不分流进样口较小的进样体积（微升级别）无法满足分析要求。本研究中的衬管中虽然没有放置吸附剂，但是预柱体积为 1100 μL，完全可以将 GPC 部分的馏分预先储存在其中。再加上若使用分流/不分流进样口，瞬间汽化的样品体积会急剧增大，预柱也不可能完全储存样品汽化后的蒸气；若分流，势必会对灵敏度造成损失。因此，综合考虑进样量和灵敏度，本研究中选择 PTV 进样口作为在线 GPC-GC-MS/MS 系统中 GPC 部分和 GC-MS/MS 部分的接口。

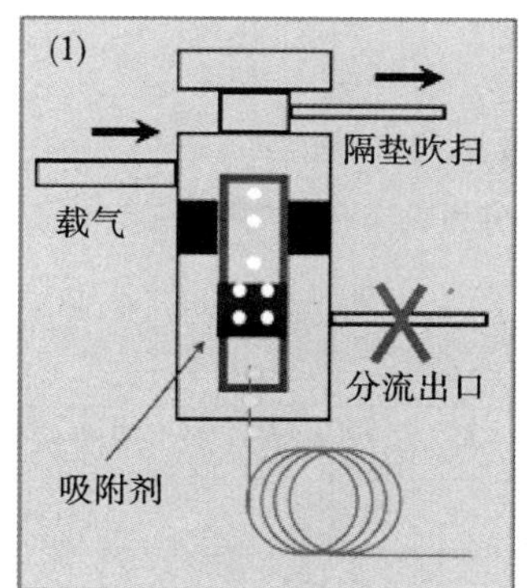

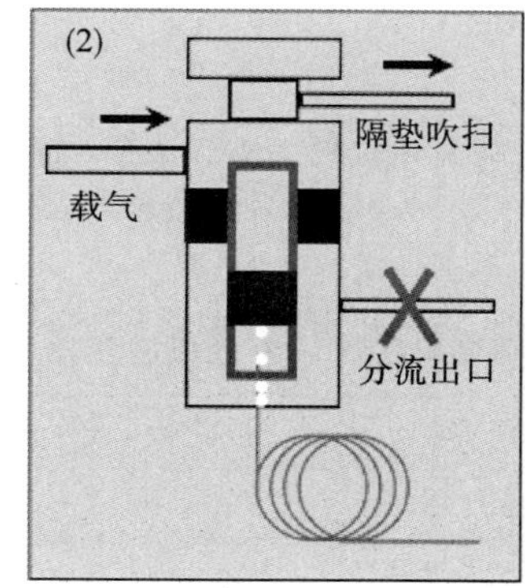

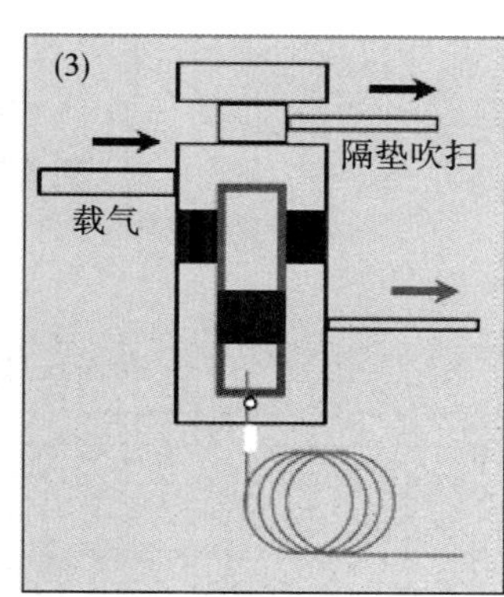

图 3-1　PTV 进样口在不分流进样模式下的示意图

同时，为了适应较大体积的进样量，我们对进样口的排溶剂程序进行了优化。原有的进样口载气压力程序为：由 120 kPa 开始，以 100 kPa/min 升至 220 kPa 并保持 6.0 min，再以 49.8 kPa/min 恢复至原始压力，并保持 31 min。在该条件下用全扫描模式监测得到的溶剂峰色谱图如图 3-2 中 a 所示。从 GPC 部分注入 GC PTV 进样口的样品量增加了一倍后，原排溶剂程序条件下的溶剂峰色谱图如图 3-2 中 c 所示。可以看到，进入色谱柱的溶剂有很大的增加。虽然溶剂对目标分析物的定性定量分析没有影响，但是长期大量溶剂的进入会降低色谱柱的使用寿命。因此本方法对进样口载气压力程序进行了优化，包括最终压力和保持时间。最终选取的程序为：由 120 kPa 开始，以 100 kPa/min 升至 180 kPa 并保持 4.4 min，再以 49.8 kPa/min 恢复至原始压力，并保持 33.8 min。在该条件下用全扫描模式监测得到的溶剂峰色谱图如图 3-2 中 b 所示。可以看出优化后的载气压力程序可以大幅度减少进入 GC 部分的溶剂量。

二、在线 GPC-GC-MS-MS 参数的优化

为了得到分析 TSNAs 最佳的 GPC-GC-MS/MS 条件，我们对影响化合物分离分析的参数进行了优化，包括 GPC 色谱柱和 GPC 流动相等。

为了使目标分析物能在线转入 GC-MS/MS 系统，我们首先对 GPC 色谱柱及分离条件进行了考察，如表 3-1 所示，选取了不同长度、内径、填料基质及粒径的色谱柱。

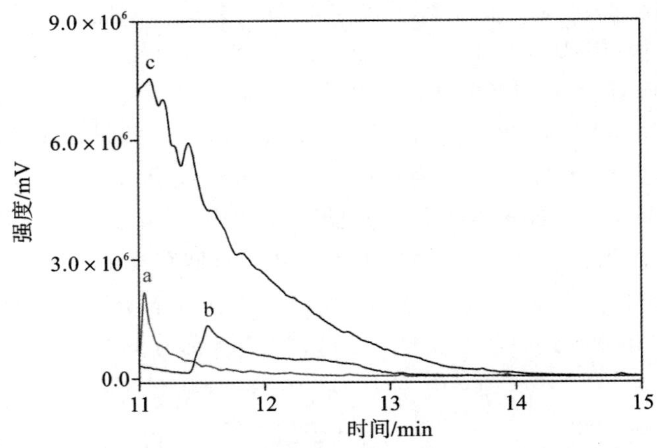

图 3-2　不同脱溶剂条件下溶剂峰的色谱图

a—原有脱溶剂程序(进样体积为 200 μL);b—优化前程序(进样体积为 400 μL);
c—优化后程序(进样体积为 400 μL)

表 3-1　本节中考察的 GPC 色谱柱及相应的流动相

序号	色谱柱名称	长度和内径	填料基质	填料粒径
1	Shodex CLNpak EV-200	150 mm×2.0 mm	聚合物	16 μm
2	Shodex Silica 5SIL 4D	150 mm×4.6 mm	硅胶	5 μm
3	Shodex Silica 5SIL 4E	250 mm×4.6 mm	硅胶	5 μm

在上述色谱柱中,1 号色谱柱的填料基质为苯乙烯-二乙烯基苯共聚物,它能够使用的流动相为环己烷/丙酮(体积比范围为 50/50～90/10)和环己烷/乙酸乙酯(体积比范围为 50/50～90/10),因此本方法在其比例范围内对化合物在其上的保留行为进行了考察;2 和 3 号色谱柱的填料基质为高纯硅胶,因此参照 1 号色谱柱,本方法考察的流动相为环己烷/丙酮(体积比范围为 100/0～0/100)和环己烷/乙酸乙酯(体积比范围为 100/0～0/100)。

结果表明,2 和 3 号色谱柱为常规液相色谱柱,在所考察的流动相条件下,目标分析物全部洗脱的体积大于 1.0 mL(即含目标分析物的洗脱体积大于 1000 μL),而改造前的 GPC-GC-MS/MS 系统用于收集流出液的定量环体积为 200 μL,所以 Shodex Silica 5SIL 4D 和 Shodex Silica 5SIL 4E 色谱柱不适合用于在线 GPC-GC-MS/MS 系统。

三、电子烟烟液中 TSNAs 的测定方法

基于此,基于 GPC-GC-MS/MS 的电子烟烟液中 TSNAs 的测定方法的流程示意图如图 3-3所示。

具体地,包括以下具体步骤。

1. 标准工作溶液的配制

由于烟草特有 N-亚硝胺在乙酸乙酯和丙酮的混合溶液中溶解性较好,且乙酸乙酯为 GPC 仪的流动相之一,因此本方法以乙酸乙酯/丙酮(1/1,V/V)为溶剂配制标准工作溶液。先以乙酸乙酯/丙酮(1/1,V/V)为溶剂,以四种烟草特有 N-亚硝胺的同位素(NNN-d4、

NAT-d4、NAB-d4 和 NNK-d4)的标准品为溶质，配制浓度为 1 μg/mL 的混合内标标准溶液；再以乙酸乙酯/丙酮(1/1,*V/V*)为溶剂，以四种烟草特有 *N*-亚硝胺(NNN、NAT、NAB 和 NNK)的标准品为溶质，配制含内标的不同浓度的系列混合标准工作溶液。其中所述混合标准工作溶液中 NNN、NAT 和 NAB 的浓度梯度均为 0.200 ng/mL、0.500 ng/mL、1.00 ng/mL、2.00 ng/mL、5.00 ng/mL、10.0 ng/mL、20.0 ng/mL、50.0 ng/mL，混合标准工作溶液中 NNK 的浓度梯度为 0.218 ng/mL、0.545 ng/mL、1.09 ng/mL、2.18 ng/mL、5.45 ng/mL、10.9 ng/mL、21.8 ng/mL、54.5 ng/mL，内标的浓度固定为 10.0 ng/mL。

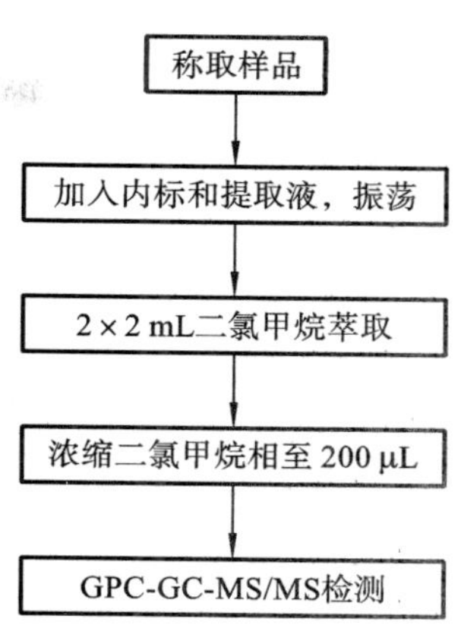

图 3-3　电子烟烟液中 TSNAs 测定的流程示意图

2. 样品前处理

称取 0.25 g 电子烟烟液样品于 15 mL 具塞离心管中，加入 100 μL 内标后用 2 mL 磷酸盐缓冲液(20 mmol/L，pH 值为 9，含 0.05 g/mL 抗坏血酸)稀释后涡旋振荡 3 min，再用 2 mL 二氯甲烷萃取两次并合并有机相，最后将二氯甲烷在 35 ℃下氮吹浓缩至 200 μL，即得到样品待测液。20 mmol/L 磷酸缓冲盐是常用的缓冲盐，由于烟草特有 *N*-亚硝胺含有吡啶环，吡啶环在 pH 值不大于 7 的情况下会以离子状态存在，在 pH 值为 9 时以中性分子状态存在，因此 pH=9 有利于后续的液液萃取。同时，在缓冲液中加入抗坏血酸，能够有效地避免在样品预处理过程中烟草特有 *N*-亚硝胺被氧化；其中，磷酸盐缓冲液的 pH 值为 3.0～12.0，优选值为 9.0；有机溶剂为乙酸乙酯、二氯甲烷、正己烷或甲基叔丁基醚，优选二氯甲烷。用有机溶剂萃取两次，每次的萃取体积为 2 mL。

3. 仪器测定

将含内标的系列混合标准工作溶液和样品溶液在相同条件下进行在线凝胶渗透色谱-气相色谱-串联质谱测定，其中凝胶渗透色谱条件为：色谱柱为 Shodex CLNpak EV-200；流动相为环己烷和乙酸乙酯的混合溶液(*V/V*,50/50)；流速为 0.1 mL/min；柱温为 40 ℃；进样量为 10 μL；收集凝胶渗透色谱保留时间为 3.0～5.0 min 的组分，并将其全部在线进行气相色谱-串联质谱分析。气相色谱-串联质谱条件为：惰性前置柱为 5 m×0.53 mm 的空柱；预柱为 DB-35MS，规格为 5 m×0.25 mm×0.25 μm；分离柱为 DB-35MS，25 m×0.25 mm×0.25 μm；色谱柱升温程序为初始温度为 82 ℃，保持 5.0 min，再以 8 ℃/min 升至 300 ℃并保持 7.75 min，运行时间为 40 min；采用不分流进样方式，进样时间为 7.0 min；以高纯 He 为载气，载气压力程序为由 120 kPa 开始，以 100 kPa/min 升至 180 kPa 并保持 4.4 min，再以 49.8 kPa/min 恢复至原始压力，并保持 33.8 min；程序升温汽化进样口升温程序为将 120 ℃保持 5 min，再以 100 ℃/min 升至 250 ℃并保持 33.7 min；接口温度和离子源温度分别为 300 ℃和 200 ℃；质谱电离源为 EI 源；电离电压为 70 eV；溶剂延迟时间为 15 min；采用多离子反应监测模式，碰撞气为 Ar，压力为 200 kPa，目标分析物及内标的多离子反应监测参数如表 3-2 所示。四种烟草特有 *N*-亚硝胺标准工作溶液的典型色谱图和某实际样品中四种烟草特有 *N*-亚硝胺的典型色谱图分别如图 3-4 和图 3-5 所示。

表 3-2　本方法中目标分析物及内标的多离子反应监测参数

分析物	保留时间/min	定量离子对(m/z)	碰撞能量/eV	定性离子对(m/z)	碰撞能量/eV
NNN	20.51	177.0 > 147.0	5.0	177.0 > 105.0	20.0
NNN-d4	20.90	181.0 > 151.0	5.0	181.0 > 109.0	20.0
NAT	21.88	159.0 > 157.0	10.0	159.0 > 105.0	25.0
NAT-d4	22.08	163.0 > 161.0	10.0	163.0 > 109.0	25.0
NAB	22.92	161.0 > 133.0	15.0	161.0 > 106.0	25.0
NAB-d4	23.12	165.0 > 137.0	15.0	165.0 > 110.0	25.0
NNK	23.69	177.0 > 146.0	5.0	177.0 > 118.0	15.0
NNK-d4	24.01	181.0 > 150.0	5.0	181.0 > 122.0	15.0

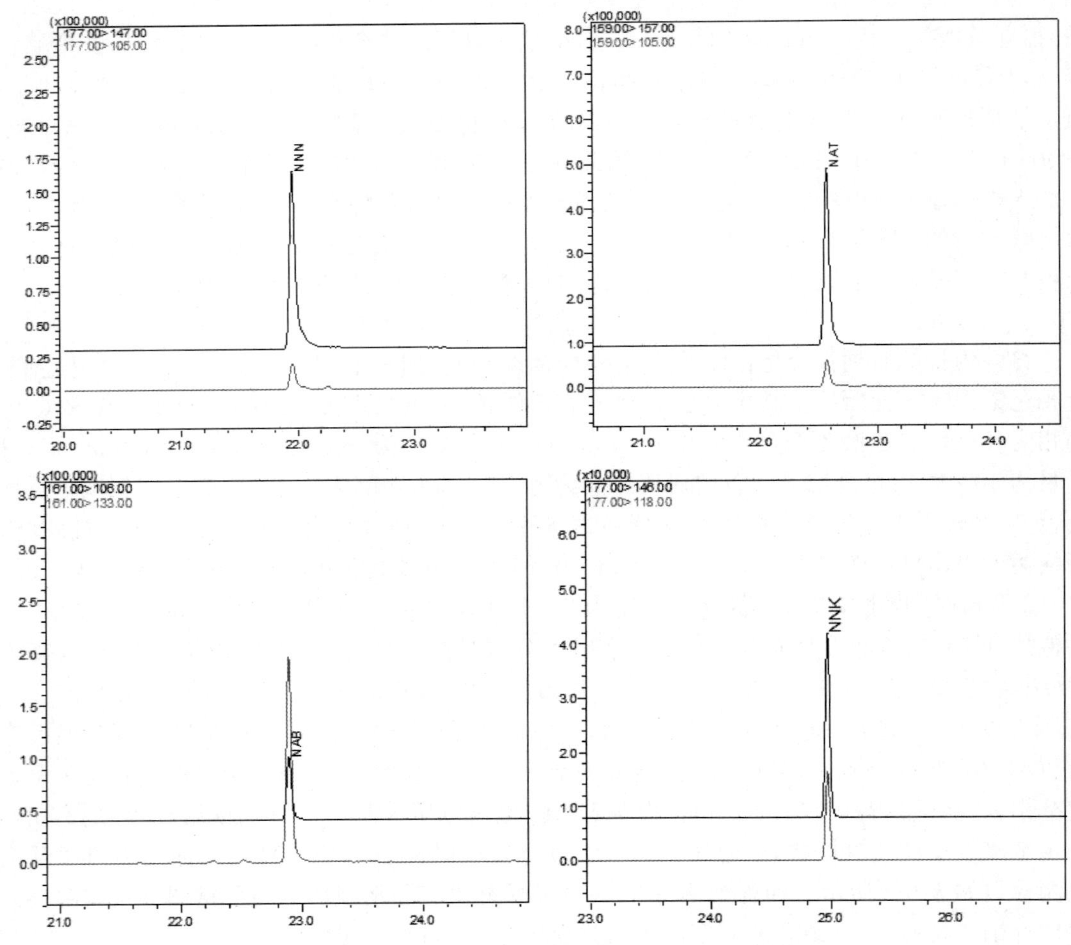

图 3-4　四种烟草特有 N-亚硝胺标准工作溶液的典型色谱图

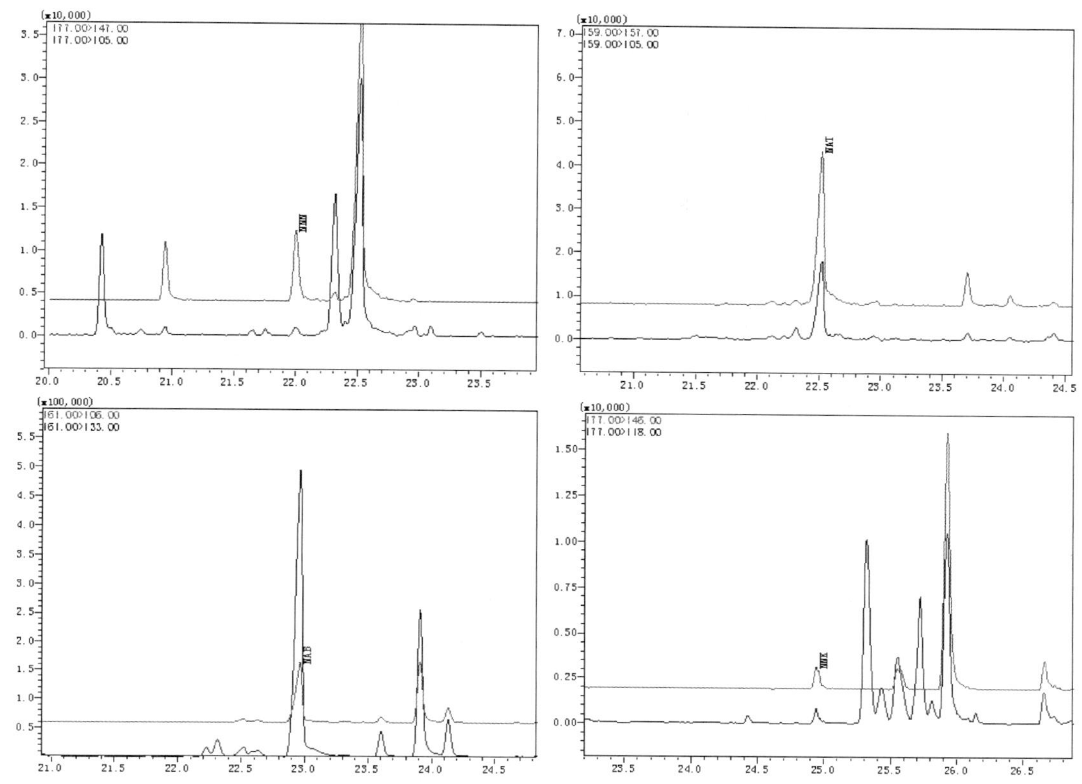

图 3-5　某实际样品中四种烟草特有 *N*-亚硝胺的典型色谱图

4. 结果计算

由目标分析物峰面积和内标峰面积之比采用内标法进行定量，具体方法是：以系列混合标准工作溶液中目标分析物峰面积和内标峰面积之比为纵坐标，以目标分析物的浓度为横坐标，绘制工作曲线。具体结果计算如表 3-3 所示。NNN、NAT、NAB 和 NNK 的线性回归方程分别为 $y=0.1054x-0.02517$，$y=0.09939x-0.008738$，$y=0.1702x+0.02063$ 和 $y=0.1998x-0.1016$，线性相关系数依次为 0.9999、0.9999、0.9985 和 0.9992，其中 y 代表目标分析物峰面积和内标峰面积之比，x 表示目标分析物的浓度。对电子烟实际样品液进行测定时，将测得的目标分析物峰面积与内标峰面积的比值代入相应的线性回归方程，即可求得样品中目标分析物的含量，如表 3-4 所示，可见四种目标分析物的含量经过换算后均在各自的线性范围内。为了考察方法的回收率，在该实际样品液中添加低（NNN、NAT 和 NAB 为 1.0 ng/mL，NNK 为 1.09 ng/mL）、中（NNN、NAT 和 NAB 为 5.0 ng/mL，NNK 为 5.45 ng/mL）、高（NNN、NAT 和 NAB 为 20.0 ng/mL，NNK 为 21.8 ng/mL）三种浓度的标样，然后进行测定。回收率结果如表 3-5 所示，不同浓度下目标分析物的回收率在 89.3%～109.0%区间，RSD 不大于 7.9%。

表 3-3　本方法中目标分析物的线性范围、工作曲线、定量限和检出限

分析物	线性范围/(ng/mL)	工作曲线			检出限/(ng/L)	定量限/(ng/L)
		斜率	截距	*R* 值		
NNN	0.200～50.0	0.1054	−0.025 17	0.9999	5.8	19.5

续表

分析物	线性范围/(ng/mL)	工作曲线			检出限/(ng/L)	定量限/(ng/L)
		斜率	截距	R 值		
NAT	0.200～50.0	0.099 39	−0.008 738	0.9999	1.8	6.0
NAB	0.200～50.0	0.1702	0.020 63	0.9985	8.0	26.6
NNK	0.218～54.5	0.1998	−0.1016	0.9992	19.1	63.7

本方法的检出限和定量限为目标分析物信噪比(S/N)为 3 和 10 时所对应的浓度。

表 3-4　某种电子烟烟液中四种烟草特有 N-亚硝胺的检测结果

目标分析物	含量/(ng/g)
NNN	18.0
NAT	31.5
NAB	677.2
NNK	11.2

表 3-5　电子烟实际样品液在三种不同浓度下方法的回收率和精密度

目标分析物	回收率(%±RSD,n=4)		
	1.0 ng/mL	5.0 ng/mL	20.0 ng/mL
NNN	91.7±7.9	95.2±4.5	103.2±2.0
NAT	98.1±5.9	101.8±2.1	100.7±3.5
NAB	93.9±6.5	99.1±7.1	104.5±4.3
NNK	89.3±3.0	92.8±5.9	109.0±3.8

按照上述方法选取另外 21 种市售电子烟烟液,测定其中烟草特有 N-亚硝胺的含量,结果如表 3-6 所示。

表 3-6　市售电子烟烟液中四种烟草特有 N-亚硝胺的检测结果

序号	含量/(ng/g)			
	NNN	NAT	NAB	NNK
1	12.5	31.8	492.8	10.1
2	4.3	4.1	95.4	8.9
3	3.8	nd	nd	8.1
4	4.6	nd	5.7	13.5
5	4.3	3.6	nd	8.2
6	4.1	3.2	nd	8.1
7	4.1	2.0	nd	8.1
8	3.9	nd	nd	8.2
9	5.2	13.0	9.6	14.5

续表

序号	含量/(ng/g)			
	NNN	NAT	NAB	NNK
10	nd	nd	nd	8.1
11	nd	nd	nd	8.9
12	nd	nd	nd	8.0
13	5.6	7.3	nd	10.7
14	6.8	15.4	5.3	12.7
15	nd	5.2	14.2	9.3
16	nd	12.1	32.5	10.1
17	nd	18.2	42.9	11.0
18	nd	nd	nd	nd
19	9.0	26.0	11.7	11.6
20	12.9	40.6	22.8	13.8
21	21.6	102.2	49.3	13.5

注:“nd”表示未检出。

四、结论

针对现有技术的缺陷,本章专门设计了一种电子烟烟液中烟草特有 *N*-亚硝胺的测定方法:用含抗坏血酸的磷酸盐缓冲液稀释电子烟烟液,再用二氯甲烷进行液液萃取,将有机相在氮气下浓缩后进行在线凝胶渗透色谱-气相色谱-串联质谱分析。和现有技术相比,本方法的有益效果在于:

(1)克服了现有测定技术中基质去除不彻底的不足,针对电子烟烟液的特点和目标分析物的性质,改进了测试方法。具体为:采用磷酸盐缓冲液对电子烟烟液进行稀释,再采用液液萃取方法进行除杂和富集,最后将有机相浓缩后用在线凝胶渗透色谱-气相色谱-串联质谱联用仪检测。通过液液萃取的样品预处理过程可以有效地除去基质干扰,能够提高方法的抗干扰能力。

(2)对有机相进行氮吹浓缩,可以提高目标分析物在样品溶液中的浓度,提高方法的灵敏度,降低方法的检出限。

(3)以在线凝胶渗透色谱-气相色谱-串联质谱技术为检测手段,最后的样品待测液可以在凝胶渗透色谱柱的分离作用下进一步将干扰物质与目标分析物分离开,再将目标分析物在线转入气相色谱-串联质谱部分进行分离分析,因此在一定程度上弥补了液液萃取选择性差的问题,可以提高抗干扰能力。同时,该技术相比常规的气相色谱技术具有较大的进样量(常规气相色谱仪的进样量为 1 μL,而在线凝胶渗透色谱-气相色谱-串联质谱联用仪的进样量为 10～20 μL)。因此,本章所建立的方法具有抗干扰能力强、灵敏度高的优点。

第二节　卷烟主流烟气中 PAHs 和 TSNAs 同时分析的方法

燃烧的烟支是一个复杂的化学体系。据科学研究发现,在烟支点燃的过程中,当温度上升到 300 ℃时,烟丝中的挥发性成分开始挥发而形成烟气;当温度上升到 450 ℃时,烟丝开始焦化;当温度上升到 600 ℃时,烟支被点燃而开始燃烧。烟支燃烧有两种形式:一种是抽吸时的燃烧,称为吸燃;另一种是抽吸间隙的燃烧,称为阴燃(亦称为静燃)。

卷烟烟气是极其复杂的混合物,随着分析技术的进步,越来越多的烟气化学成分被鉴定出来。例如,Kosak 等人于 1954 年所发表的第一份烟草烟气成分表中仅仅包含了大约 80 种物质,Perfetti 等人于 2011 年的报道中已经鉴定出了 5685 种化合物,图 3-6 概括了 1950—2005 年在烟草及烟气中鉴定出的化学物质数量变化情况。

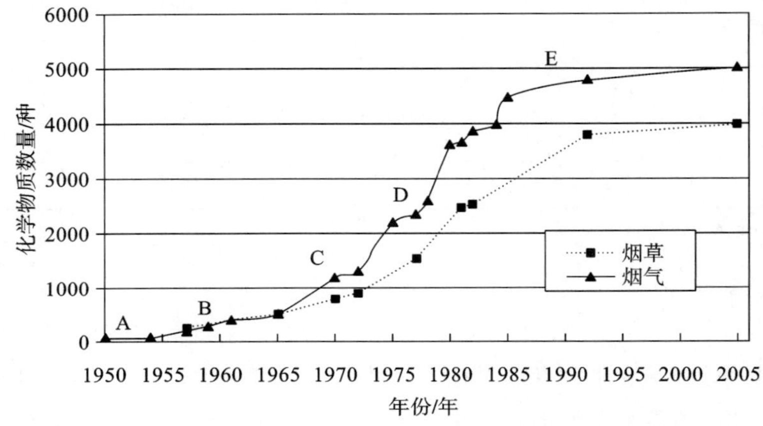

图 3-6　1950—2005 年以来在烟草及烟气中鉴定出的化学物质数量

A—1953 年之前,经典化学分析技术;B—1953—1960 年,柱色谱分析技术;
C—1960—1970 年,气相色谱分析技术;D—1970 年—20 世纪 70 年代中期,经典毛细管气相色谱-质谱联用分析技术;
E—20 世纪 70 年代中期—2005 年,高分辨气相色谱、液相色谱、质谱及其衍生技术

表 3-7 列出了不同种类化学物质在烟气中的大概数量。从表 3-7 中可以看到,烟气中鉴定出的化合物主要包括烃类化合物、含氧化合物、含氮化合物、含硫化合物、含卤素化合物,另外还包括少量金属、农药残留和自由基等。

表 3-7　不同种类化学物质在烟气中的大概数量

化合物	数量/种	化合物	数量/种
烃类化合物		含氮化合物	
烷烃	31	腈类	111
烯烃和炔烃	320	蛋白和胺类	177
脂环族	76	酰胺类	106
单环芳烃	58	酰亚胺类	44
多环芳烃	570	N-亚硝胺类	15
分组总和	**1055**	硝基烷类、芳香基类和硝基酚类	54
		氮杂环化合物	642

续表

化合物	数量/种	化合物	数量/种
含氧化合物		内酰胺类	82
单醇类	542	恶唑类	41
植物甾醇及衍生物	9	氮杂芳烃及其衍生物、N-杂环胺	265
醛类	62	分组总和	**1537**
酮类	514		
羧酸类	275	其他化合物	
蜡质和脂质氨基酸	1	含硫化合物	99
酯类	123	含卤素化合物及难冷凝气体	133
内酯类	118	金属、非金属和离子	13
酐类	7	农药残留	4
糖类	6	自由基	32
酚类	363	分组总和	**281**
醌类	26		
醚类	392	总和	**5311**
分组总和	**2438**		

卷烟主流烟气(mainstream cigarette smoke,MSS)是在卷烟抽吸过程中从烟支末端(近嘴端)释放出来的物质。卷烟主流烟气是由气相物质和粒相物质两个部分组成的。气相物质是指在室温下能通过剑桥滤片(一种玻璃纤维制成的滤片,能滤除直径大于 0.2 μm 的微粒,过滤效率可达 99%)的烟气部分,粒相物质指被截留的烟气部分。

多环芳烃(polycyclic aromatic hydrocarbons,PAHs)和烟草特有 *N*-亚硝胺(tobacco specific *N*-nitrosamines,TSNAs)是主流烟气中两类主要的致畸、致癌释放物,它们分别是烟草在高温缺氧条件下不完全燃烧和胺类化合物在酸性条件下与亚硝化试剂反应的产物。美国食品药品监督管理局(U. S. Food & Drug Administration,FDA)公布的 HPHCs(harmful and potentially harmful constituents)清单中这两类化合物的数目有二十几种,其中的苯并[a]芘(B[a]P)、*N*-亚硝基降烟碱(NNN)和 4-(甲基亚硝胺基)-1-(3-吡啶基)-1-丁酮(NNK)被国际癌症研究机构(International Agency for Research on Cancer,IARC)列为 1 类致癌物。另外,B[a]P 和 NNK 也是行业内关注度较高的主流烟气中七种有害成分中的两种。因此,检测卷烟主流烟气中 PAHs 和 TSNAs 的释放量,对评价卷烟危害性、保障卷烟消费安全具有重要意义。

卷烟烟气是极其复杂的混合物,目前已鉴定出的烟气成分超过 5000 种,而其中 PAHs 和 TSNAs 的含量水平一般在每支纳克级别。目前对这两类物质普遍采用两种分析方法分别进行检测,即分别用滤片捕集卷烟主流烟气中的总粒相物,再分别用溶液萃取总粒相物中的 PAHs 和 TSNAs,萃取物经固相萃取等样品预处理过程净化和富集,之后再分别测定 PAHs 和 TSNAs 的含量,这无疑会加大检测的时间成本和劳动强度。因此,开发操作简单、快速高效、灵敏准确的主流烟气中 PAHs 和 TSNAs 释放量的同时测定方法显得很有必要。

文献报道同时分析卷烟主流烟气中 PAHs 和 TSNAs 的方法较少。例如,Carre 等人采用激光解吸电离-傅立叶变换离子回旋加速共振质谱仪分析卷烟烟气,定性分析出了其中的PAHs和TSNAs等,但该方法仅能对PAHs和TSNAs进行定性分析,而且受制于质量分析器,仅能分析 $m/z<250$ 的离子。除此以外,边照阳等人将捕集有卷烟主流烟气粒相物的剑桥滤片取出后,加入乙酸乙酯和内标,振荡提取后,提取液经分散固相萃取净化(吸附剂为无水硫酸镁和N-丙基乙二胺键合硅胶),然后取上清液氮吹浓缩后,用气相色谱-串联质谱联用仪测定,建立了同时分析卷烟主流烟气中3种PAHs和4种TSNAs的方法;崔华鹏等人用剑桥滤片捕集卷烟主流烟气总粒相物,用提取液提取剑桥滤片上的B[a]P和NNK,并用气相色谱-串联质谱联用仪检测,建立了同时分析卷烟主流烟气中B[a]P和NNK的方法。我们在本章中建立了一种基于在线凝胶渗透色谱-气相色谱-串联质谱的卷烟主流烟气中PAHs和TSNAs同时分析的方法,该方法的技术路线图如图3-7所示。

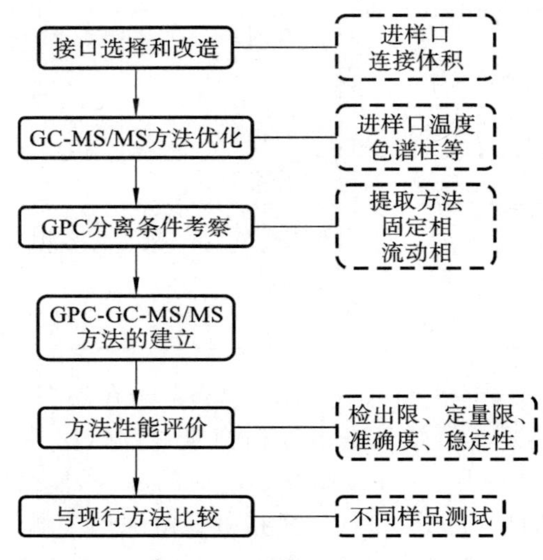

图3-7 方法的技术路线图

本方法的研究内容包括:

(1)选择和优化接口:从气相色谱部分的进样口(分流/不分流进样口、程序升温汽化进样口)中选择合适的接口,搭建适合同时直接分析的GPC-GC-MS/MS系统;

(2)考察GC-MS/MS分离分析条件:通过优化色谱柱(不同极性)、程序升温汽化条件、质谱检测条件(包括母离子、子离子和碰撞能量等),实现两类物质的同时分离和检测;

(3)考察两类物质的萃取条件:考察不同的提取方式(超声和振荡等)、提取溶剂(环己烷、二氯甲烷、乙酸乙酯或其混合溶剂等)和提取时间对目标分析物提取效率的影响,确保将PAHs和TSNAs这两类物质从滤片上高效地提取下来;

(4)考察两类物质同时与干扰物分离的GPC条件:考察两类物质与大分子干扰物质分离的GPC条件,包括流动相、色谱柱长度、色谱柱填料粒径和孔径等;

(5)方法的性能评价:评价方法的检出限、定量限、准确度和稳定性等性能;

(6)测定不同性质的样品,并与现行标准方法比较:测定不同焦油含量的混合型和烤烟样品中PAHs和TSNAs的释放量,并与现行标准方法比较。

在以上研究思路的指导下,我们以硅胶和乙二胺-N-丙基键合硅烷混合材料(SiO_2/PSA)为吸头-微固相萃取吸附剂,结合采用在线凝胶渗透色谱-气相色谱-串联质谱仪(GPC-

GC-MS/MS)系统对主流烟气进行检测。为了得到较好的分析效果,我们对影响分析结果的参数进行了优化,包括主流烟气总粒相物的提取过程、吸附剂的种类和质量、GPC-GC-MS/MS 的分析参数等。在优化的条件下,我们建立了卷烟主流烟气中多环芳烃和烟草特有 *N*-亚硝胺释放量同时测定的新方法。结果表明,采用所建立的方法后,目标分析物的检出限在 0.01~0.23 ng/支区间;在各自的线性范围内,线性相关系数大于 0.9984。在不同的加标浓度下,目标分析物的日内及日间精密度分别小于 11.4%和 13.3%,回收率在 77.1%~108.6%区间,可以满足实际检测需求。与现有分析方法相比,该方法将两类化合物一起测定,提高了测试效率,具有操作简便、快速高效、有机溶剂消耗量少和自动化程度高的优点。最后,我们将所建立的方法应用于实际卷烟样品主流烟气中多环芳烃和烟草特有 *N*-亚硝胺的分析,测定结果与现行标准方法相比不存在差异。

本方法使用的仪器和试剂如下。

(1)GPC-GC-MS/MS 系统(日本岛津公司):包括两台 LC-20AD 泵、一台 DGU-20A3R 脱气机、一台 SIL-20A 自动进样器、一台 CTO-20AC 柱温箱、两台 FCV-12 AH 电磁阀、一台 SPD-20A 紫外检测器、一台 QP2010 Plus 气相色谱仪和一台 TQ8030 检测器,并采用 LabSolution 工作站完成仪器的控制及数据的采集和处理。

(2)JW-BK 型静态容量法比表面及孔径分析仪:使用北京精微高博科学技术有限公司的 JW-BK 型静态容量法比表面及孔径分析仪对材料的比表面进行测试,测试前将材料于 383 K 下真空干燥 10 h,充分除去表面吸附的水及其他杂质后采用低温氮气吸附法测定。

(3)扫描电镜:使用荷兰 FEI 公司的 Quanta 200 扫描电镜对吸附剂进行形貌测试,测试前将干燥处理的吸附剂用导电胶粘于样品台上,喷金处理后即可用扫描电镜进行测试。

(4)SM450 直线型吸烟机(英国 CERULEAN 公司)、RM-200 转盘式吸烟机(德国 Borgwaldt KC 公司)、ϕ 44 mm 和 ϕ 92 mm 剑桥滤片(德国 Borgwaldt KC 公司)。注意,卷烟采用 ISO 标准条件抽吸,每个孔道抽吸 5 支卷烟。

(5)环己烷、丙酮、乙酸乙酯、乙腈和甲苯均为色谱纯,购自韩国 Duksan Pure Chemicals 公司;吸附剂 SiO_2购自安捷伦(Agilent)、PSA 购自色谱科(Supelco);乙酸铵(色谱纯)购自 TEDIA 公司;超纯水(电阻率≥18.2 MΩ·cm);3R4F 参比卷烟购自肯塔基大学;聚乙烯筛板购自深圳逗点生物技术有限公司;氦气和氩气(纯度≥99.999%)购自河南科益气体股份有限公司。

(6)3 种 PAHs(benzo[a]anthracene,苯并[a]蒽,B[a]A;chrysene,䓛,Chry;benzo[a]pyrene,苯并[a]芘,B[a]P)和 4 种 TSNAs(*N*-nitrosonornicotine,*N*-亚硝基降烟碱,NNN;*N*-nitrosoanatabine,*N*-亚硝基新烟碱,NAT;*N*-nitrosoanabasine,*N*-亚硝基假木贼碱,NAB;4-(*N*-nitrosomethylamino)-1-(3-pyridyl)-1-butanone,*N*-(甲基亚硝胺基)-1-(3-吡啶基)-1-丁酮,NNK)标准品和相应的内标(B[a]P-d12、NNN-d4、NAT-d4、NAB-d4 和 NNK-d4)购自加拿大 TRC 公司。以乙酸乙酯(必要时添加环己烷)为溶剂配制 7 种目标分析物的标准储备液和内标溶液。取适当体积的标准储备液,加入内标溶液后,用乙酸乙酯定容即可得系列混合标准工作溶液。以上标准工作溶液均在-20 ℃下避光保存。

具体的方法优化过程和测定结果等可参见《烟草化学成分管制现状及分析技术》(中国轻工业出版社)一书,此处不再赘述。

参考文献

[1] WU W J,ASHLEY D L,WATSON C H. Simultaneous determination of five tobacco-specific nitrosamines in mainstream cigarette smoke by isotope dilution liquid chromatography/electrospray ionization tandem mass spectrometry[J]. Analytical Chemistry,2003,75(18):4827-4832.

[2] WAGNER K A,FINKEL N H,FOSSETT J E,et al. Development of a quantitative method for the analysis of tobacco-specific nitrosamines in mainstream cigarette smoke using isotope dilution liquid chromatography/electrospray ionization tandem mass spectrometry[J]. Analytical Chemistry,2005,77(4):1001-1006.

[3] FOREHAND J B, DOOLY G L, MOLDOVEANU S C. Analysis of polycyclic aromatic hydrocarbons, phenols and aromatic amines in particulate phase cigarette smoke using simultaneous distillation and extraction as a sole sample clean-up step [J]. Journal of Chromatography A,2000,898(1):111-124.

[4] DING Y S, TROMMEL J S, YAN X Z J, et al. Determination of 14 polycyclic aromatic hydrocarbons in mainstream smoke from domestic cigarettes [J]. Environmental Science & Technology,2005,39(2):471-478.

[5] DING Y S, ASHLEY D L, WATSON C H. Determination of 10 carcinogenic polycyclic aromatic hydrocarbons in mainstream cigarette smoke[J]. Journal of Agricultural and Food Chemistry,2007,55(15):5966-5973.

[6] DING Y S,YAN X Z J,JAIN R B,et al. Determination of 14 polycyclic aromatic hydrocarbons in mainstream smoke from U. S. brand and non-U. S. brand cigarettes [J]. Environmental Science & Technology,2006,40(4):1133-1138.

[7] VU A T,TAYLOR K M,HOLMAN M R,et al. Polycyclic aromatic hydrocarbons in the mainstream smoke of popular U. S. cigarettes[J]. Chemical Research in Toxicology,2015,28(8):1616-1626.

[8] KIM H-J,SHIN H-S. Determination of tobacco-specific nitrosamines in replacement liquids of electronic cigarettes by liquid chromatography-tandem mass spectrometry [J]. Journal of Chromatography A,2013,1291:48-55.

[9] GUO L,LEE H K. Development of multiwalled carbon nanotubes based micro-solid-phase extraction for the determination of trace levels of sixteen polycyclic aromatic hydrocarbons in environmental water samples[J]. Journal of Chromatography A, 2011,1218(52):9321-9327.

[10] LUO,B, JIANG X Y, ZHU F P, et al. Determination of benzo[a]pyrene in mainstream cigarette smoke by on-line gel permeation chromatography-gas chromatography-tandem mass spectrometry[J]. Tobacco Science & Technology 2015,48(1):46-51.

[11] SHI R, YAN L H, XU T G, et al. Graphene oxide bound silica for solid-phase extraction of 14 polycyclic aromatic hydrocarbons in mainstream cigarette smoke

[J]. Journal of Chromatography A,2015,1375:1-7.

[12] PERFETTI T A,RODGMAN A. The complexity of tobacco and tobacco smoke[J]. Contributions to Tobacco Research,2011,24(5):215-232.

[13] 国家烟草专卖局. 卷烟　烟气总粒相物中苯并[α]芘的测定:GB/T 21130—2007[S]. 北京:中国标准出版社,2008.

[14] 国家烟草专卖局. 卷烟　主流烟气总粒相物中烟草特有 N-亚硝胺的测定　气相色谱-热能分析联用法:GB/T 23228—2008[S]. 北京:中国标准出版社,2008.

[15] SINCLAIR N M, FROST B E. Rapid method for the determination of benzo[a] pyrene in the particulate phase of cigarette smoke by high-performance liquid chromatography with fluorimetric detection [J]. Analyst, 1978, 103 (1233): 1199-1203.

[16] ZHA Q, QIAN N X, MOLDOVEANU S C. Analysis of polycyclic aromatic hydrocarbons in the particulate phase of cigarette smoke using a gas chromatographic-high-resolution mass spectrometric technique [J]. Journal of Chromatographic Science,2002,40(7):403-408.

[17] 樊虎,盛良全,童红武,等. 固相萃取-高效液相色谱法测定卷烟主流烟气中的多环芳烃[J]. 分析测试学报,2005,24(1):103-105.

[18] ZHANG X T,HOU H W,CHEN,H,et al. Quantification of 16 polycyclic aromatic hydrocarbons in cigarette smoke condensate using stable isotope dilution liquid chromatography with atmospheric-pressure photoionization tandem mass spectrometry[J]. Journal of Separation Science,2015,38(22):3862-3869.

[19] ZHANG Y,ZOU H-Y,SHI P,et al. Determination of benzo[a]pyrene in cigarette mainstream smoke by using mid-infrared spectroscopy associated with a novel chemometric algorithm[J]. Analytica Chimica Acta,2016,902:43-49.

[20] TORIBA A, HONMA C, UOZAKI W, et al. Quantification of polycyclic aromatic hydrocarbons(PAHs) in cigarette smoke particulates by HPLC with fluorescence detection[J]. Bunseki Kagaku,2014,63(1):23-29.

[21] WANG C-L, WANG J-X, HU J, et al. Analysis of benzo[a]pyrene in tobacco cigarette smoke by accelerated solvent/solid-liquid-solid extraction coupled with gas chromatography/mass spectrometry[J]. Chinese Journal of Analytical Chemistry, 2013,41(7):1069-1073.

[22] GMEINER G, STEHLIK G, TAUSCH H. Determination of seventeen polycyclic aromatic hydrocarbons in tobacco smoke condensate[J]. Journal of Chromatography A,1997,767(1-2):163-169.

[23] 边照阳,唐纲岭,陈再根,等. 全自动固相萃取-气相色谱-串联质谱法测定卷烟主流烟气中的 3 种多环芳烃[J]. 色谱,2011,29(10):1031-1035.

[24] WANG X Y,WANG Y,QIN Y Q,et al. Sensitive and selective determination of polycyclic aromatic hydrocarbons in mainstream cigarette smoke using a graphene-coated solid-phase microextraction fiber prior to GC/MS[J]. Talanta,2015,140:102-

108.

[25] 段沅杏，王昆淼，刘志华，等. 在线凝胶色谱-气质联用测定卷烟主流烟气中的苯并[a]芘[J]. 烟草科技，2014，9：39-43.

[26] YANG Y Y，NIE H G，LI C C，et al. On-line concentration and determination of tobacco-specific *N*-nitrosamines by cation-selective exhaustive injection-sweeping-micellar electrokinetic chromatography[J]. Talanta，2010，82(5)：1797-1801.

[27] MA Y J，BAI R S，DU G R，et al. Rapid determination of four tobacco specific nitrosamines in burley tobacco by near-infrared spectroscopy [J]. Analytical Methods，2012，4(5)：1371-1376.

[28] DING Y，YANG J，ZHU W-J，et al. An UPLC-MS^3 method for rapid separation and determination of four tobacco-specific nitrosamines in mainstream cigarette smoke [J]. Journal of the Chinese Chemical Society，2011，58(5)：667-672.

[29] XIONG W，HOU H W，JIANG X Y，et al. Simultaneous determination of four tobacco-specific *N*-nitrosamines in mainstream smoke for Chinese Virginia cigarettes by liquid chromatography-tandem mass spectrometry and validation under ISO and "Canadian intense" machine smoking regimes[J]. Analytica Chimica Acta，2010，674(1)：71-78.

[30] WU J C，JOZA P，SHARIFI M，et al. Quantitative method for the analysis of tobacco-specific nitrosamines in cigarette tobacco and mainstream cigarette smoke by use of isotope dilution liquid chromatography tandem mass spectrometry [J]. Analytical Chemistry，2008，80(4)：1341-1345.

[31] ZHENG S-J，YANG J，LIU B-Z，et al. Rapid determination of four tobacco-specific nitrosamines in mainstream cigarette smoke by UPLC-TOF-MS[J]. Asian Journal of Chemistry，2012，24(3)：1147-1150.

[32] ZHOU J，BAI R S，ZHU Y F. Determination of four tobacco-specific nitrosamines in mainstream cigarette smoke by gas chromatography/ion trap mass spectrometry[J]. Rapid Communications in Mass Spectrometry，2007，21(24)：4086-4092.

[33] WANG L，YANG C Q，ZHANG Q D，et al. SPE-HPLC-MS/MS method for the trace analysis of tobacco-specific *N*-nitrosamines and 4-(methylnitrosamino)-1-(3-pyridyl)-1-butanol in rabbit plasma using tetraazacalix[2]arene[2]triazine-modified silica as a sorbent[J]. Journal of Separation Science，2013，36(16)：2664-2671.

[34] SLEIMAN M，MADDALENA R L，GUNDEL L A，et al. Rapid and sensitive gas chromatography-ion-trap tandem mass spectrometry method for the determination of tobacco-specific *N*-nitrosamines in secondhand smoke [J]. Journal of Chromatography A，2009，1216(45)：7899-7905.

[35] CLAYTON P M，CUNNINGHAM A，VAN HEEMST J D H. Quantification of four tobacco-specific nitrosamines in cigarette filter tips using liquid chromatography-tandem mass spectrometry[J]. Analytical Methods，2010，2(8)：1085-1094.

[36] XIA Y，MCGUFFEY J E，BHATTACHARYYA S，et al. Analysis of the tobacco-

specific nitrosamine 4-(methylnitrosamino)-1-(3-pyridyl)-1-butanol in urine by extraction on a molecularly imprinted polymer column and liquid chromatography/atmospheric pressure ionization tandem mass spectrometry [J]. Analytical Chemistry,2005,77(23):7639-7645.

[37] SHAH K A, HALQUIST M S, KARNES H T. A modified method for the determination of tobacco specific nitrosamine 4-(methylnitrosamino)-1-(3-pyridyl)-1-butanol in human urine by solid phase extraction using a molecularly imprinted polymer and liquid chromatography tandem mass spectrometry [J]. Journal of Chromatography B,2009,877(14-15):1575-1582.

[38] LEE H-L, WANG C Y, LIN S, et al. Liquid chromatography/tandem mass spectrometric method for the simultaneous determination of tobacco-specific nitrosamine NNK and its five metabolites[J]. Talanta,2007,73(1):76-80.

[39] WU D, LU Y F, LIN H Q, et al. Selective determination of tobacco-specific nitrosamines in mainstream cigarette smoke by GC coupled to positive chemical ionization triple quadrupole MS[J]. Journal of Separation Science, 2013, 36(16): 2615-2620.

[40] CHO Y-H, SHIN H-S. Use of a gas-tight syringe sampling method for the determination of tobacco-specific nitrosamines in E-cigarette aerosols by liquid chromatography-tandem mass spectrometry[J]. Analytical Methods, 2015, 7(11): 4472-4480.

[41] ZHANG J,BAI R S,YI X L,et al. Fully automated analysis of four tobacco-specific *N*-nitrosamines in mainstream cigarette smoke using two-dimensional online solid phase extraction combined with liquid chromatography-tandem mass spectrometry [J]. Talanta,2016,146,216-224.

[42] CARRÉ V, AUBRIET F, MULLER J-F. Analysis of cigarette smoke by laser desorption mass spectrometry[J]. Analytica Chimica Acta,2005,540(2):257-268.

[43] 边照阳,陈晓水,唐纲岭,等. 同时分析卷烟主流烟气中三种多环芳烃和四种烟草特有亚硝胺的 GC-MS/MS 方法:CN103257194A[P]. 2013-08-21.

[44] 崔华鹏,刘绍锋,陈黎,等. 一种气相色谱-串联质谱同时检测卷烟主流烟气中苯酚、NNK 和苯并[a]芘的方法:CN104535695A[P]. 2015-04-22.

[45] LUO Y-B,CHEN X-J,ZHANG H-F,et al. Simultaneous determination of polycyclic aromatic hydrocarbons and tobacco-specific *N*-nitrosamines in mainstream cigarette smoke using in-pipette-tip solid-phase extraction and on-line gel permeation chromatography-gas chromatography-tandem mass spectrometry [J]. Journal of Chromatography A,2016,1460:16-23.

[46] LU D S,QIU X L,FENG C,et al. Simultaneous determination of 45 pesticides in fruit and vegetable using an improved QuEChERS method and on-line gel permeation chromatography-gas chromatography/mass spectrometer[J]. Journal of Chromatography B,2012,895-896:17-24.

[47] 罗彦波,郑浩博,姜兴益,等.在线凝胶渗透色谱-气相色谱-串联质谱联用检测烟叶中的农药残留[J].分析化学,2015,43(10):1538-1544.

[48] LIU L-B, HASHI Y, QIN Y-P, et al. Development of automated online gel permeation chromatography-gas chromatograph mass spectrometry for measuring multiresidual pesticides in agricultural products[J]. Journal of Chromatography B, 2007,845(1):61-68.

[49] LUO Y-B, LI X, JIANG X-Y, et al. Magnetic graphene as modified quick, easy, cheap, effective, rugged and safe adsorbent for the determination of organochlorine pesticide residues in tobacco[J]. Journal of Chromatography A, 2015, 1406:1-9.

[50] ROEMER E, SCHRAMKE H, WEILERH, et al. Mainstream smoke chemistry and in vitro and in vivo toxicity of the reference cigarettes 3R4F and 2R4F [J]. Contributions to Tobacco Research, 2012, 25(1):316-335.

[51] ZHANG H, LOW W P, LEE H K. Evaluation of sulfonated graphene sheets as sorbent for micro-solid-phase extraction combined with gas chromatography-mass spectrometry[J]. Journal of Chromatography A, 2012, 1233, 16-21.

[52] GUO L, LEE H K. Low-density solvent-based solvent demulsification dispersive liquid-liquid microextraction for the fast determination of trace levels of sixteen priority polycyclic aromatic hydrocarbons in environmental water samples [J]. Journal of Chromatography A, 2011, 1218(31):5040-5046.

[53] ZHANG H, NG B W L, LEE H K. Development and evaluation of plunger-in-needle liquid-phase microextraction[J]. Journal of Chromatography A, 2014, 1326:20-28.

[54] LEE X-P, HASEGAWA C, KUMAZAWA T, et al. Determination of tricyclic antidepressants in human plasma using pipette tip solid-phase extraction and gas chromatography-mass spectrometry[J]. Journal of Separation Science, 2008, 31(12): 2265-2271.

[55] KUMAZAWA T, HASEGAWA C, LEE X-P, et al. Pipette tip solid-phase extraction and gas chromatography-mass spectrometry for the determination of mequitazine in human plasma[J]. Talanta, 2006, 70(2):474-478.

[56] HASEGAWA C, KUMAZAWA T, LEE X-P, et al. Pipette tip solid-phase extraction and gas chromatography-mass spectrometry for the determination of methamphetamine and amphetamine in human whole blood [J]. Analytical and Bioanalytical Chemistry, 2007, 389(2):563-570.

[57] SVAČINOVÁ J, NOVÁK O, PLAČKOVÁ L, et al. A new approach for cytokinin isolation from *Arabidopsis* tissues using miniaturized purification: pipette tip solid-phase extraction[J]. Plant Methods, 2012, 8(1):17-30.

[58] ZHU G-T, HE X-M, LI X-S, et al. Preparation of mesoporous silica embedded pipette tips for rapid enrichment of endogenous peptides [J]. Journal of Chromatography A, 2013, 1316:23-28.

[59] HASEGAWA C, KUMAZAWA T, UCHIGASAKI S, et al. Determination of

dextromethorphan in human plasma using pipette tip solid-phase extraction and gas chromatography-mass spectrometry[J]. Analytical and Bioanalytical Chemistry, 2011,401(7):2215-2223.

[60] HE X-M,ZHU G-T,ZHU Y-Y,et al. Facile preparation of biocompatible sulfhydryl cotton fiber-based sorbents by "thiol-ene" click chemistry for biological analysis[J]. ACS Applied Materials & Interfaces,2014,6(20):17857-17864.

[61] YU L,DING J,WANG Y-L,et al. 4-phenylaminomethyl-benzeneboric acid modified tip extraction for determination of brassinosteroids in plant tissues by stable isotope labeling-liquid chromatography-mass spectrometry[J]. Analytical Chemistry,2016, 88(2):1286-1293.

[62] DU T, CHENG J, WU M, et al. An in situ immobilized pipette tip solid phase microextraction method based on molecularly imprinted polymer monolith for the selective determination of difenoconazole in tap water and grape juice[J]. Journal of Chromatography B,2014,951-952:104-109.

[63] SUN N,HAN Y H,YAN H Y,et al. A self-assembly pipette tip graphene solid-phase extraction coupled with liquid chromatography for the determination of three sulfonamides in environmental water[J]. Analytica Chimica Acta,2014,810:25-31.

[64] SHEN Q,GONG L K,BAIBADO J T,et al. Graphene based pipette tip solid phase extraction of marine toxins in shellfish muscle followed by UPLC-MS/MS analysis [J]. Talanta,2013,116:770-775.

[65] XIE Y Q,TONG H W,YAN X. Y,et al. Determination of 14 polycyclic aromatic hydrocarbons in mainstream smoke from flue-cured cigarettes by GC-MS using a new internal standard[J]. Asian Journal of Chemistry,2012,24(8):3499-3503.

[66] 庞永强,张洪非. 烟草化学成分管制现状及分析技术[M]. 北京:中国轻工业出版社,2020.

第四章　基于固相萃取的烟草及烟草制品中 TSNAs 分析方法

第一节　烟草特有 *N*-亚硝胺的分析方法研究进展

烟草特有 *N*-亚硝胺的分析主要包括分离检测和样品前处理两个过程，分离检测是对样品中的 TSNAs 进行定性和定量分析，而样品前处理则是对样品中的 TSNAs 进行预富集和净化，以下从这两个方面分别进行介绍。

一、分离检测技术

热能分析仪的出现是 TSNAs 分析技术上的一次重大突破。热能分析仪分析方法以高的灵敏度和对 TSNAs 的高选择性，成为烟气中 TSNAs 检测的国家标准方法。如图 4-1 所示，热能分析仪的工作原理是：*N*-亚硝基化合物进入裂解器后，其中的 N—NO 键被打破，产生亚硝酰基自由基（·NO），随后亚硝酰基自由基（·NO）在消除反应室中遇臭氧发生氧化，得到电子激发状态的二氧化氮（NO_2^*）。电子激发状态的二氧化氮（NO_2^*）发射特征辐射后衰减到它的基态。通过灵敏的光电倍增管检测发光强度即可实现对 *N*-亚硝基化合物的定量测定。

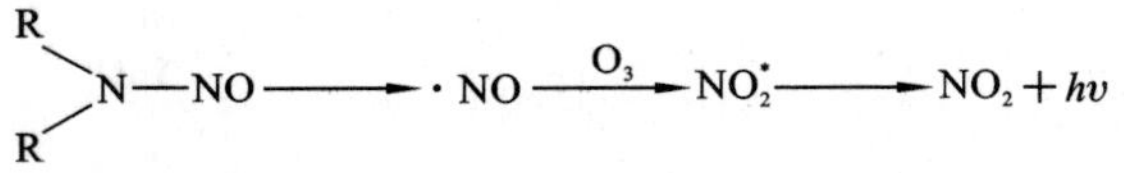

$$R_2N{-}NO \longrightarrow \cdot NO \xrightarrow{O_3} NO_2^* \longrightarrow NO_2 + h\nu$$

图 4-1　热能分析仪检测原理示意图

TEA 首先是和液相色谱联用分析 TSNAs，并于 1979 年鉴定出了一种新的 TSNAs（NAT）。但是 TEA 和液相色谱联用时操作过程较为复杂烦琐，且分辨能力低，这限制了 TEA 在 TSNAs 分析中的应用。在气相色谱-热能分析联用技术的支撑下，热能分析仪的裂解管直接伸入气相色谱仪的接口，因此减少了死体积，并避免了局部冷点，因此从最初的填充气相色谱柱到后来的毛细管柱，气相色谱-热能分析联用仪成为分析 TSNAs 的有力工具。

除了热能分析仪以外，氮磷检测器和质谱检测器也是分析 TSNAs 的常用检测器。二者均具有较高的灵敏度，而且质谱检测器还可以使用离子扫描模式或多离子反应监测模式实现定量，可在一定程度上减少基质干扰。另外，液相色谱-串联质谱联用技术自 21 世纪初被报道用于分析 TSNAs 以来，普及程度在不断上升。该技术采用正离子电喷雾技术电离

TSNAs，利用三重四极杆强大的定量能力对 TSNAs 进行定量。该技术中的样品前处理过程简单，且整个方法的回收率、重复性等参数都令人满意。阳离子选择性耗尽进样技术结合胶束电动色谱技术也被用来在线富集检测生物样品中的 TSNAs 及其代谢物。与其他技术相比，该技术样品分析时间短，但是不适合用于实验室大量样品的常规分析检测。采用近红外光谱技术建立模型，也可以快速预测烟叶中的 TSNAs。该技术分析时间很短，而且还可以实现无损分析，但是对低含量样品的分析还存在较大的误差。

二、样品前处理技术

在测定 TSNAs 时通常也需要进行一定的样品前处理，即需要针对 TSNAs 的性质选择合适的提取、纯化和浓缩方法才能进行后续的仪器测定。有文献报道用 100 mmol/L 乙酸铵溶液直接提取主流烟气的总粒相物，经萃取液过滤后以（超高效）液相色谱-串联质谱联用仪分离检测，用内标法定量，实现卷烟主流烟气中 4 种 TSNAs 的同时检测；为了减少提取液中基质的干扰，Zheng 等人对提取液进行固相萃取净化，结合超高效液相色谱-飞行时间质谱建立了主流烟气中 4 种 TSNAs 的分析方法；Wu 等人首先用二氯甲烷提取总粒相物中的 TSNAs，然后用 0.1 mol/L 盐酸溶液反萃目标分析物至水相中，再用固相萃取柱（Waters Oasis HLB-60mg）净化，最后用液相色谱-质谱联用仪分离检测，用内标法定量，实现了卷烟主流烟气中 5 种 TSNAs 的同时检测；Zhou 等人用乙酸乙酯提取总粒相物中的 TSNAs，再将提取液用 Supelclean ENVI-Carb 固相萃取柱（500 mg/6 mL，Supelco）净化，以气相色谱-质谱联用仪检测，用内标法定量，建立了主流烟气中 4 种 TSNAs 的分析方法；Wang 等人以环糊精改性硅胶为固相萃取吸附剂，结合液相色谱-串联质谱技术，建立了兔血中 TSNAs 的分析方法；Sleiman 和 Clayton 等人用甲醇提取纤维素滤片或滤嘴上的 TSNAs，提取液离心后以气相色谱-离子阱串联质谱联用仪或液相色谱-串联质谱联用仪检测，建立了二手烟或滤嘴中 4 种 TSNAs 的分析方法；Xia 等人采用 4-（甲基亚硝胺）-1-（3-吡啶）-1-丁酮（NNAL）分子印迹固相萃取技术分离富集于尿液中的 NNAL，结合液相色谱-串联质谱联用仪进行分离检测，为流行病学调查提供了一种简单、灵敏的评价主动吸烟者对卷烟烟气或被动吸烟者对二手烟的暴露评定方法；Shah 等人考察了样品提取条件、色谱分离条件和质谱离子化抑制效应，将方法的灵敏度提高了 25 倍，可以实现尿液中每毫升皮克级 NNAL 的检测；Lee 等人用以 C8 和 C18 为吸附剂的固相萃取技术对老鼠尿液中的 NNK 及其代谢物进行分离富集，结合液相色谱-质谱联用技术，建立了老鼠尿液中 NNK 及其代谢物的分析方法；Kim 等人采用二氯甲烷液液萃取方法，结合液相色谱-串联质谱联用技术，建立了电子烟烟液中 4 种 TSNAs 的分析方法；Wu 等人用 0.1 mol/L 盐酸溶液提取总粒相物中的 TSNAs，再用阳离子交换树脂固相萃取柱净化，结合气相色谱-正离子化学电离-三重四极杆质谱联用技术进行分离检测，建立了卷烟主流烟气中 4 种 TSNAs 的分析方法；Cho 等人首先将电子烟气溶胶收集在密封注射器中，再用二氯甲烷提取，结合液相色谱-串联质谱联用技术建立了电子烟气溶胶中 TSNAs 的分析方法；Zhang 等人建立了一种二维在线固相萃取-液相色谱-串联质谱联用技术分析主流烟气中 TSNAs 的方法，该方法灵敏度高、选择性强，同时具有自动化程度高、通量高和稳定性强的优点。

第二节 基于固相萃取的烟草特有 N-亚硝胺分析方法

一、方法原理

用乙酸铵溶液提取或稀释样品中的烟草特有 N-亚硝胺,提取液经固相萃取净化后,通过液相色谱-串联质谱联用仪定量分析检测其中烟草特有 N-亚硝胺的含量。以 HiCapt MCX 硅胶(疏水/离子交换混合保留机理,维泰克科技(武汉)有限公司)为固相萃取(SPE)填料,利用其与烟草特有 N-亚硝胺之间的疏水/阳离子交换混合保留机理富集烟草特有 N-亚硝胺。通过优化影响萃取效率的因素,包括上样液 pH 值、清洗溶液、解吸溶液的种类和体积、吸附剂用量,结合高效液相色谱-串联质谱联用技术,建立了烟草特有 N-亚硝胺的测定方法。结果表明:①在优化的条件下,目标分析物的检出限在 0.012～0.037 ng/mL 区间,决定系数均大于 0.9994,日内和日间相对标准偏差分别不大于 11.7%和 10.9%,实际样品的加标回收率为 89.2%～108.9%;②该方法成功应用于无烟气烟草制品、烟叶、卷烟主流烟气的检测,且检测结果与标准方法相吻合。

二、具体分析过程

(一)仪器

(1)Agilent 1200 高效液相色谱仪,配置柱温箱,具备梯度洗脱功能;API 4000 三重四极杆质谱仪;Agilent InfinityLab Poroshell 120 EC-C18 色谱柱(3.0 mm×100 mm,2.7 μm)。

(2)Quanta 200 扫描电镜仪(荷兰 FEI 公司)。

(3)JW-BK 型静态容量法比表面及孔径分析仪(北京精微高博科学技术有限公司)。

(4)LT-DBX450F 热风循环烘箱(立德泰勀(上海)科学仪器有限公司)。

(5)Q-POD Milli-Q 超纯水仪(美国 Milford 公司)。

(6)CP224S 电子天平(0.000 1 g,德国 Sartorius 公司)。

(7)3-30K 高速冷冻离心机(德国 Sigma 公司)。

(8)KQ-700DB 型数控超声波清洗器(昆山市超声仪器有限公司)。

(9)945066 数显型多管式旋涡混合振荡器(美国 Talboys 公司)。

(10)103199 氮吹浓缩仪(瑞典 Biotage 公司)。

(二)试剂和材料

(1)除特别要求外,均应使用色谱纯试剂。

(2)水,应符合 GB/T 6682 中一级水的要求。

(3)甲醇。

(4)乙酸铵。

(5)乙酸。

(6)氨水。

(7)丙酮。

(8)氘代-*N*-亚硝基假木贼碱(NAB-d4),纯度≥99%。

(9)氘代-*N*-亚硝基新烟碱(NAT-d4),纯度≥99%。

(10)氘代-4-(甲基亚硝胺基)-1-(3-吡啶基)-1-丁酮(NNK-d4),纯度≥99%。

(11)氘代-*N*-亚硝基降烟碱(NNN-d4),纯度≥99%。

(12)*N*-亚硝基假木贼碱(NAB),纯度≥98%。

(13)*N*-亚硝基新烟碱(NAT),纯度≥98%。

(14)4-(甲基亚硝胺基)-1-(3-吡啶基)-1-丁酮(NNK),纯度≥98%。

(15)*N*-亚硝基降烟碱(NNN),纯度≥98%。

(16)0.1 mol/L 乙酸铵溶液:称取 3.85 g 乙酸铵,用水完全溶解后,转移至 500 mL 容量瓶中,用水定容至刻度。

(17)0.1%的乙酸溶液:移取 1 mL 乙酸至 1000 mL 容量瓶中,用水定容至刻度。

(18)0.1%的氨水溶液:移取 1 mL 氨水至 1000 mL 容量瓶中,用水定容至刻度。

(19)内标溶液。

①内标储备液:各称取约 10.0 mg 的 NAB-d4、NAT-d4、NNK-d4 和 NNN-d4,用甲醇完全溶解后,分别转移至 4 个 10 mL 棕色容量瓶中,用甲醇定容至刻度,配制成浓度均为 1.0 mg/mL 的内标储备液。该内标储备溶液于−18 ℃条件下避光保存,有效期为 6 个月。

②一级混合内标溶液:分别移取 1.0 mL NAB-d4、NAT-d4、NNK-d4 和 NNN-d4 的内标储备液至 100 mL 棕色容量瓶中,用甲醇定容至刻度,配制成 NAB-d4、NAT-d4、NNK-d4 和 NNN-d4 浓度均为 10.0 μg/mL 的一级混合内标溶液。该溶液于−18 ℃条件下避光保存,有效期为 6 个月。

③二级混合内标溶液:移取 10.0 mL 一级混合内标溶液至 100 mL 棕色容量瓶中,用甲醇定容至刻度,配制成 NAB-d4、NAT-d4、NNK-d4 和 NNN-d4 浓度均为 1.0 μg/mL 的二级混合内标溶液。该溶液于−18 ℃条件下避光保存,有效期为 3 个月。

(20)萃取液:移取 5.0 mL 二级混合内标溶液于 500 mL 容量瓶中,用 0.1 mol/L 乙酸铵溶液定容至刻度,配制成含 10.0 ng/mL 混合内标的萃取液。该萃取液应在使用前配制。

(21)标准溶液。

①标准储备液:各称取约 10.0 mg 的 NAB、NAT、NNK 和 NNN,用甲醇完全溶解后,分别转移至 4 个 10 mL 棕色容量瓶中,用甲醇定容至刻度,配制成浓度均为 1.0 mg/mL 的标准储备液。该储备液于−18 ℃条件下避光保存,有效期为 6 个月。

②一级混合标准溶液:分别移取 1.0 mL NAB、NAT、NNK 和 NNN 的标准储备液至 100 mL 棕色容量瓶中,用甲醇定容至刻度,配制成 NAB、NAT、NNK 和 NNN 浓度为 10.0 μg/mL 的一级混合标准溶液。该溶液于−18 ℃条件下避光保存,有效期为 6 个月。

③二级混合标准溶液:移取 10.0 mL 一级混合标准溶液至 100 mL 棕色容量瓶中,用甲醇定容至刻度,配制成 NAB、NAT、NNK 和 NNN 浓度为 1.0 μg/mL 的二级混合标准溶液。该溶液于−18 ℃条件下避光保存,有效期为 3 个月。

④系列标准工作溶液:移取 0.05 mL、0.1 mL、0.2 mL、0.5 mL、1.0 mL、2.0 mL 和 5.0 mL 二级混合标准溶液于不同的 100 mL 棕色容量瓶中,再分别加入 1.0 mL 二级混合内标溶液,用 0.1 mol/L 乙酸铵溶液定容至刻度,即配制成如表 4-1 所示的 7 级标准工作溶液,其

内标浓度均为10.0 ng/mL。如果样品浓度超出标准工作溶液覆盖范围,可适当扩展标准工作溶液覆盖范围。该TSNAs系列标准工作溶液应在使用前配制。

表4-1 TSNAs系列标准工作溶液 单位:ng/mL

化合物	1#	2#	3#	4#	5#	6#	7#
NAB	0.5	1.0	2.0	5.0	10.0	20.0	50.0
NAT	0.5	1.0	2.0	5.0	10.0	20.0	50.0
NNK	0.5	1.0	2.0	5.0	10.0	20.0	50.0
NNN	0.5	1.0	2.0	5.0	10.0	20.0	50.0

注:烟草特有N-亚硝胺是强烈致癌物质。所有前处理操作应在通风橱内进行,实验人员应佩戴防护手套、面具以保证安全;应收集、处理实验废液,并符合相关法律法规要求。

(22)固相萃取清洗溶液:移取10 mL甲醇至100 mL容量瓶中,用水定容至刻度。

(23)固相萃取解吸溶液:移取1 mL氨水至100 mL容量瓶中,用丙酮定容至刻度。

(24)固相萃取复溶液:移取1 mL 0.1 mol/L乙酸铵溶液和1 mL甲醇,然后将二者等体积混合。

(25)具塞离心管:规格为50 mL。

(26)HiCapt MCX固相萃取柱(维泰克科技(武汉)有限公司)或等效固相萃取柱。

(27)水相滤膜:0.45 μm。

(三)样品前处理

(1)无烟气烟草制品:称取1.0 g试样,精确至0.1 mg,置入50 mL具塞离心管中,准确加入30.0 mL萃取溶液,置于超声波清洗器超声萃取40 min,静置5 min后,置于离心机上离心(5 min,100 00 r/min),取上层清液用滤膜过滤后备用。每个样品应平行测定2次。

(2)电子烟烟液样品:称取1.0 g试样,精确至0.1 mg,置入50 mL具塞离心管中,准确加入10.0 mL萃取溶液,置于超声波清洗器超声1 min,静置5 min后,留稀释液用滤膜过滤后备用。每个样品应平行测定2次。

注意,若样品测定结果不在标准工作曲线范围内,可适当改变样品质量或标准工作曲线的范围。

(3)样品净化:将样品溶液用0.1%的乙酸溶液或0.1%的氨水溶液调节至pH为4.0左右。将固相萃取柱安装在固相萃取装置上,依次使3.0 mL固相萃取解吸溶液和3.0 mL 0.1 mol/L乙酸铵溶液(pH=4.0)在自然重力的作用下流经固相萃取柱。然后将调节过pH值的6 mL样品溶液以同样方式流经固相萃取柱(控制流速不超过1.0 mL/min),使1.0 mL固相萃取清洗溶液流经固相萃取柱,在溶剂完全流过固相萃取柱后,保持真空抽气状态或在固相萃取柱上方加压,吸出或挤出其中的固相萃取清洗溶液。于固相萃取装置下放好收集管,使2.0 mL固相萃取解吸溶液在自然重力的作用下流经固相萃取柱,在溶剂完全流过固相萃取柱后,保持真空抽气状态或在固相萃取柱上方加压,完全吸出或挤出其中的固相萃取解吸溶液。将固相萃取解吸溶液于35 ℃下用缓慢氮气流吹干,以0.2 mL固相萃取复溶液溶解,转移至内置衬管的色谱瓶中,待测。若样品不进行固相萃取净化即可达到分析灵敏度,可不进行该步操作。

(四)仪器条件

液相色谱-串联质谱联用仪测定的参考条件如下

(1)色谱柱:Agilent InfinityLab Poroshell 120 EC-C18(3.0 mm×100 mm,2.7 μm)。

(2)进样量:5 μL。

(3)色柱温:40 ℃。

(4)流动相:10 mmol/L 甲酸铵溶液(溶剂 A)、乙腈(含 0.1%甲酸,V/V,溶剂 B)。

(5)流速:0.4 mL/min。

(6)流动相梯度:如表 4-2 所示。

表 4-2 流动相梯度

时间/min	溶剂 A 比例/(%)	溶剂 B 比例/(%)
0	90	10
2.0	60	40
4.0	40	60
6.0	10	90
9.0	10	90
9.5	90	10
15.0	90	10

(7)电喷雾电压:5000 V。

(8)雾化气压力:50 PSI(1 PSI=6894.757 Pa)。

(9)辅助雾化气压力:50 PSI。

(10)气帘气压力:35 PSI。

(11)离子源温度:450 ℃。

(12)进口电压:8 V。

(13)出口电压:10 V。

(14)去簇电压:40 V。

(15)驻留时间:40 ms。

(16)多离子反应监测:离子对信息如表 4-3 所示。

表 4-3 离子对信息

化合物	离子对(碰撞能,eV)	
	定量	定性
NNN	178.1>148.2(15)	178.1>120.1(15)
NNN-d4	182.1>152.2(15)	182.1>124.1(15)
NNK	208.1>122.1(16)	208.1>106.1(16)
NNK-d4	212.1>126.1(16)	212.1>110.1(16)
NAT	190.1>160.1(15)	190.1>106.1(15)
NAT-d4	194.1>164.1(15)	194.1>110.1(15)
NAB	192.1>162.2(17)	192.1>133.1(17)

续表

化合物	离子对(碰撞能,eV)	
	定量	定性
NAB-d4	196.1>166.2(17)	196.1>137.1(17)

(五)标准工作曲线制作

取系列标准工作溶液,按照上述条件进行液相色谱-串联质谱分析。在1级标线浓度下4种TSNAs和内标的色谱图如图4-2所示。以定量离子峰面积-浓度作图,得到标准工作曲线回归方程。标准工作曲线回归方程线性相关系数 $R^2>0.999$。4种TSNAs的标准工作曲线如图4-3所示。

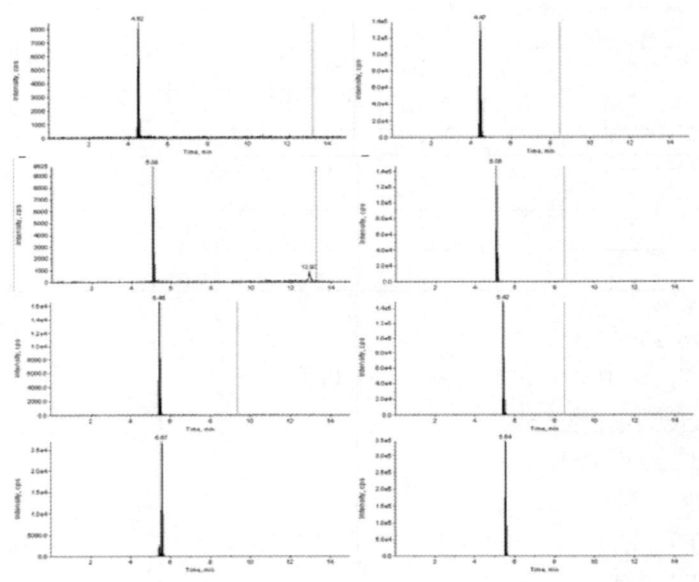

图4-2 在1级标线浓度下4种TSNAs和内标的色谱图

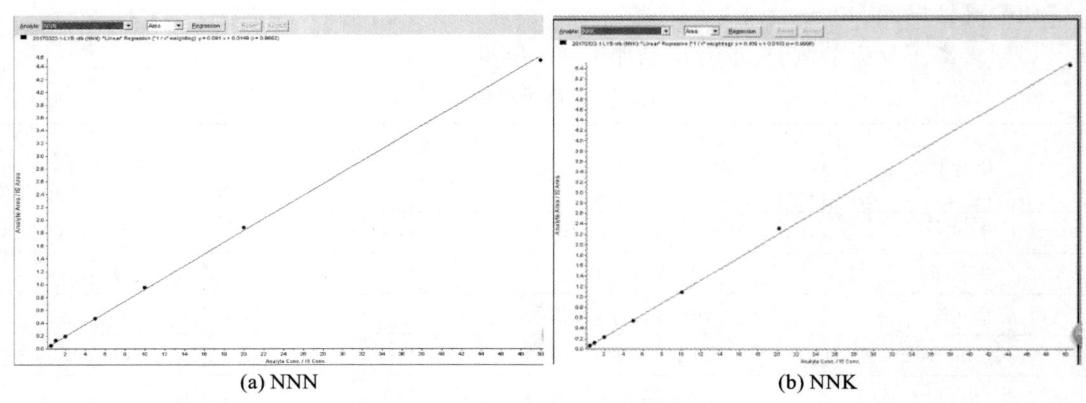

(a) NNN (b) NNK

图4-3 4种TSNAs的标准工作曲线

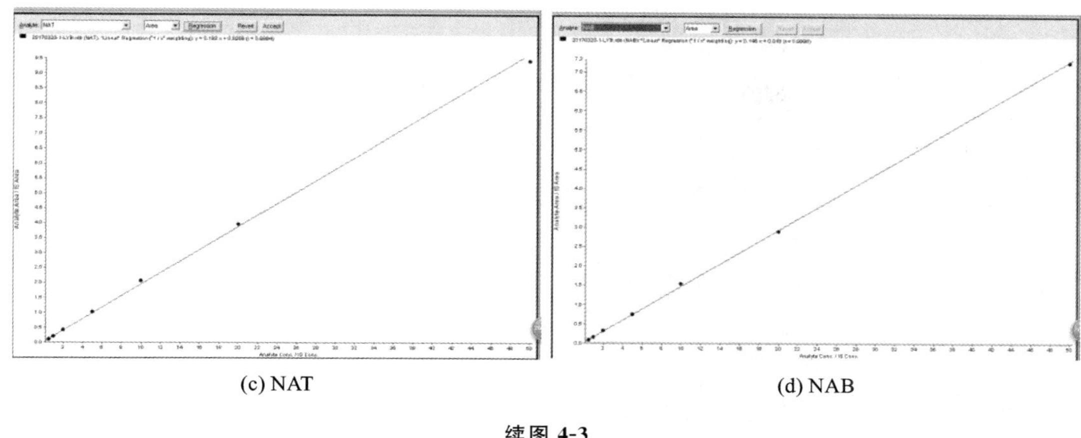

(c) NAT (d) NAB

续图 4-3

每次实验应制作标准工作曲线，每 20 次样品测定后应加入一个中等浓度的标准溶液，如果测得的值与原值相差超过 5%，则应重新进行标准工作曲线的制作。

（六）试样测定结果

样品中目标分析物的含量按以下公式计算：

$$X_i = \frac{(C_i - C_0) \times V}{m}$$

式中：X_i——样品中目标化合物的含量，单位为纳克每克(ng/g)；

C_i——固相萃取解吸溶液中目标化合物测定浓度，单位为纳克每毫升(ng/mL)；

C_0——空白实验中目标化合物测定浓度，单位为纳克每毫升(ng/mL)；

V——提取液或稀释液体积，单位为毫升(mL)；

m——样品质量，单位为克(g)。

以 2 次平行测定的平均值为最终测定结果，精确至 0.01 ng/g，平行测量结果的相对平均偏差应不大于 10%。

第三节 分析方法的优化和评价

在本节中，我们首先对固相萃取填料进行了表征，然后对影响固相萃取的具体参数进行了优化，最后对所建立的方法进行了评价。

一、固相萃取填料的表征

我们通过扫描电镜来观测固相萃取填料的表面形貌。如图 4-4(a)所示，固相萃取填料呈不规则形状，尺寸为 40～80 μm。为了确定该固相萃取填料的多孔结构，我们采用氮吸附法对其比表面积进行测量，比表面积采用 Brunauer-Emmett-Teller(BET)方法进行测定。结果表明，固相萃取填料的比表面积为 356 m^2/g。如图 4-4(b)所示，固相萃取填料的吸附-脱附等温线为Ⅳ型，并且在相对压力为 0.5～0.9 的范围内出现了迟滞回线，这说明固相萃取填料存在介孔结构。以上可以确保该填料在实际应用中具有优良的吸附性能。

(a) 表面形貌

(b) N_2吸附/脱附曲线

图 4-4 固相萃取填料的表面形貌和 N_2 吸附/脱附曲线

二、固相萃取过程优化

为了使填料获得对目标分析物最好的萃取效果,我们用烟草提取液作为代表性样品优化了一系列影响萃取效率的条件,具体包括上样溶液 pH 值、解吸溶液的类型和体积、清洗溶剂和吸附剂用量等。由于烟草和主流烟气的提取方法(提取溶剂、提取溶剂体积和提取时间等)已经比较成熟,因此本节中没有对其再进行优化。

(一)上样液 pH 值

pH 值是影响固相萃取填料对目标分析物进行萃取的关键因素,因为烟草特有 N-亚硝胺类化合物为两性物质,样品溶液的 pH 值能改变目标分析物的存在形式及其与吸附剂的作用力情况,从而影响萃取效率。我们在 pH 为 3.4～10.6 时对样品溶液的 pH 值进行了优化,结果如图 4-5 所示。当 pH 值为 4.0 时,所有目标分析物都具有较好的萃取效果;当 pH 值高于 6.0 或低于 4.0 时,目标分析物的萃取效率均有所下降;由于吸附剂对目标分析物的萃取主要是靠疏水作用和阳离子交换作用,pH 值为 4.0～6.0 时,大部分目标分析物分子以质子化的形式存在,而吸附剂中的磺酸根以负离子的形式存在,此时吸附剂和目标分析物之间的疏水作用和阳离子交换作用力较强,因此具有最佳的萃取效果。为了得到最佳的萃取效率,在后续实验中我们选择 pH 值为 4.0。

(二)解吸溶液的种类和体积

我们考察了不同酸碱度解吸溶液对解吸效果的影响,结果如图 4-6 所示。在丙酮中添加一定比例的氨水(1%,V/V),能够提高目标分析物的解吸效率,这是因为在碱性条件下,吸附剂和目标分析物之间的阳离子交换作用遭到破坏。通过二次解吸发现,所有的目标分析物均能被 2 mL 解吸溶液完全解吸。因此,在后续实验中,选择 2 mL 丙酮(含 1%氨水,V/V)为解吸溶液。

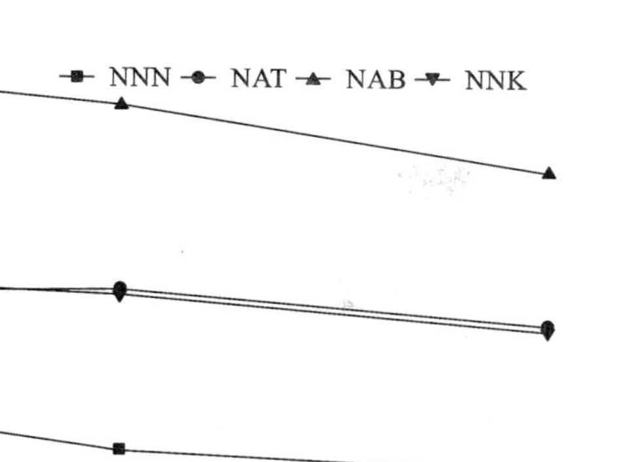

图 4-5　样品溶液 pH 值对萃取效果的影响

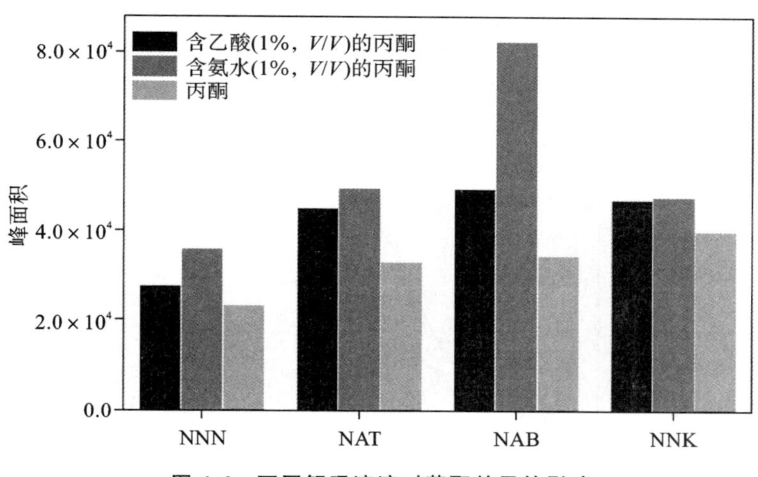

图 4-6　不同解吸溶液对萃取效果的影响

（三）清洗溶液优化

在固相萃取过程中，上样结束后通常使用清洗溶液对填料进行清洗，以除去样品中的干扰物质，尤其是使用质谱仪进行检测时，清洗过程可以降低样品的基质效应，从而提高目标分析物的响应。我们使用 1.0 mL 不同比例的甲醇水溶液对上样后的填料进行清洗，结果如图 4-7 所示。当甲醇水溶液中甲醇体积分数为 10%时，目标分析物具有较好的萃取效率，继续增加甲醇含量，降低了目标分析物与吸附剂之间的疏水相互作用，不利于萃取效率的提高。因此，在后续实验中，将清洗溶液中甲醇的体积分数定为 10%。

（四）吸附剂用量优化

为了以较少的吸附剂达到对目标分析物的最佳萃取效果，我们对辛基/磺酸根键合硅胶的用量进行了优化，结果如图 4-8 所示。当吸附剂的用量在 50～1000 mg 范围内时，随着吸附剂用量不断增加，目标分析物的峰面积均不断提高；当吸附剂的用量达到 500 mg 时，继续

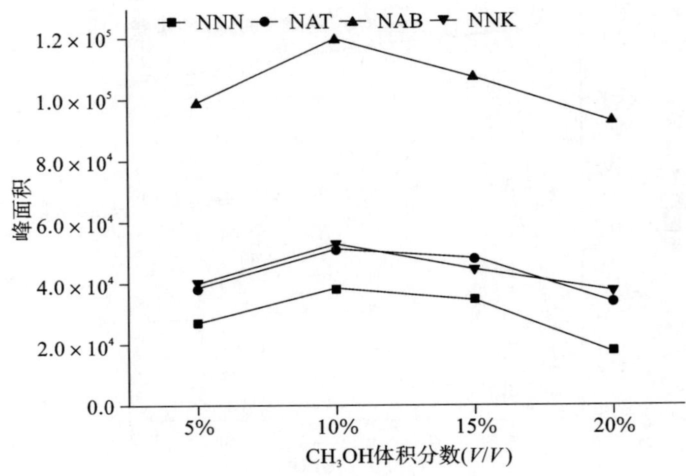

图 4-7　不同清洗溶液对萃取效果的影响

增加吸附剂用量，目标分析物峰面积的提高不明显。综合考虑目标分析物的萃取效果和吸附剂用量，在后续实验中，选择吸附剂的用量为 500 mg。

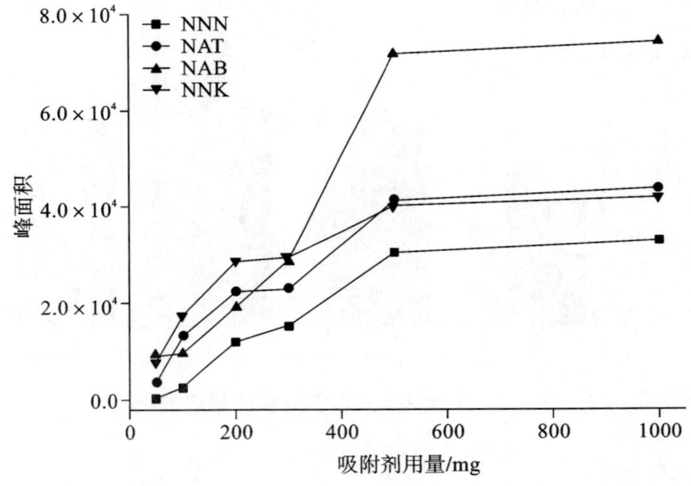

图 4-8　吸附剂用量对萃取效果的影响

综上所述，优化的实验条件为：上样液的 pH 值为 4.0，填料的用量为 500 mg，上样后用 1.0 mL 10%的甲醇水溶液清洗填料，用 2.0 mL 丙酮(含 1%氨水，V/V)解吸。在优化条件下对实际烟叶样品进行分析，得到的目标分析物的典型色谱图如图 4-9 所示，没有干扰物质影响目标分析物的定量，这说明固相萃取过程对实际样品具有较好的净化能力。

三、方法评价

(一)标准工作曲线和检出限、定量限

在上述优化的条件下分析目标分析物，以目标分析物和内标的峰面积之比对目标分析物浓度作工作曲线(权重为 $1/x$)，分别以 3 倍和 10 倍信噪比计算检出限和定量限。如表 4-4

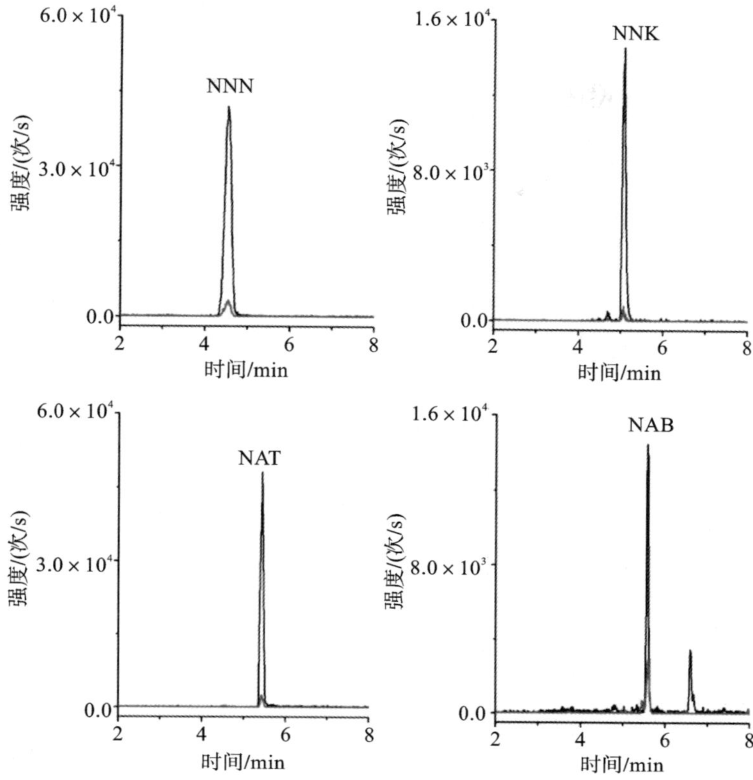

图 4-9 分析实际样品得到的 4 种烟草特有 *N*-亚硝胺的典型色谱图

所示，4 种目标分析物在各自的线性范围内具有较好的线性关系，线性相关系数的平方不小于 0.9994，目标分析物的检出限（LOD）和定量限（LOQ）分别在 0.012～0.037 ng/mL 和 0.042～0.124 ng/mL 区间。

表 4-4 目标分析物的线性范围、回归方程、检出限和定量限

目标分析物	线性范围/(ng/mL)	回归方程			LOD/(ng/mL)	LOQ/(ng/mL)
		斜率	截距	R^2		
NNN	0.500～50.0	0.0902	0.0294	0.9996	0.037	0.124
NNK	0.505～50.5	0.1090	0.0103	0.9996	0.020	0.065
NAT	0.500～50.0	0.1930	0.0209	0.9994	0.016	0.054
NAB	0.500～50.0	0.1460	0.0180	0.9998	0.012	0.042

(二)回收率和重复性

为了考察该方法的重复性和准确性,向无烟气烟草制品和电子烟烟液中分别添加3种浓度的目标分析物(低、中、高3种浓度分别为各目标分析物线性范围最低值的2倍、10倍和40倍),1 d内重复分析5次,通过标准工作曲线计算得到实际检测值,并计算不同浓度下的回收率和日内相对标准偏差;以连续3 d制备的样品进行测定,计算不同浓度下的回收率和日间相对标准偏差。结果如表4-5和表4-6所示。在两种不同基质的实际样品中,目标分析物在不同浓度下的加标回收率为89.2%～108.9%,日内及日间精密度分别不大于11.7%和10.9%。以上说明该方法的重复性和稳定性等可以满足无烟气烟草制品中烟草特有N-亚硝胺的日常检测需求。

表4-5 无烟气烟草制品中目标分析物在不同浓度下的回收率和精密度

目标分析物	日内(%±RSD,n=5)			日间(%±RSD,n=3)		
	低	中	高	低	中	高
NNN	98.4±8.1	92.6±3.5	96.0±2.4	100.9±7.3	93.6±2.5	101.5±1.8
NNK	95.6±9.2	97.5±9.8	102.8±7.9	95.3±4.2	100.6±6.0	99.4±6.3
NAT	101.0±9.7	106.0±9.8	106.8±7.6	101.7±8.6	105.4±7.1	106.0±2.2
NAB	89.2±11.7	92.7±7.2	100.9±4.4	92.7±10.9	100.4±6.3	108.9±5.9

表4-6 电子烟烟液中目标分析物在不同浓度下的回收率和精密度

目标分析物	日间(%±RSD,n=5)			日间(%±RSD,n=3)		
	低	中	高	低	中	高
NNN	90.2±6.6	90.0±2.6	96.9±2.6	91.6±5.3	89.2±4.3	97.5±4.8
NNK	100.6±9.0	99.5±9.6	104.5±7.0	105.3±4.9	100.1±6.6	101.4±6.6
NAT	99.9±8.7	96.0±9.5	96.8±6.6	101.0±9.6	95.4±10.0	99.0±7.6
NAB	99.0±4.6	96.6±5.2	101.0±4.6	96.7±5.6	98.4±6.6	105.9±6.9

四、比对实验

为了考察方法在不同实验室之间的再现性,取烤烟型卷烟填充物、混合型卷烟填充物、燃烧性戒烟制品填充物、烤烟烟叶、香料烟烟叶、白肋烟烟叶、新型烟草制品、电子烟烟液共10个样品(除电子烟烟液样品为3个外,其余样品均为1个,样品编号依次为1#,2#,…,10#),分别在国家烟草质量监督检验中心、湖南中烟工业有限责任公司、云南中烟工业有限责任公司、广西中烟工业有限责任公司、云南省烟草质量监督检测站和山东省烟草质量监督检测站等6家实验室(编号依次为1#、2#、3#、4#、5#、6#),采用本标准检测方法对选定样本进行了重复检测,验证结果如表4-7所示。结果表明,相同样品在不同实验室的测试结果具有良好的再现性。

表 4-7 代表性样品比对结果(目标分析物含量的单位为 ng/g)

编号	目标分析物	实验室 1#	实验室 2#	实验室 3#	实验室 4#	实验室 5#	实验室 6#	RSD /(%)
1#	NNN	82.13	92.79	87.28	96.00	99.96	79.69	8.90
	NNK	37.35	35.95	38.09	34.38	31.26	35.91	6.88
	NAT	81.35	85.81	89.70	85.52	77.42	82.39	5.08
	NAB	10.29	11.82	10.78	11.83	10.86	10.42	6.12
2#	NNN	5077.58	4885.70	4938.58	4695.92	4666.76	4834.89	3.17
	NNK	271.58	261.52	273.06	296.21	274.68	268.81	4.26
	NAT	1249.07	1272.05	1225.74	1232.50	1347.31	1201.62	4.07
	NAB	32.96	32.54	34.93	35.87	38.45	34.50	6.16
3#	NNN	167.92	190.59	186.03	169.91	182.12	185.42	5.14
	NNK	38.65	39.67	42.56	46.68	44.99	43.16	7.18
	NAT	209.84	218.30	201.97	212.12	215.95	216.72	2.84
	NAB	13.44	12.60	13.38	12.06	12.93	14.40	6.13
4#	NNN	34.78	33.45	36.88	37.16	36.58	35.60	4.00
	NNK	22.04	21.80	21.06	20.09	19.08	19.81	5.69
	NAT	7.84	7.71	8.05	8.31	8.51	7.62	4.36
	NAB	8.73	9.06	8.36	9.12	9.03	8.86	3.21
5#	NNN	35.07	31.57	32.48	31.69	28.87	29.74	6.90
	NNK	24.03	24.84	23.23	22.21	22.57	25.06	5.00
	NAT	3.60	3.22	3.43	3.22	3.39	3.20	4.81
	NAB	7.47	8.73	8.29	8.19	7.49	9.05	7.78
6#	NNN	1499.01	1694.03	1610.82	1572.87	1553.90	1670.78	4.59
	NNK	128.34	144.64	137.59	141.62	142.70	130.75	4.87
	NAT	804.25	807.62	747.69	710.69	727.93	691.22	6.48
	NAB	28.84	27.28	27.29	28.99	29.92	25.19	6.04
7#	NNN	2997.40	2982.98	3074.21	2833.30	2865.58	3052.17	3.30
	NNK	735.94	758.65	719.11	719.39	693.48	694.88	3.45
	NAT	1110.18	1057.97	1115.68	1220.05	1225.11	1066.58	6.48
	NAB	56.15	50.21	52.90	53.57	50.58	52.97	4.11
8#	NNN	16.91	15.19	16.15	16.32	15.96	16.14	3.45
	NNK	7.52	7.78	8.00	7.35	7.38	7.40	3.46
	NAT	7.41	6.98	7.67	7.20	6.83	7.49	4.38
	NAB	2.76	3.15	2.98	3.03	3.22	2.69	7.07

续表

编号	目标分析物	实验室1#	实验室2#	实验室3#	实验室4#	实验室5#	实验室6#	RSD/(%)
9#	NNN	11.93	11.30	11.93	12.58	12.20	13.08	5.03
	NNK	6.58	6.71	6.80	7.18	7.71	7.32	6.11
	NAT	14.29	13.30	13.79	13.76	12.78	14.89	5.34
	NAB	2.95	3.32	3.26	2.97	2.89	3.12	5.84
10#	NNN	13.17	11.46	12.53	12.55	11.94	12.10	4.82
	NNK	7.79	7.55	7.33	6.76	6.85	7.51	5.61
	NAT	14.75	14.26	13.91	14.30	13.24	12.76	5.34
	NAB	2.99	3.19	2.93	3.06	2.78	2.99	4.51

第四节　实际样品分析

为了证明本方法在实际样品中应用的效果，采用本方法分析烟草、卷烟主流烟气和无烟气烟草制品。为了比较方法的准确性，同时采用现行标准方法《烟草及烟草制品　烟草特有 N-亚硝胺的测定　高效液相色谱-串联质谱联用法》（YQ/T 29—2013），中国烟草总公司企业标准）和 Cooperation Centre for Scientific Research Relative to Tobacco（CORESTA）推荐方法（CORESTA Recommended Method No. 75，Determination of Tobacco Specific Nitrosamines in Mainstream Cigarette Smoke by LC-MS/MS（second edition）. 2012；CORESTA Recommended Method No. 72，Determination of Tobacco Specific Nitrosamines in Smokeless Tobacco Products by LC-MS/MS（third edition）. 2016）对相同样品进行分析。结果如表 4-8 所示。本方法和标准方法及 CORESTA 推荐方法的检测结果不存在明显差异，再次证明了该方法对不同样品中烟草特有 N-亚硝胺分析的可行性。

表 4-8　采用本方法和标准方法及 CORESTA 推荐方法对实际样品的分析结果[a]

样品		NNN	NNK	NAT	NAB
烟叶	A	4.1(4.5)	19.6(18.4)	28.6(31.5)	31.5(29.1)
	B	21.5(19.3)	27.2(30.0)	76.1(78.9)	5.3(4.7)
	C	39.4(41.2)	77.8(72.7)	131.1(119.9)	50.5(54.1)
	D	161.1(153.8)	193.5(200.2)	394.7(373.1)	15.4(17.0)
	1R6F	2530(2641)	583.8(570.7)	2492(2244)	124.2(122.2)
	1R5F	3487(3576)	695.1(714.5)	2226(2314)	129.7(118.5)
	RTDAC	4375(4420)	1558(1503)	4607(4558)	239.1(217.1)
	RT2	128.9(129.8)	86.4(83.3)	242.9(265.7)	11.2(11.9)

续表

样品		NNN	NNK	NAT	NAB
主流烟气	3R4F	94.6(99.2)	89.7(92.9)	100.8(109.6)	10.8(13.5)
	Chinese Virginia	3.4(3.3)	4.1(4.7)	9.7(10.2)	1.8(1.4)
无烟气烟草[b]	CRP 1	628.4(671)	186.8(205)	525.4(516)	29.0(34)
	CRP 2	1658.1(1823)	411.4(437)	1839.3(1725)	184.2(152)
	CRP 3	7833.7(8249)	4191.7(4138)	5877.0(5566)	433.5(396)
	CRP 4	1846.6(1948)	412.3(440)	1120.6(1222)	52.1(60)

注：[a] 括号中为标准方法或 CORESTA 推荐方法结果；烟草或无烟气烟草制品单位为 g/g，卷烟主流烟气单位为 ng/支。

[b] 数值来自 CORESTA Recommended Method No. 72。

为了进一步证明所建立的分析方法的可靠性和普适性，项目组采用所建立的方法测定了 616 个试样，样品包括国内外烟叶样品、国内外卷烟填充物、无烟气烟草制品、燃烧型戒烟产品和电子烟烟液等。结果发现：在烟叶、卷烟填充物和无烟气烟草制品中均检测到了 TSNAs；32 个燃烧型戒烟产品中有 21 个检测到了 TSNAs，检出率为 65.6%；212 个电子烟烟液产品中有 62 个检测到了 TSNAs，检出率为 29.2%。结果详见表 4-9。

表 4-9　普查结果　　数值单位：ng/g

编号	NNN	NNK	NAT	NAB	总量
1	未检出	3.75	7.99	39.33	51.06
2	未检出	未检出	10.09	未检出	10.09
3	2.45	4.66	21.82	未检出	28.93
4	未检出	1.69	9.19	33.23	44.11
5	未检出	4.14	19.90	40.43	64.46
6	未检出	未检出	8.02	未检出	8.02
7	未检出	1.48	24.88	未检出	26.36
8	未检出	未检出	6.17	未检出	6.17
9	未检出	0.87	9.30	未检出	10.17
10	未检出	2.47	11.77	未检出	14.24
11	未检出	未检出	9.41	未检出	9.41
12	未检出	10.41	13.86	未检出	24.28
13	6.70	26.38	24.12	0.15	57.34
14	11.47	23.71	30.52	未检出	65.70
15	未检出	6.03	11.19	28.84	46.06

续表

编号	NNN	NNK	NAT	NAB	总量
16	未检出	7.54	11.38	未检出	18.92
17	24.16	110.71	72.70	1.04	208.61
18	未检出	4.54	9.31	未检出	13.85
19	未检出	未检出	3.70	未检出	3.70
20	未检出	未检出	8.64	49.74	58.39
21	3.73	9.20	14.82	0.49	28.24
22	未检出	3.38	28.43	未检出	31.81
23	未检出	2.09	10.67	1.88	14.64
24	未检出	7.68	11.36	未检出	19.04
25	12.89	102.47	62.07	0.78	178.21
26	4.02	14.23	15.08	未检出	33.32
27	47.53	103.14	167.47	1.66	319.80
28	0.27	16.23	24.01	未检出	40.51
29	未检出	8.00	20.18	44.36	72.54
30	4.14	19.60	28.57	31.46	83.77
31	4.70	56.44	38.57	0.07	99.79
32	3.25	17.89	22.01	未检出	43.15
33	未检出	6.06	10.21	0.22	16.50
34	2.32	17.50	30.99	未检出	50.82
35	8.92	55.01	42.68	1.35	107.96
36	44.69	516.87	190.03	4.96	756.55
37	12.27	90.26	82.23	未检出	184.76
38	21.48	27.21	76.09	5.30	130.07
39	未检出	4.70	19.95	未检出	24.65
40	15.44	37.79	78.85	1.60	133.67
41	6.48	20.00	37.38	0.06	63.92
42	未检出	17.43	27.95	未检出	45.38
43	未检出	12.64	20.58	37.01	70.23
44	3.20	5.59	27.78	40.77	77.34

续表

编号	NNN	NNK	NAT	NAB	总量
45	3.77	6.47	18.61	未检出	28.86
46	5.25	6.95	17.52	1.04	30.76
47	13.81	29.39	66.03	未检出	109.23
48	7.10	25.04	28.25	未检出	60.39
49	9.40	26.03	29.31	37.14	101.89
50	4.19	21.06	40.75	未检出	66.00
51	17.93	54.67	76.29	未检出	148.89
52	未检出	6.72	20.16	未检出	26.88
53	2.42	23.65	27.46	4.99	58.53
54	未检出	9.07	24.37	未检出	33.44
55	14.62	9.82	16.12	未检出	40.55
56	33.67	47.33	107.69	8.32	197.01
57	10.97	23.39	80.46	2.06	116.88
58	0.18	9.79	23.01	未检出	32.98
59	12.85	28.66	59.48	未检出	100.99
60	39.37	77.78	131.11	50.48	298.73
61	16.85	25.10	51.43	未检出	93.38
62	196.74	209.36	403.33	17.03	826.45
63	161.13	193.47	394.66	15.43	764.69
64	59.00	83.90	127.23	3.47	273.60
65	43.25	90.43	128.44	5.64	267.76
66	15.87	47.01	44.98	未检出	107.86
67	未检出	未检出	11.45	未检出	11.45
68	23.27	38.88	88.75	0.72	151.62
69	25.84	40.91	60.04	未检出	126.78
70	90.72	84.15	155.77	2.72	333.36
71	20.64	16.23	61.54	1.97	100.37
72	16.33	12.67	61.74	1.60	92.34
73	23.39	16.03	40.29	0.44	80.15

续表

编号	NNN	NNK	NAT	NAB	总量
74	9.71	25.75	37.17	3.23	75.85
75	4.73	18.39	31.42	未检出	54.54
76	11.06	23.09	24.59	未检出	58.74
77	2.13	9.16	14.60	未检出	25.89
78	1.63	23.05	26.54	44.39	95.61
79	4.69	35.59	43.06	39.77	123.12
80	5.59	162.66	20.20	未检出	188.45
81	4.74	8.03	16.72	未检出	29.49
82	8.50	29.98	32.43	未检出	70.91
83	14.30	21.39	28.25	0.27	64.21
84	11.52	43.29	65.60	1.53	121.94
85	86.52	88.95	178.81	5.59	359.87
86	未检出	5.72	6.95	未检出	12.66
87	未检出	18.06	21.88	未检出	39.94
88	7.04	23.43	36.48	0.86	67.81
89	23.19	35.69	45.13	1.09	105.10
90	3.14	17.30	34.59	未检出	55.02
91	11.15	30.71	63.87	0.56	106.29
92	6.16	43.22	19.25	未检出	68.63
93	4.04	37.25	35.37	未检出	76.65
94	28.98	71.87	91.44	1.29	193.57
95	未检出	13.37	16.14	未检出	29.52
96	7.52	20.06	55.35	2.06	84.99
97	20.04	69.99	45.06	4.42	139.50
98	7.37	29.40	37.94	未检出	74.71
99	5.56	8.68	31.52	未检出	45.76
100	5.95	4.02	27.78	未检出	37.75
101	8.08	9.60	41.68	未检出	59.35
102	3.74	29.35	33.82	38.24	105.15

续表

编号	NNN	NNK	NAT	NAB	总量
103	12.72	56.37	60.54	0.90	130.53
104	22.43	63.89	94.25	39.90	220.47
105	42.06	108.41	110.59	4.52	265.58
106	27.12	61.34	79.54	3.61	171.62
107	26.47	57.85	98.25	1.05	183.63
108	33.84	28.91	74.00	2.81	139.55
109	77.87	55.93	203.96	6.67	344.44
110	21.08	14.00	26.15	31.78	93.01
111	13.95	7.63	18.41	未检出	39.99
112	4.23	10.44	28.17	46.85	89.69
113	未检出	11.30	27.33	未检出	38.63
114	未检出	7.44	16.33	未检出	23.77
115	52.57	46.96	80.92	未检出	180.45
116	10.51	24.92	47.34	未检出	82.78
117	73.19	54.38	239.27	7.38	374.22
118	198.62	130.97	173.29	6.02	508.89
119	73.21	87.50	179.46	8.81	348.99
120	121.02	60.97	328.07	10.89	520.95
121	28.83	37.68	61.94	0.54	128.98
122	9.32	11.24	40.77	未检出	61.33
123	45.99	22.17	89.86	1.85	159.87
124	53.45	61.21	96.75	未检出	211.41
125	53.69	42.95	97.95	1.43	196.03
126	27.90	34.84	81.92	45.51	190.18
127	91.22	136.67	194.50	5.13	427.52
128	113.85	295.70	236.43	43.67	689.64
129	206.59	115.87	382.11	12.61	717.18
130	100.12	170.35	228.03	11.30	509.80
131	93.67	186.75	207.18	6.04	493.64

续表

编号	NNN	NNK	NAT	NAB	总量
132	174.25	329.92	547.73	14.35	1066.24
133	39.37	31.99	67.98	0.22	139.56
134	49.02	45.85	97.17	43.25	235.29
135	62.59	34.25	170.06	4.58	271.48
136	25.39	24.12	89.58	1.97	141.05
137	5.24	15.63	42.89	未检出	63.76
138	264.17	286.72	276.97	12.95	840.80
139	49.61	171.38	159.65	4.27	384.91
140	68.42	169.21	194.26	6.93	438.82
141	64.30	32.59	100.67	1.82	199.37
142	530.14	268.85	631.11	18.52	1448.63
143	606.35	290.48	688.89	22.00	1607.71
144	261.00	107.47	155.00	2.92	526.39
145	89.62	162.12	164.15	3.39	419.29
146	45.32	33.01	132.35	5.22	215.91
147	11.22	71.79	54.00	未检出	137.01
148	7.20	57.85	38.76	1.45	105.26
149	17.56	72.09	50.58	未检出	140.23
150	未检出	15.50	13.12	未检出	28.62
151	0.63	23.40	15.62	未检出	39.65
152	15.37	44.59	53.90	1.93	115.79
153	20.46	74.06	81.89	36.54	212.95
154	2.93	22.93	28.64	未检出	54.51
155	0.27	14.62	18.85	1.56	35.30
156	5.22	15.76	42.65	未检出	63.63
157	未检出	9.13	20.80	未检出	29.93
158	未检出	20.81	23.80	未检出	44.61
159	56.14	68.19	92.61	3.24	220.17
160	17.01	158.27	82.83	0.33	258.44

续表

编号	NNN	NNK	NAT	NAB	总量
161	6.32	22.31	34.36	未检出	62.99
162	50.45	67.27	115.14	4.79	237.65
163	未检出	24.90	30.63	51.89	107.42
164	0.61	23.57	22.79	未检出	46.97
165	0.14	11.93	33.87	1.37	47.32
166	未检出	22.57	15.36	未检出	37.92
167	未检出	16.00	10.88	未检出	26.88
168	未检出	12.59	12.89	未检出	25.47
169	3.65	37.69	33.66	未检出	75.00
170	5.78	44.36	57.17	39.36	146.67
171	405.11	163.29	1249.61	39.89	1857.90
172	533.41	121.92	1269.05	52.75	1977.14
173	3.12	31.29	43.60	1.65	79.67
174	未检出	37.43	34.98	36.21	108.62
175	未检出	14.18	26.83	35.00	76.01
176	未检出	27.45	17.14	未检出	44.59
177	未检出	12.91	25.94	29.64	68.49
178	0.66	24.17	33.36	43.44	101.64
179	37.43	79.03	65.66	0.65	182.77
180	2.05	19.97	32.40	3.61	58.03
181	15.04	38.78	31.31	未检出	85.12
182	40.75	11.04	82.74	4.26	138.79
183	1.53	8.22	47.08	0.61	57.45
184	43.63	48.98	143.07	5.85	241.53
185	7.78	32.68	22.85	未检出	63.31
186	37.83	162.43	174.51	2.06	376.82
187	7.91	37.67	22.60	32.74	100.93
188	18.01	57.15	38.92	0.67	114.76
189	17.59	54.58	38.30	未检出	110.47

续表

编号	NNN	NNK	NAT	NAB	总量
190	未检出	25.70	34.46	53.81	113.97
191	0.60	21.54	20.53	未检出	42.66
192	17.46	75.23	44.11	35.95	172.75
193	未检出	13.18	19.07	未检出	32.25
194	未检出	31.83	41.76	166.76	240.36
195	2.08	11.32	16.77	未检出	30.18
196	23.99	77.11	89.40	未检出	190.51
197	未检出	4.71	16.59	未检出	21.30
198	1.85	35.21	35.21	39.92	112.19
199	3.81	34.26	35.86	未检出	73.94
200	2.12	38.59	44.91	47.90	133.53
201	5.78	62.66	57.18	未检出	125.61
202	未检出	11.23	6.80	2.16	20.19
203	未检出	11.56	23.28	未检出	34.84
204	未检出	12.81	11.07	37.71	61.60
205	未检出	0.10	9.39	未检出	9.49
206	未检出	8.60	18.40	未检出	27.00
207	未检出	26.13	33.49	4.53	64.15
208	未检出	11.25	16.44	未检出	27.69
209	29.17	55.35	102.25	0.86	187.64
210	48.63	79.06	124.11	42.96	294.75
211	47.53	62.62	140.98	2.11	253.23
212	46.34	47.30	127.84	2.62	224.10
213	105.68	137.97	237.38	6.84	487.86
214	122.57	157.71	261.98	10.08	552.34
215	340.87	337.78	629.07	29.75	1337.47
216	5.54	12.81	36.06	未检出	54.41
217	33.20	35.33	80.72	0.03	149.28
218	28.88	27.48	76.25	未检出	132.62

续表

编号	NNN	NNK	NAT	NAB	总量
219	33.42	29.54	53.09	55.90	171.96
220	48.63	31.80	86.35	未检出	166.77
221	23.64	31.20	82.22	0.90	137.96
222	83.59	85.73	138.09	未检出	307.41
223	4.28	16.92	29.88	未检出	51.08
224	28.80	51.27	49.66	未检出	129.73
225	11.58	33.54	35.32	未检出	80.44
226	11.70	40.43	29.60	0.03	81.76
227	15.83	61.68	57.32	2.79	137.62
228	3.31	33.70	30.64	43.68	111.33
229	未检出	4.79	21.55	27.93	54.27
230	21.61	31.63	70.73	2.09	126.05
231	2.04	13.45	27.90	5.05	48.43
232	3.45	14.07	26.90	1.54	45.96
233	81.03	51.72	206.03	6.55	345.34
234	65.87	94.78	204.17	5.87	370.70
235	125.88	87.44	325.70	11.77	550.79
236	21.59	52.18	70.81	38.70	183.29
237	88.44	187.86	202.60	9.34	488.24
238	137.20	194.66	198.48	9.59	539.93
239	41.23	49.42	99.15	4.15	193.96
240	63.73	92.99	174.97	3.74	335.43
241	57.36	46.82	136.43	5.02	245.64
242	23.19	30.01	67.92	5.03	126.15
243	69.33	76.99	152.15	7.06	305.52
244	78.44	102.56	193.78	10.17	384.95
245	75.27	51.71	141.34	33.90	302.21
246	96.92	66.08	258.44	10.31	431.75
247	166.57	102.39	394.03	17.52	680.51

续表

编号	NNN	NNK	NAT	NAB	总量
248	267.23	100.25	491.85	24.06	883.40
249	142.30	82.04	358.00	56.09	638.42
250	150.24	113.12	317.70	10.12	591.18
251	107.37	200.35	310.88	9.21	627.81
252	87.26	204.84	284.14	8.88	585.12
253	146.43	188.39	192.86	7.47	535.15
254	145.13	188.01	374.81	8.61	716.55
255	93.04	144.30	215.19	6.01	458.54
256	144.49	82.91	339.44	12.74	579.57
257	76.97	70.87	182.11	6.88	336.83
258	82.44	64.00	260.88	8.24	415.57
259	80.69	85.35	239.44	5.45	410.92
260	133.02	228.33	320.67	13.00	695.01
261	1516.82	422.02	1556.57	76.76	3572.17
262	130.70	63.32	302.06	7.55	503.63
263	410.24	96.01	570.26	20.72	1097.24
264	41.98	31.70	134.21	4.08	211.96
265	78.72	61.65	279.48	9.20	429.05
266	116.94	45.28	323.84	9.75	495.80
267	58.75	48.18	154.23	2.94	264.10
268	105.90	51.02	232.28	6.88	396.08
269	92.99	54.06	242.51	5.68	395.24
270	65.88	53.71	199.70	5.73	325.01
271	74.71	37.21	197.09	4.74	313.75
272	2543.27	175.12	2255.79	78.91	5053.09
273	153.33	60.57	213.90	6.79	434.59
274	91.53	47.77	209.24	5.73	354.27
275	147.79	42.31	205.60	5.42	401.13
276	85.71	36.40	229.23	4.43	355.77

续表

编号	NNN	NNK	NAT	NAB	总量
277	58.35	25.64	185.11	3.36	272.46
278	91.71	57.80	228.25	6.96	384.72
279	2061.50	297.14	1851.27	79.39	4289.30
280	39.04	38.75	111.21	2.32	191.32
281	59.01	59.01	215.79	4.57	338.39
282	70.71	47.24	180.04	4.28	302.26
283	773.34	154.35	657.03	24.99	1609.71
284	80.83	54.38	206.84	5.56	347.61
285	700.47	269.34	984.76	48.07	2002.64
286	92.91	60.55	229.74	5.31	388.51
287	140.75	67.97	312.78	11.97	533.47
288	73.53	55.08	208.99	4.23	341.83
289	1160.49	289.20	1182.10	62.65	2694.44
290	87.67	41.31	197.41	6.94	333.33
291	92.20	56.63	222.95	8.21	379.99
292	61.87	46.55	161.10	3.31	272.83
293	72.24	34.55	148.87	4.55	260.21
294	113.69	29.29	209.40	7.51	359.89
295	72.22	64.33	195.52	8.01	340.08
296	35.46	27.64	99.65	0.50	163.25
297	86.50	50.33	231.77	6.60	375.20
298	248.29	60.21	369.34	16.33	694.17
299	80.46	49.51	195.11	6.37	331.45
300	5613.50	214.42	1828.22	68.71	7724.85
301	59.65	30.27	153.69	4.88	248.49
302	95.28	43.20	219.06	5.64	363.17
303	68.98	43.87	189.61	5.51	307.97
304	116.91	49.65	273.10	7.70	447.36
305	1483.72	86.14	1022.76	34.28	2626.91

续表

编号	NNN	NNK	NAT	NAB	总量
306	250.87	138.41	455.59	22.00	866.87
307	44.60	30.66	154.85	3.50	233.60
308	39.88	44.64	114.29	1.10	199.91
309	71.00	45.67	198.94	3.13	318.74
310	80.01	40.16	206.93	6.68	333.78
311	195.79	66.96	452.81	17.63	733.20
312	71.04	61.97	181.98	6.83	321.83
313	84.19	44.06	233.86	6.40	368.50
314	113.04	38.28	259.27	9.00	419.59
315	58.21	40.75	192.71	5.18	296.84
316	131.77	68.42	271.78	8.39	480.36
317	136.92	129.15	301.94	11.90	579.91
318	53.86	29.13	136.69	4.25	223.94
319	181.66	150.99	350.47	15.57	698.69
320	156.35	135.43	334.83	12.71	639.31
321	791.15	146.41	703.24	35.47	1676.27
322	932.53	145.73	815.59	41.38	1935.23
323	1863.45	290.32	1559.66	88.94	3802.38
324	1245.83	183.09	1009.40	46.07	2484.39
325	1191.72	164.04	1089.74	52.45	2497.96
326	884.72	309.80	1057.49	55.41	2307.42
327	1262.46	528.54	1621.87	75.81	3488.67
328	694.58	234.06	875.36	42.50	1846.50
329	814.62	328.15	1407.60	64.77	2615.14
330	979.84	353.49	1469.77	75.35	2878.45
331	796.75	517.14	1283.82	59.23	2656.95
332	754.49	206.29	859.28	43.71	1863.77
333	1204.78	1183.86	2005.98	142.60	4537.22
334	1253.31	411.89	1170.93	62.67	2898.79

续表

编号	NNN	NNK	NAT	NAB	总量
335	904.54	179.43	771.95	42.43	1898.35
336	1000.59	186.46	712.59	36.52	1936.16
337	860.31	195.74	1028.18	54.56	2138.79
338	309.28	144.03	418.44	27.26	899.00
339	332.85	216.50	512.30	30.10	1091.75
340	996.32	352.54	1278.36	63.76	2690.99
341	936.00	556.22	1136.36	58.61	2687.20
342	647.35	310.38	1007.98	42.86	2008.57
343	160.12	80.64	323.70	14.39	578.84
344	103.04	69.47	272.91	10.16	455.58
345	108.60	84.20	255.34	8.94	457.08
346	130.48	94.64	315.46	10.12	550.70
347	62.08	64.24	151.33	6.89	284.53
348	91.07	47.04	251.51	8.08	397.71
349	1071.84	287.66	1344.15	64.02	2767.67
350	116.53	57.21	289.37	12.83	475.94
351	639.78	213.46	697.39	36.39	1587.02
352	68.92	54.79	166.09	4.01	293.80
353	未检出	未检出	未检出	未检出	未检出
354	未检出	未检出	未检出	未检出	未检出
355	155.92	43.33	319.69	10.78	529.72
356	5.10	3.87	42.14	未检出	51.11
357	4.73	2.94	44.93	未检出	52.60
358	51.26	29.75	127.82	1.18	210.01
359	5.92	3.46	39.81	未检出	49.19
360	55.11	34.40	142.28	2.17	233.97
361	10.39	1.41	51.28	未检出	63.08
362	254.90	13.19	427.55	19.68	715.31
363	42.23	16.40	104.42	0.59	163.63

续表

编号	NNN	NNK	NAT	NAB	总量
364	未检出	未检出	未检出	未检出	未检出
365	未检出	未检出	未检出	未检出	未检出
366	225.97	85.11	413.89	19.83	744.79
367	未检出	未检出	未检出	未检出	未检出
368	未检出	未检出	未检出	未检出	未检出
369	95.73	6.92	231.89	5.76	340.30
370	36.38	17.17	105.54	0.42	159.51
371	未检出	未检出	未检出	未检出	未检出
372	73.34	45.62	182.16	3.48	304.60
373	未检出	未检出	未检出	未检出	未检出
374	161.78	33.23	319.51	15.81	530.33
375	52.63	29.08	136.64	4.89	223.25
376	232.35	26.43	386.68	18.16	663.62
377	208.01	31.13	457.76	19.79	716.69
378	未检出	未检出	2.55	未检出	2.55
379	175.35	57.69	350.70	15.93	599.67
380	未检出	未检出	未检出	未检出	未检出
381	9.21	2.01	64.95	1.50	77.66
382	28.03	8.64	93.65	3.04	133.36
383	517.64	22.91	768.22	40.22	1348.99
384	未检出	未检出	未检出	未检出	未检出
385	1606.56	141.31	1308.20	39.34	3095.41
386	157.64	149.10	210.84	15.34	532.91
387	4.14	10.54	11.18	未检出	25.86
388	5.20	1.21	24.25	未检出	30.65
389	551.31	62.44	441.71	9.43	1064.90
390	234.08	18.60	324.86	7.89	585.43
391	1.21	5.68	9.78	未检出	16.67
392	20.70	11.99	55.56	未检出	88.24

续表

编号	NNN	NNK	NAT	NAB	总量
393	455.31	58.68	374.37	9.75	898.11
394	717.67	43.33	426.54	12.32	1199.86
395	795.68	14.21	200.72	2.31	1012.92
396	1342.93	4.19	77.70	未检出	1424.82
397	1190.71	103.37	1007.52	141.64	2443.25
398	928.94	16.79	290.09	7.17	1242.99
399	509.21	25.03	348.41	5.26	887.91
400	628.85	21.65	560.78	13.65	1224.93
401	201.24	41.64	160.10	7.40	410.38
402	4043.59	1932.70	4861.34	354.74	111 92.37
403	6410.81	2333.75	4989.79	388.41	141 22.76
404	4004.20	726.96	1825.45	156.76	6713.37
405	未检出	未检出	未检出	未检出	未检出
406	未检出	未检出	未检出	未检出	未检出
407	未检出	未检出	未检出	未检出	未检出
408	未检出	未检出	未检出	未检出	未检出
409	未检出	未检出	未检出	未检出	未检出
410	未检出	未检出	未检出	未检出	未检出
411	未检出	未检出	未检出	未检出	未检出
412	未检出	未检出	未检出	未检出	未检出
413	未检出	未检出	未检出	未检出	未检出
414	未检出	未检出	未检出	未检出	未检出
415	未检出	未检出	未检出	未检出	未检出
416	未检出	未检出	未检出	未检出	未检出
417	未检出	未检出	未检出	未检出	未检出
418	未检出	未检出	未检出	未检出	未检出
419	未检出	未检出	未检出	未检出	未检出
420	未检出	未检出	未检出	未检出	未检出
421	未检出	未检出	未检出	未检出	未检出

续表

编号	NNN	NNK	NAT	NAB	总量
422	未检出	未检出	未检出	未检出	未检出
423	未检出	未检出	未检出	未检出	未检出
424	未检出	未检出	未检出	未检出	未检出
425	未检出	未检出	未检出	未检出	未检出
426	未检出	未检出	未检出	未检出	未检出
427	未检出	0.33	未检出	未检出	0.33
428	未检出	未检出	未检出	未检出	未检出
429	未检出	未检出	0.80	未检出	0.80
430	未检出	未检出	未检出	未检出	未检出
431	未检出	未检出	未检出	未检出	未检出
432	未检出	3.19	5.41	未检出	8.60
433	0.04	0.45	5.61	未检出	6.10
434	未检出	未检出	4.65	未检出	4.65
435	2.14	未检出	4.31	未检出	6.45
436	未检出	未检出	未检出	未检出	未检出
437	未检出	未检出	未检出	未检出	未检出
438	未检出	未检出	未检出	未检出	未检出
439	1.54	0.98	18.79	未检出	21.32
440	未检出	未检出	未检出	未检出	未检出
441	未检出	未检出	4.64	未检出	4.64
442	未检出	未检出	未检出	未检出	未检出
443	未检出	未检出	4.13	未检出	4.13
444	未检出	未检出	未检出	未检出	未检出
445	未检出	未检出	未检出	未检出	未检出
446	未检出	未检出	2.59	未检出	2.59
447	未检出	未检出	未检出	未检出	未检出
448	未检出	未检出	未检出	未检出	未检出
449	未检出	未检出	11.50	未检出	11.50
450	未检出	未检出	未检出	未检出	未检出

续表

编号	NNN	NNK	NAT	NAB	总量
451	未检出	未检出	未检出	未检出	未检出
452	未检出	未检出	未检出	未检出	未检出
453	未检出	未检出	未检出	未检出	未检出
454	未检出	未检出	未检出	未检出	未检出
455	未检出	未检出	未检出	未检出	未检出
456	未检出	未检出	未检出	未检出	未检出
457	未检出	未检出	未检出	未检出	未检出
458	未检出	未检出	未检出	未检出	未检出
459	未检出	未检出	未检出	未检出	未检出
460	未检出	未检出	未检出	未检出	未检出
461	未检出	未检出	0.09	未检出	0.09
462	未检出	未检出	0.41	未检出	0.41
463	未检出	未检出	未检出	未检出	未检出
464	未检出	未检出	未检出	未检出	未检出
465	未检出	未检出	未检出	未检出	未检出
466	未检出	未检出	未检出	未检出	未检出
467	未检出	未检出	未检出	未检出	未检出
468	未检出	未检出	未检出	未检出	未检出
469	未检出	未检出	未检出	未检出	未检出
470	未检出	未检出	2.23	未检出	2.23
471	1.02	1.51	未检出	未检出	2.54
472	未检出	13.14	未检出	未检出	13.14
473	未检出	未检出	未检出	未检出	未检出
474	未检出	未检出	未检出	未检出	未检出
475	未检出	未检出	未检出	未检出	未检出
476	未检出	未检出	未检出	未检出	未检出
477	未检出	未检出	未检出	未检出	未检出
478	未检出	未检出	未检出	未检出	未检出
479	未检出	未检出	未检出	未检出	未检出

续表

编号	NNN	NNK	NAT	NAB	总量
480	未检出	未检出	未检出	未检出	未检出
481	未检出	未检出	未检出	未检出	未检出
482	未检出	未检出	未检出	未检出	未检出
483	未检出	未检出	未检出	未检出	未检出
484	未检出	未检出	未检出	未检出	未检出
485	未检出	未检出	未检出	未检出	未检出
486	未检出	未检出	未检出	未检出	未检出
487	未检出	未检出	未检出	未检出	未检出
488	未检出	未检出	未检出	未检出	未检出
489	未检出	未检出	未检出	未检出	未检出
490	未检出	未检出	未检出	未检出	未检出
491	未检出	未检出	未检出	未检出	未检出
492	未检出	未检出	未检出	未检出	未检出
493	未检出	未检出	未检出	未检出	未检出
494	未检出	未检出	未检出	未检出	未检出
495	未检出	未检出	未检出	未检出	未检出
496	未检出	未检出	未检出	未检出	未检出
497	未检出	未检出	未检出	未检出	未检出
498	未检出	未检出	未检出	未检出	未检出
499	未检出	未检出	未检出	未检出	未检出
500	未检出	未检出	未检出	未检出	未检出
501	未检出	未检出	1.72	未检出	1.72
502	未检出	未检出	4.33	未检出	4.33
503	未检出	未检出	未检出	未检出	未检出
504	未检出	未检出	未检出	未检出	未检出
505	未检出	未检出	未检出	未检出	未检出
506	未检出	未检出	未检出	未检出	未检出
507	未检出	3.22	0.04	未检出	3.26
508	未检出	未检出	未检出	未检出	未检出

续表

编号	NNN	NNK	NAT	NAB	总量
509	未检出	未检出	未检出	未检出	未检出
510	未检出	未检出	未检出	未检出	未检出
511	未检出	未检出	未检出	未检出	未检出
512	未检出	未检出	未检出	未检出	未检出
513	未检出	未检出	0.15	未检出	0.15
514	未检出	未检出	未检出	未检出	未检出
515	未检出	0.71	未检出	未检出	0.71
516	未检出	未检出	未检出	未检出	未检出
517	未检出	未检出	未检出	未检出	未检出
518	未检出	未检出	未检出	未检出	未检出
519	未检出	1.07	0.74	未检出	1.81
520	未检出	0.29	0.47	未检出	0.76
521	未检出	未检出	1.13	未检出	1.13
522	未检出	未检出	0.82	未检出	0.82
523	未检出	未检出	未检出	未检出	未检出
524	未检出	未检出	未检出	未检出	未检出
525	未检出	未检出	未检出	未检出	未检出
526	未检出	未检出	未检出	未检出	未检出
527	未检出	未检出	未检出	未检出	未检出
528	未检出	未检出	未检出	未检出	未检出
529	未检出	未检出	未检出	未检出	未检出
530	未检出	0.18	0.91	未检出	1.09
531	未检出	未检出	0.07	未检出	0.07
532	未检出	未检出	未检出	未检出	未检出
533	未检出	未检出	未检出	未检出	未检出
534	未检出	未检出	未检出	未检出	未检出
535	未检出	未检出	未检出	未检出	未检出
536	未检出	未检出	未检出	未检出	未检出
537	未检出	未检出	未检出	未检出	未检出

续表

编号	NNN	NNK	NAT	NAB	总量
538	未检出	未检出	未检出	未检出	未检出
539	未检出	未检出	未检出	未检出	未检出
540	未检出	未检出	未检出	未检出	未检出
541	未检出	未检出	未检出	未检出	未检出
542	未检出	未检出	未检出	未检出	未检出
543	未检出	未检出	未检出	未检出	未检出
544	未检出	未检出	未检出	未检出	未检出
545	未检出	未检出	未检出	未检出	未检出
546	未检出	未检出	7.97	未检出	7.97
547	未检出	0.05	8.37	未检出	8.41
548	未检出	未检出	9.08	未检出	9.08
549	未检出	未检出	1.63	未检出	1.63
550	未检出	未检出	7.44	未检出	7.44
551	未检出	0.16	7.62	未检出	7.79
552	未检出	未检出	3.59	未检出	3.59
553	未检出	未检出	3.90	未检出	3.90
554	未检出	0.17	19.21	0.42	19.80
555	未检出	未检出	未检出	未检出	未检出
556	6.09	1.60	15.48	未检出	23.17
557	29.35	14.87	53.91	2.03	100.17
558	0.11	1.84	11.60	0.09	13.64
559	0.20	0.13	18.57	0.15	19.06
560	11.64	2.19	48.66	2.27	64.76
561	未检出	0.29	19.36	0.46	20.10
562	0.41	0.45	23.37	0.46	24.70
563	未检出	未检出	未检出	未检出	未检出
564	未检出	未检出	0.22	未检出	0.22
565	未检出	未检出	0.30	未检出	0.30
566	未检出	未检出	1.08	未检出	1.08

续表

编号	NNN	NNK	NAT	NAB	总量
567	未检出	未检出	0.56	未检出	0.56
568	未检出	未检出	0.93	未检出	0.93
569	未检出	未检出	未检出	未检出	未检出
570	未检出	未检出	未检出	未检出	未检出
571	未检出	未检出	未检出	未检出	未检出
572	未检出	未检出	未检出	未检出	未检出
573	未检出	未检出	未检出	未检出	未检出
574	未检出	未检出	未检出	未检出	未检出
575	未检出	未检出	未检出	未检出	未检出
576	未检出	未检出	未检出	未检出	未检出
577	未检出	0.71	0.29	未检出	1.00
578	未检出	未检出	未检出	未检出	未检出
579	未检出	0.33	8.89	未检出	9.21
580	未检出	未检出	未检出	未检出	未检出
581	未检出	未检出	0.04	未检出	0.04
582	未检出	未检出	未检出	未检出	未检出
583	4.63	2.51	1.02	未检出	8.16
584	未检出	未检出	未检出	未检出	未检出
585	未检出	0.01	3.65	未检出	3.66
586	未检出	未检出	未检出	未检出	未检出
587	未检出	未检出	未检出	未检出	未检出
588	未检出	未检出	未检出	未检出	未检出
589	未检出	未检出	未检出	未检出	未检出
590	未检出	未检出	未检出	未检出	未检出
591	未检出	未检出	未检出	未检出	未检出
592	未检出	未检出	未检出	未检出	未检出
593	未检出	未检出	未检出	未检出	未检出
594	未检出	未检出	未检出	未检出	未检出
595	未检出	未检出	4.36	未检出	4.36

续表

编号	NNN	NNK	NAT	NAB	总量
596	8.82	2.79	29.41	2.77	43.79
597	1.20	1.00	16.75	0.24	19.20
598	1.70	1.93	17.57	0.31	21.50
599	2.11	1.74	23.93	未检出	27.78
600	2.22	1.28	24.27	未检出	27.77
601	未检出	0.44	6.82	未检出	7.26
602	未检出	未检出	6.58	未检出	6.58
603	未检出	未检出	6.08	未检出	6.08
604	未检出	未检出	6.51	未检出	6.51
605	未检出	未检出	未检出	未检出	未检出
606	未检出	未检出	未检出	未检出	未检出
607	未检出	未检出	未检出	未检出	未检出
608	未检出	未检出	未检出	未检出	未检出
609	未检出	未检出	未检出	未检出	未检出
610	未检出	未检出	未检出	未检出	未检出
611	未检出	未检出	未检出	未检出	未检出
612	未检出	未检出	未检出	未检出	未检出
613	未检出	未检出	未检出	未检出	未检出
614	未检出	未检出	未检出	未检出	未检出
615	未检出	未检出	未检出	未检出	未检出
616	未检出	未检出	未检出	未检出	未检出

参考文献

[1] YANG Y Y, NIE H G, LI C C, et al. On-line concentration and determination of tobacco-specific *N*-nitrosamines by cation-selective exhaustive injection-sweeping-micellar electrokinetic chromatography[J]. Talanta, 2010, 82(5): 1797-1801.

[2] MA Y J, BAI R S, DU G R, et al. Rapid determination of four tobacco specific nitrosamines in burley tobacco by near-infrared spectroscopy[J]. Analytical Methods, 2012, 4(5): 1371-1376.

[3] DING Y, YANG J, ZHU W-J, et al. An UPLC-MS^3 method for rapid separation and determination of four tobacco-specific nitrosamines in mainstream cigarette smoke

[J]. Journal of the Chinese Chemical Society,2011,58(5):667-672.

[4] WAGNER K A,FINKEL N H,FOSSETT J E,et al. Development of a quantitative method for the analysis of tobacco-specific nitrosamines in mainstream cigarette smoke using isotope dilution liquid chromatography/electrospray ionization tandem mass spectrometry[J]. Analytical Chemistry,2005,77(4):1001-1006.

[5] XIONG W, HOU H W, JIANG X Y, et al. Simultaneous determination of four tobacco-specific *N*-nitrosamines in mainstream smoke for Chinese Virginia cigarettes by liquid chromatography-tandem mass spectrometry and validation under ISO and "Canadian intense" machine smoking regimes[J]. Analytica Chimica Acta,2010,674(1):71-78.

[6] WU J C,JOZA P,SHARIFI M,et al. Quantitative method for the analysis of tobacco-specific nitrosamines in cigarette tobacco and mainstream cigarette smoke by use of isotope dilution liquid chromatography tandem mass spectrometry[J]. Analytical Chemistry,2008,80(4):1341-1345.

[7] ZHENG S-J, YANG J, LIU B-Z, et al. Rapid determination of four tobacco-specific nitrosamines in mainstream cigarette smoke by UPLC-TOF-MS[J]. Asian Journal of Chemistry,2012,24(3):1147-1150.

[8] WU W J,ASHLEY D L,WATSON C H. Simultaneous determination of five tobacco-specific nitrosamines in mainstream cigarette smoke by isotope dilution liquid chromatography/electrospray ionization tandem mass spectrometry[J]. Analytical Chemistry,2003,75(18):4827-4832.

[9] ZHOU J,BAI R S,ZHU Y F. Determination of four tobacco-specific nitrosamines in mainstream cigarette smoke by gas chromatography/ion trap mass spectrometry[J]. Rapid Communications in Mass Spectrometry,2007,21(24):4086-4092.

[10] WANG L, YANG C Q, ZHANG Q D, et al. SPE-HPLC-MS/MS method for the trace analysis of tobacco-specific *N*-nitrosamines and 4-(methylnitrosamino)-1-(3-pyridyl)-1-butanol in rabbit plasma using tetraazacalix[2]arene[2]triazine-modified silica as a sorbent[J]. Journal of Separation Science,2013,36(16):2664-2671.

[11] SLEIMAN M,MADDALENA R L,GUNDEL L A,et al. Rapid and sensitive gas chromatography-ion-trap tandem mass spectrometry method for the determination of tobacco-specific *N*-nitrosamines in secondhand smoke [J]. Journal of Chromatography A,2009,1216(45):7899-7905.

[12] CLAYTON P M,CUNNINGHAM A,VAN HEEMST J D H. Quantification of four tobacco-specific nitrosamines in cigarette filter tips using liquid chromatography-tandem mass spectrometry[J]. Analytical Methods,2010,2(8):1085-1094.

[13] XIA Y,MCGUFFEY J E,BHATTACHARYYA S,et al. Analysis of the tobacco-specific nitrosamine 4-(methylnitrosamino)-1-(3-pyridyl)-1-butanol in urine by extraction on a molecularly imprinted polymer column and liquid chromatography/atmospheric pressure ionization tandem mass spectrometry [J]. Analytical

Chemistry,2005,77(23):7639-7645..

[14] SHAH K A, HALQUIST M S, KARNES H T. A modified method for the determination of tobacco specific nitrosamine 4-(methylnitrosamino)-1-(3-pyridyl)-1-butanol in human urine by solid phase extraction using a molecularly imprinted polymer and liquid chromatography tandem mass spectrometry[J]. Journal of Chromatography B,2009,877(14-15):1575-1582.

[15] LEE H-L, WANG C Y, LIN S, et al. Liquid chromatography/tandem mass spectrometric method for the simultaneous determination of tobacco-specific nitrosamine NNK and its five metabolites[J]. Talanta,2007,73(1):76-80.

[16] KIM H-J,SHIN H-S. Determination of tobacco-specific nitrosamines in replacement liquids of electronic cigarettes by liquid chromatography-tandem mass spectrometry [J]. Journal of Chromatography A,2013,1291,48-55.

[17] WU D, LU Y F, LIN H Q, et al. Selective determination of tobacco-specific nitrosamines in mainstream cigarette smoke by GC coupled to positive chemical ionization triple quadrupole MS[J]. Journal of Separation Science, 2013, 36(16): 2615-2620.

[18] CHO Y-H, SHIN H-S. Use of a gas-tight syringe sampling method for the determination of tobacco-specific nitrosamines in E-cigarette aerosols by liquid chromatography-tandem mass spectrometry[J]. Analytical Methods, 2015, 7(11): 4472-4480.

[19] ZHANG J,BAI R S,YI X L,et al. Fully automated analysis of four tobacco-specific *N*-nitrosamines in mainstream cigarette smoke using two-dimensional online solid phase extraction combined with liquid chromatography-tandem mass spectrometry [J]. Talanta,2016,146,216-224.

第五章　基于在线固相萃取的烟气中 TSNAs 分析方法

随着人们对吸烟与健康的日益重视，烟草和卷烟烟气中烟草特有 *N*-亚硝胺已成为人们关注的焦点。其中，NNK（4-（甲基亚硝胺基）-1-（3-吡啶基）-1-丁酮）已作为卷烟减害技术重大专项主攻的 7 个减害目标成分之一。为了更好地支撑和推进降低烟草特有 *N*-亚硝胺的技术研究工作，建立起快速、准确、灵敏、可靠、实用性强的测定烟草及卷烟烟气中烟草特有 *N*-亚硝胺的方法十分重要。

现在用于日常分析检测烟草特有 *N*-亚硝胺的方法主要是 GC-TEA 法和 HPLC-MS/MS 法。其中，GC-TEA 法存在检测灵敏度低、样品前处理烦琐、仪器设备保养维护麻烦的问题；HPLC-MS/MS 法虽然解决了以上问题，但还是存在样品基质干扰大、检测设备使用寿命缩短的问题。本章建立的应用在线 SPE-HPLC-MS/MS 测定卷烟主侧流烟气和烟草中烟草特有 *N*-亚硝胺的方法，将彻底解决这些问题。

首先，本章利用在线 SPE-LC-MS/MS 建立了一种快速、准确地测定卷烟主流烟气中烟草特有 *N*-亚硝胺的方法。该方法灵敏度高，回收率好，重复性好，适合用于卷烟主流烟气中烟草特有 *N*-亚硝胺的测定。其次，本章采用经抗坏血酸处理的剑桥滤片和鱼尾罩捕集侧流烟气，利用在线 SPE-LC-MS/MS 建立了一种同时测定卷烟侧流烟气中 NAT、NNK、NNN 和 NAB 的方法。该方法前处理简单，分析速度快，且能有效抑制侧流烟气捕集过程中 TSNAs 的再生成，适合用于卷烟侧流烟气中 NAT、NNK、NNN 和 NAB 释放量的准确测定。最后，本章利用在线 SPE-LC-MS/MS 建立了一种快速、准确地测定烟草中烟草特有 *N*-亚硝胺的方法。所建立的方法通过优化色谱条件使目标化合物实现了基线分离，提高了分析方法的准确性，采用全自动固相萃取技术在线纯化烟草样品，固相萃取方式自动化操作更加简便，节省了时间，减少了人为误差，提高了检测的准确性。同时，经在线 SPE 处理后的烟气和烟草样品，基线噪声更小，干扰峰明显减少，基质效应减小，提高了化合物的离子化效率，大大降低了烟草样品对检测系统的污染，提高了检测重复性和灵敏度，延长了液质系统的使用寿命，降低了维护成本。

第一节　概　　述

烟草特有 *N*-亚硝胺（TSNAs）是烟草中含量较为丰富的一类亚硝胺物质，只存在于烟草、烟草制品和卷烟烟气中。为了减少 TSNAs 对吸烟者和被动吸烟者的健康造成的伤害，控制 TSNAs 在烟草及烟草制品中的含量，已成为一项重要的课题。目前研究较为深入的

TSNAs 是 N-亚硝基降烟碱(NNN)、N-亚硝基假木贼碱(NAB)、N-亚硝基新烟碱(NAT)和 4-(甲基亚硝胺基)-1-(3-吡啶基)-1-丁酮(NNK)(见图 5-1)。其中，4-(甲基亚硝胺基)-1-(3-吡啶基)丁酮(NNK)作为烟草中有害成分之一，因具有强致癌性，更是引起国内外烟草研究人员的极大关注。国际癌症研究机构(IARC)将 NNK 归为一级人体致癌物，国家烟草专卖局要求烟草行业将卷烟烟气中的 NNK 列为必检指标。多项研究结果表明，TSNAs 与肺部、口腔、食道、胰脏、肝脏等部位发生的肿瘤有关，特别是 NNK 是一种强烈的动物致癌剂，它能使动物活体和离体的人体组织中的 DNA 甲基化，从而引起肿瘤。因此，为了更好地支撑和推进降低烟草特有 N-亚硝胺的技术研究工作，建立起快速、准确、灵敏、可靠、实用性强的测定烟草及卷烟烟气中烟草特有 N-亚硝胺的方法十分重要。

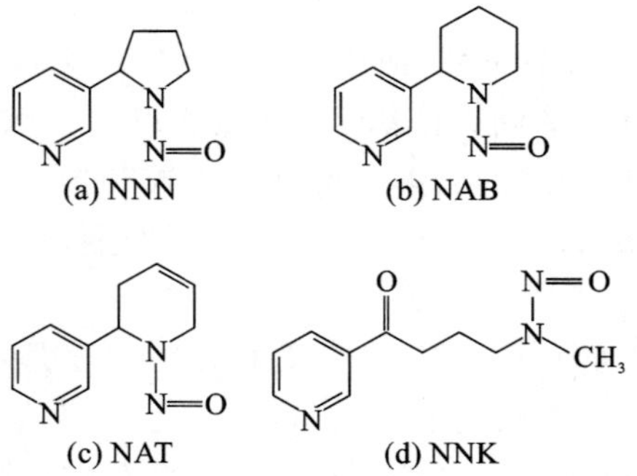

(a) NNN　(b) NAB

(c) NAT　(d) NNK

图 5-1　四种烟草特有 N-亚硝胺的化学结构

由于卷烟烟气中烟草特有 N-亚硝胺的含量极低，并且其他物质对测定干扰严重，因此烟草特有 N-亚硝胺的定量分析有相当的难度。烟草特有 N-亚硝胺的测定方法在近 40 年中随着分析测试仪器的进步不断发展。1972 年，Rhoades 和 Johnson 发表了采用气相色谱分析 N-亚硝胺的方法，采用该方法测定出在卷烟烟气中有超过 140 ng/支的二甲基亚硝胺存在。1973 年，McCormick 等将气相色谱和高分辨质谱相结合，对多种商品卷烟和实验卷烟烟气进行了分析，并鉴定出 8 种挥发性 N-亚硝胺。1975 年，热能分析仪问世。热能分析仪只对亚硝胺和亚硝酸酯有响应，是专一性的检测器。热能分析仪的出现是烟草特有 N-亚硝胺分析技术上的一次重大突破。1979 年，热能分析仪首次与液相色谱(LC)仪联用，使用 HPLC-TEA 联用仪对卷烟烟气中的 N-亚硝胺进行分析，但是由于 HPLC-TEA 联用仪的操作过程较为复杂烦琐，并且分辨力较低，因此它的应用存在很大的局限性。因此，气相色谱(GC)仪与热能分析仪的联用技术逐渐受到了人们的重视，GC-TEA 联用仪综合了气相色谱仪分析快速简便和热能分析仪选择性强的优点，已成为日常检测烟草特有 N-亚硝胺的得力工具。我国于 2008 年发布了主流烟气总粒相物中烟草特有 N-亚硝胺测定的标准方法《卷烟　主流烟气总粒相物中烟草特有 N-亚硝胺的测定　气相色谱-热能分析联用法》(GB/T 23228—2008)，该方法通过 GC-TEA 联用仪检测萃取物中亚硝胺的浓度来对主流烟气总粒相物中 4 种烟草特有 N-亚硝胺进行定量分析。

2001 年，Wagner 报道了关于烟草和烟气中 N-亚硝胺分析的液相色谱-质谱联用方法。该方法采用正离子电喷雾技术作为 N-亚硝胺的电离手段，采用液相色谱-串联质谱(HPLC-MS/MS)法快速定量分析烟草和卷烟烟气中的烟草特有 N-亚硝胺。该方法由于串联质谱技术具有超高的灵敏度以及大大简化的样品前处理过程，近几年也逐渐被烟草化学工作者接受，并且有一系列应用 HPLC-MS/MS 法测定烟草及卷烟烟气中烟草特有 *N*-亚硝胺的论文发表。部分分析方法已经用于日常对烟草及卷烟烟气中烟草特有 *N*-亚硝胺的分析测试工作。

但是，随着烟草行业的发展，GC-TEA 法和 HPLC-MS/MS 法逐渐暴露出不足。其中，GC-TEA 法存在检测灵敏度低、样品前处理烦琐、仪器设备保养维护麻烦的问题；HPLC-MS/MS 法虽然解决了以上问题，但还是存在样品基质干扰大、检测设备使用寿命缩短的问题。

本章将在保留 HPLC-MS/MS 法检测灵敏度高、样品前处理简便的优势的基础上，首次应用在线固相萃取系统，对样品进行快速、简便、稳定性好的纯化处理，大大减少样品的基质干扰，彻底弥补 GC-TEA 法和 HPLC-MS/MS 法所暴露出的不足。

第二节　在线固相萃取-液相色谱-串联质谱法测定卷烟主流烟气中的 TSNAs

本节应用在线固相萃取-液相色谱-串联质谱（SPE-UPLC-MS/MS）建立一种快速、准确地测定主流烟气中特有 *N*-亚硝胺的方法。该方法以其先进的技术、简便的前处理、高灵敏度和高样品通量，满足了企业大量样品的日常检测以及新型减害技术开发中需要及时提供相应检测数据支持的要求，可满足烤烟型和低焦卷烟的研究需求。

一、材料与方法

（一）仪器和材料

（1）仪器。①在线 SPE 系统：Symbiosis（Pico）（荷兰 Spark Holland 公司），如图 5-2 所示，主要由 SPH1240 梯度泵、Alias 多功能自动进样器、高压注射泵（HPD）、自动小柱更换器（ACE）、HPLC 柱温箱等五部分组成。② API5500 质谱仪（美国应用生物系统公司）。③Milli-Q50超纯水仪（美国 Millipore 公司）。④ CP2245 分析天平（感量 0.0001g，德国 Sartorius 公司）。⑤13 mm×0.22 μm 水相针式滤器（上海安谱实验科技股份有限公司）。⑥TZ-2AG 台式往复旋转振荡器（北京沃德仪器公司。另外，还配置了 Bond Elut PRS 阳离子交换柱、HySphere C18 HD 柱（荷兰 Spark Holland 公司）。

（2）材料。①标准品：*N*-亚硝基降烟碱（NNN），4-（甲基亚硝胺基）-1-（3-吡啶基）-1-丁酮（NNK），*N*-亚硝基新烟碱（NAT），*N*-亚硝基假木贼碱（NAB），NNN-d4，NNK-d4，NAT-d4，NAB-d4（纯度＞98％，加拿大 TRC 公司）。②超纯水（电导率≥18.2 MΩ·cm）。③甲醇（色谱纯，美国 Fisher 公司）。④乙酸、乙酸铵（色谱纯，美国 Tedia 公司）。

（二）液相色谱操作条件与质谱检测参数

（1）UPLC 参数。①色谱柱：ACQUITY UPLC CSH C18（3.2 mm×100 mm，1.7 μm，美国 Waters 公司）。②柱温：50.0 ℃。③进样量：10 μL。④流动相：A 为水（含 10 mmoL/L 乙酸铵），B 为甲醇（10 mmoL/ L 乙酸铵）。⑤梯度洗脱条件如表 5-1 所示。

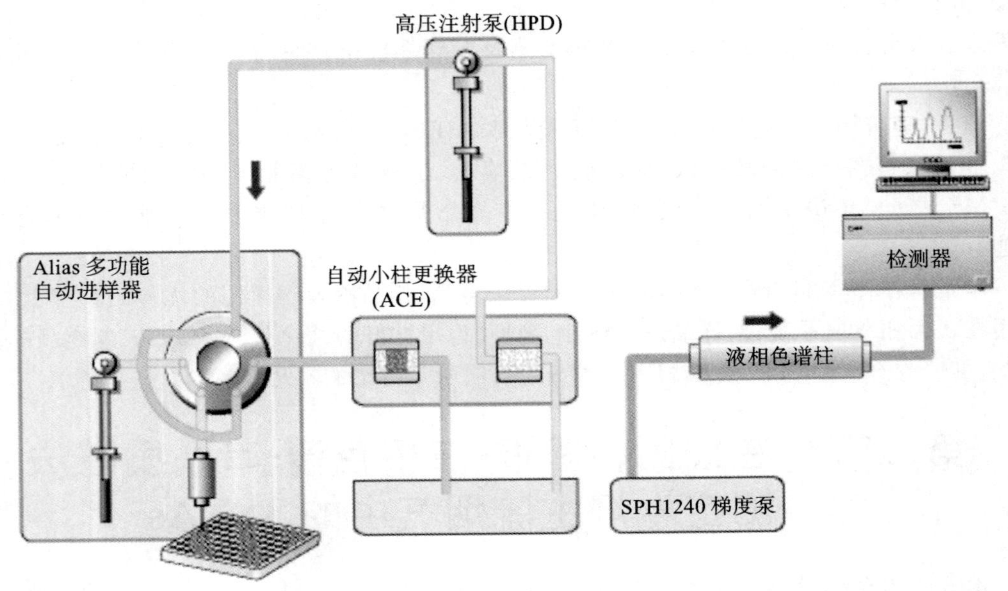

图 5-2 在线 SPE 系统示意图

表 5-1 色谱梯度洗脱条件

时间/min	流速/(mL/min)	流动相 A/(%)	流动相 B/(%)
00:01	0.30	82	18
05:00	0.30	40	60
06:00	0.30	5	95
09:00	0.30	5	95
09:01	0.30	82	18
12:00	0.30	82	18

(2)质谱条件。①离子源:电喷雾电离(ESI)源。②扫描模式:正离子扫描。③检测方式:多离子反应监测(MRM)。④电喷雾电压(ion spray voltage,IS):5500 V。⑤雾化气流速(GS1,N2):55 PSI。⑥辅助加热气流速(GS2,N2):55 PSI。⑦气帘气流速(curtain gas,CUR,N2):15 PSI。⑧撞气流速(collision gas,CAD,N2):8 PSI。⑨离子源温度(TEM):600 ℃。⑩驻留时间(dwell time):50 ms。TSNAs 的 MRM 参数如表 5-2 所示。

表 5-2 TSNAs 的 MRM 参数

分析物	母离子 (*m*/*z*)	子离子 (*m*/*z*)	DP/V	CE/V	CXP/V
NNN	178.1[a]	148.1	39	15	15
	178.1[b]	120.1	39	26	15
NAT	190.1[a]	160.0	39	15	29
	190.1[b]	106.1	39	21	20

续表

分析物	母离子 (m/z)	子离子 (m/z)	DP/V	CE/V	CXP/V
NAB	192.1[a]	162.1	39	16	13
	192.1[b]	133.1	39	29	13
NNK	208.1[a]	122.1	39	15	11
	208.1[b]	148.1	39	30	11
NNN-d4	182.1	152.1	42	15	13
NAT-d4	194.1	164.0	36	15	19
NAB-d4	196.1	166.0	41	15	13
NNK-d4	212.1	126.1	41	18	14

注：[a] 定量离子；

[b] 定性离子。

（三）标准溶液的配制

1. 标准储备液和混合标准溶液

（1）标准储备液。各称取 10.0 mg 的 NAB、NAT、NNK 和 NNN 标准试剂，分别置于 4 只 50 mL 棕色容量瓶中，用乙腈稀释至刻度，配制成浓度均为 200 μg/mL 的标准储备液。该标准储备溶液置于－18 ℃冰箱内避光保存，有效期为 6 个月。

（2）混合标准溶液。分别移取 NAT、NNN、NNK 和 NAB 的标准储备液 0.25 mL、0.25 mL、0.125 mL 和 0.05 mL 至 100 mL 容量瓶中，用 100 mmol/L 醋酸铵溶液稀释至刻度，配制成 NAT、NNN、NNK 和 NAB 浓度分别为 500.0 ng/mL、500.0 ng/mL、250.0 ng/mL 和 50.0 ng/mL 的一级混合标准溶液。

2. 内标溶液

内标储备液：各称取 2.0 mg 的 NAT-d4、NNK-d4 NNN-d4 和 1.0 mg 的 NAB-d4，分别置于 250 mL 棕色容量瓶中，用乙腈稀释至刻度，配制成 NAT、NNN、NNK 和 NAB 浓度分别为 8.0 μg/mL、8.0 μg/mL、8.0 μg/mL、4.0 μg/mL 的内标储备液。该内标储备液置于－18 ℃冰箱内避光保存，有效期为 6 个月。

3. 标准工作溶液

分别移取 0.02 mL、0.05 mL、0.15 mL、0.45 mL、1.0 mL、2.0 mL 和 5.0 mL 混合标准溶液置于不同的 25 mL 容量瓶中，再分别准确加入 25 μL 内标储备液。用 0.1 mol/L 乙酸铵水溶液定容至刻度，配制成 7 级标准工作溶液。若样品浓度超出标准工作溶液浓度范围，可适当扩展工作溶液覆盖范围。

（四）样品分析

1. 卷烟抽吸

按 GB/T 5606.1 抽取卷烟样品。

根据 GB/T 16450，样品卷烟在温度为（22±1）℃、相对湿度为 60％±2％的条件下平衡

48 h。

按 GB/T 19609 的规定收集 5 支卷烟的总粒相物。

2. 样品前处理

将滤片放入 100 mL 锥形瓶中,准确加入 20 mL 0.1 mol/L 的乙酸铵水溶液和 20 μL 内标储备液,振荡萃取 40 min 后,取 1 mL 萃取液过 0.22 μm 的滤膜,收集至色谱瓶中待分析。

二、结果与讨论

(一)色谱条件的选择

为选择适宜的色谱柱,本节比较了 ACQUITY UPLC CSH C18(3.2 mm×100 mm,1.7 μm,美国 Waters 公司)、Xterra MS C18(2.1 mm×50 mm,2.5μm,美国 Waters 公司)、SHISEIDO MGⅡ(2.0 mm×50 mm,3.0 μm,日本 SHISEIDO 公司)等 3 种色谱柱的分离效果。3 种色谱柱的 TIC 色谱图如图 5-3 所示。结果表明,对于 Xterra MS C18 色谱柱,NNN 产生肩峰,NAT 和 NAB 存在一定程度的拖尾,且 4 种 TSNAs 的分离效果较差;对于 SHISEIDO MGⅡ色谱柱,当流动相为甲醇和 10 mmol/L 的醋酸铵时,4 种 TSNAs 的峰形均较好,但是 NAT 和 NAB 没有实现基线分离。经过系统优化流动相条件后,使用 ACQUITY UPLC CSH C18 超高压色谱柱,4 种 TSNAs 均实现了基线分离,且四种 TSNAs 的峰形均较好,因此本节选择 ACQUITY UPLC CSH C18 色谱柱为本方法的分析柱。

为选择适宜的色谱条件,实验考察了流动相中乙酸铵对分离效果的影响。实验发现,以纯水(A 相)和甲醇(B 相)为流动相时,NNK 会形成肩峰;而以 10 mmol/L 乙酸铵水溶液(A 相)和 10 mmol/L 乙酸铵甲醇溶液(B 相)为流动相中,可以消除 NNK 在质子化后会存在异构体相互转化产生肩峰的问题,NNN、NNK、NAT 和 NAB 和内标都能很好地质子化,色谱峰形均较好(见图 5-3(c))。

(二)内标的选择

NNN、NNK、NAT 和 NAB 等 4 种烟草特有 N-亚硝胺中带有电负性较强的氮原子,因此质谱检测选用正离子模式。主流烟气中,尤其是烤烟的主流烟气中 TSNAs 的含量较低,且基质较为复杂,为确保方法的稳定性与可重复性,对于 NNN、NNK、NAT 和 NAB 都通过选定 2 个离子对(1 个定性离子对和 1 个定量离子对)和相应的氘代内标来确保方法的准确性,并且对于每种 TSNAs 都选用相应的氘代内标进行准确定量,使得定量内标在保留时间和峰形上都能与定量的离子保持较好的一致性。

(三)萃取溶剂的选取

主流烟气剑桥滤片中 TSNAs 的提取传统上采用二氯甲烷。Wagner 等人提出用醋酸铵水溶液可以选择性地萃取烟草中的 TSNAs,从而简化样品处理步骤。为选择适宜的萃取介质,实验对甲醇和 100 mmol/L 的乙酸铵水溶液的萃取效果进行了比较。结果发现,2 种溶剂均能将主流烟气中的 TSNAs 萃取完全,但是甲醇提取的选择性较差,萃取出来的物质相对较多;而乙酸铵水溶液仅萃取出 TSNAs 和少量水溶性物质,可直接进样。实验结果表

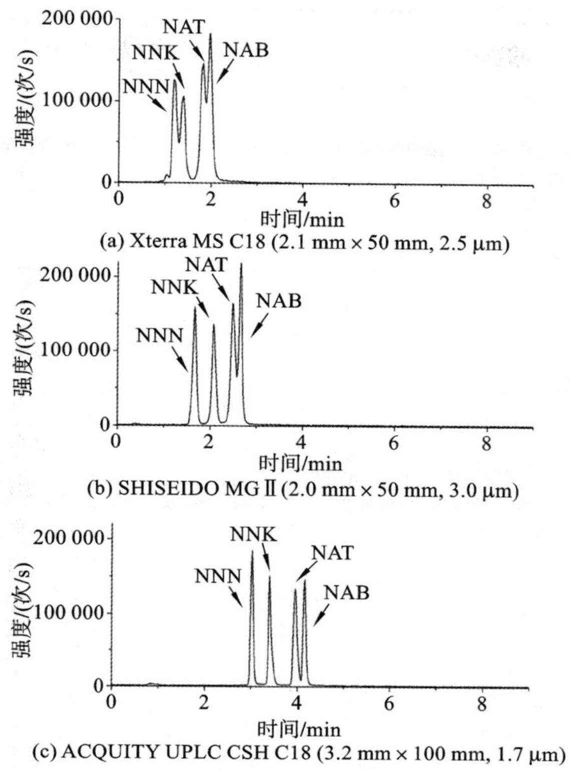

图 5-3　1R5F 主流烟气 TSNAs 的总离子流色谱图(TIC MRM)

明，20 mL 100 mmol/L 的乙酸铵水溶液在振荡器上提取 40 min 可将主流烟气中的 TSNAs 萃取完全，因此本章选择 20 mL 100 mmol/L 的乙酸铵水溶液为主流烟气中 TSNAs 的萃取液。

(四)在线 SPE 条件优化

由 NNK、NNN、NAT 和 NAB 的酸度系数 pK_a(见图 5-4)可知，它们在酸性条件下可以质子化，因此可以选用阳离子交换柱。pH 大于 7 时，它们为中性化合物，可以被反相萃取柱保留。因此，阳离子交换柱和反相萃取柱两种 SPE 小柱均可用于 TSNAs 的测定。为了获得最大的萃取效率，同时确保样品获得最好的净化效果，本节对萃取好的主流烟气样品依次选用 Bond Elut PRS 阳离子交换柱和 HySphere C18 HD 柱的一维 SPE 系统以及 Bond Elut PRS 阳离子交换柱和 HySphere C18 HD 柱联用的二维 SPE 系统进行实验，并对相关参数进行优化，结果如图 5-5 所示。结果表明，与未使用在线 SPE 系统(图 5-5(a)～(d)相比)，单独使用阳离子交换柱(图 5-5(e)～(h))和 C18 反相萃取柱(图 5-5(i)～(l))均能在一定程度上去除烟气样品中的杂质，降低基质效应，使色谱峰得到改善，表现为色谱峰杂峰较少，噪声较小，响应也较高，但仍有一些杂质通过色谱柱进入质谱中，阳离子交换和 C18 反相萃取这两种不同的萃取机理可能有不同杂质存在共萃取和洗脱的情况，目标分析物色谱峰的周围依然存在较明显的杂质峰。图 5-5(m)～(p)所示为经 Bond Elut PRS 阳离子交换柱和 HySphere C18 HD 柱联用的二维 SPE 系统处理后 4 种 TSNAs 的色谱图。从色谱图可看出，经二维 SPE 系统处理过的色谱图较经一维 SPE 系统处理过的色谱图，杂质峰明显减少，噪声明显降低，响应明显提高。这说明基于阳离子交换和 C18 反相萃取组成二维 SPE 系统更能有效地洗涤杂质、降低基质效应。

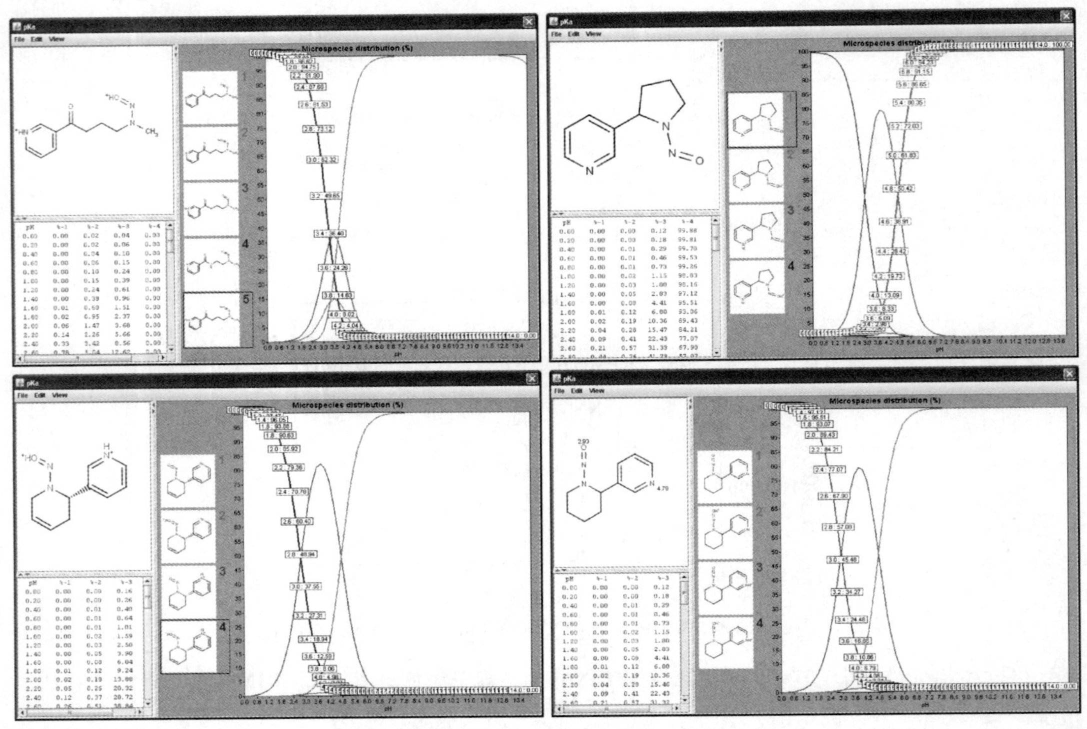

图 5-4 通过 Marvin 软件计算的 NNK、NNN、NAT 和 NAB 的 pK_a 值

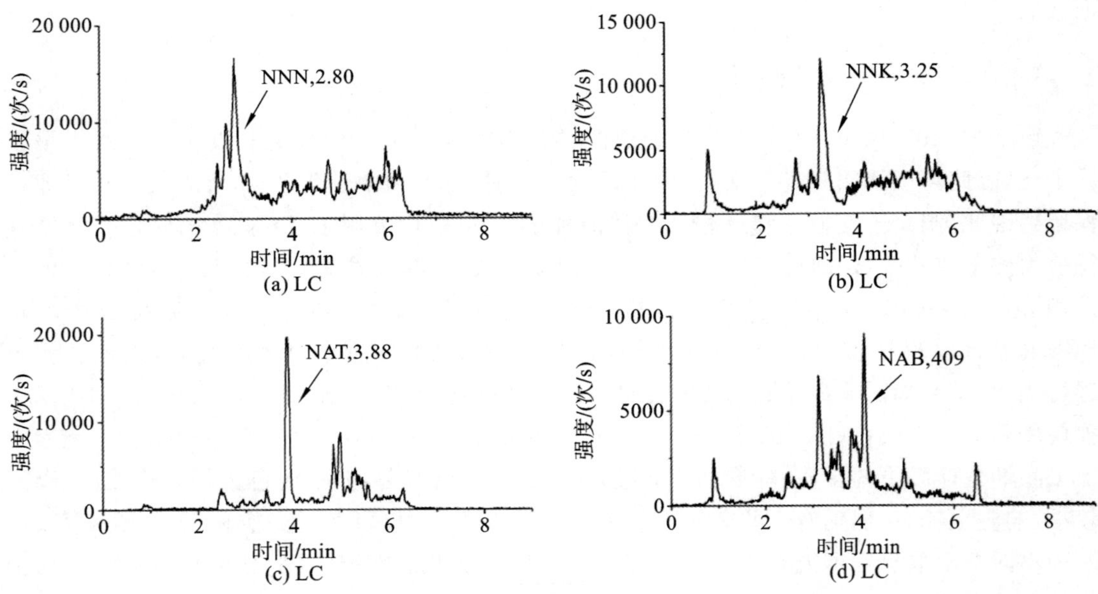

图 5-5 不同在线 SPE 条件下烤烟主流烟气中 NNN、NNK、NAT 和 NAB 的 MRM 色谱图

NNN,4.48
强度/(次/s)
时间/min
(e) XLC(Bond Elut PRS)
NNK,4.73
(f) XLC(Bond Elut PRS)
NAT,4.73
(g) XLC(Bond Elut PRS)
NAB,5.32
(h) XLC(Bond Elut PRS)
NNN,3.01
(i) XLC(HySphere C18 HD)
NNK,3.40
(j) XLC(HySphere C18 HD)
NAT,3.96
(k) XLC(HySphere C18 HD)
NAB,4.16
(l) XLC(HySphere C18 HD)
NNN,3.02
(m) 2D SPE
NNK,3.42
(n) 2D SPE

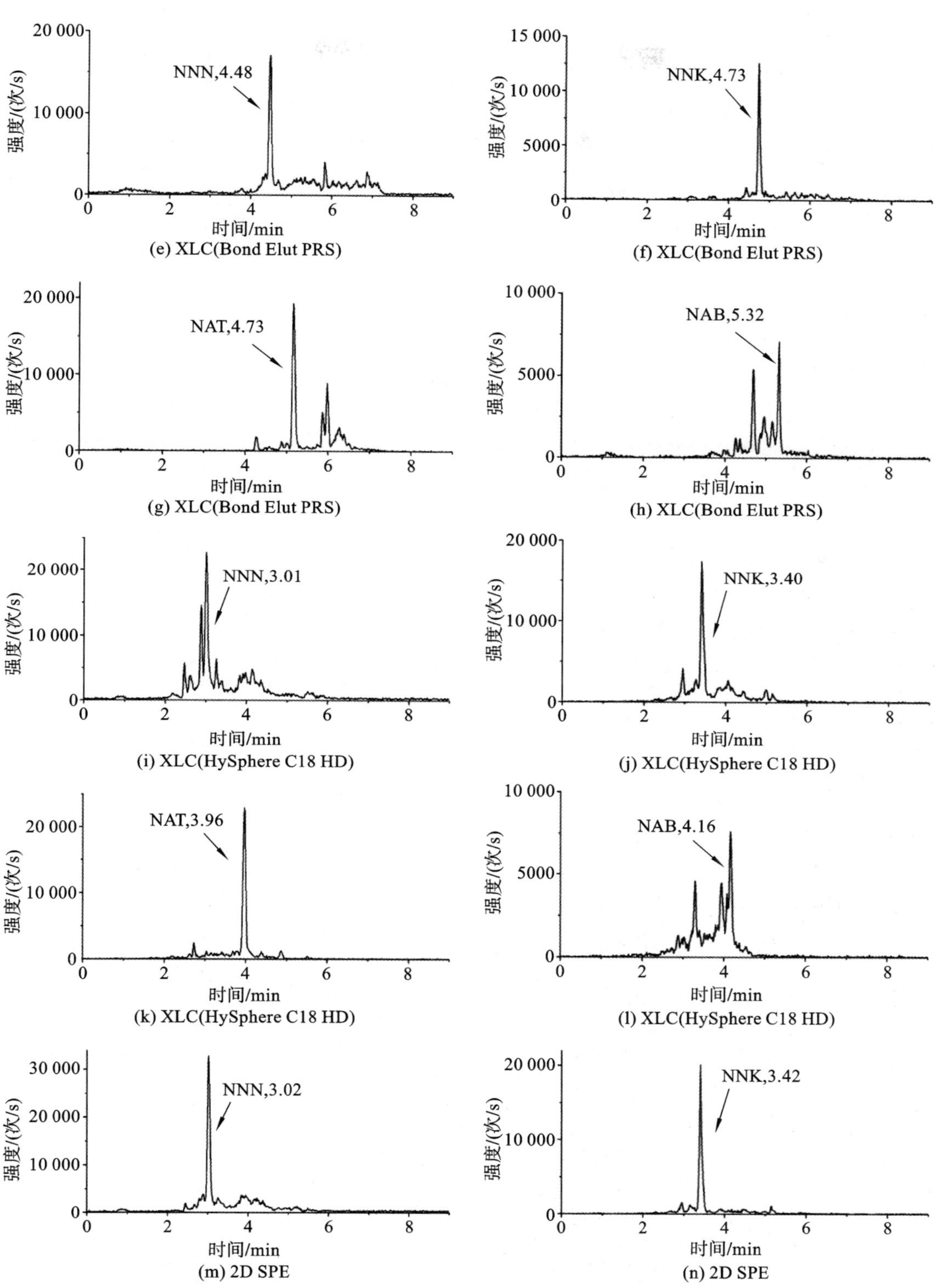

续图 5-5

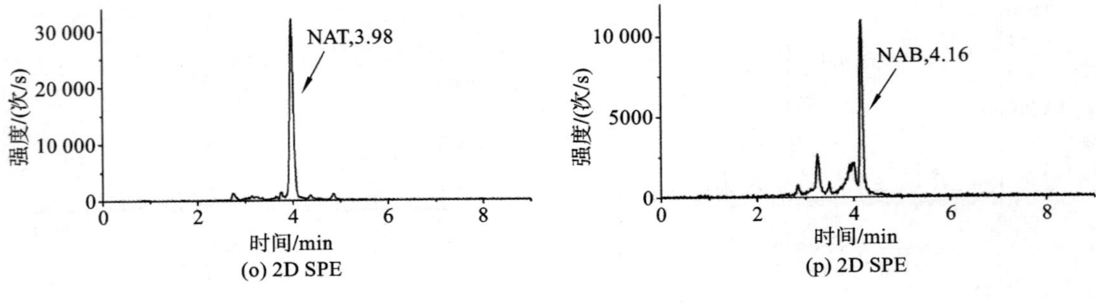

续图 5-5

此外，为了得到最佳的洗涤和萃取效果，本节还对在线 SPE 的上样、转移、洗涤、洗脱等关键步骤进行了系统优化。本节选择 2%的甲酸作为 Bond Elut PRS 阳离子交换柱的上样试剂，分别考察了不同上样量和上样速率对在线 SPE 萃取效果的影响。图 5-6(a)～(b)表明，上样量和上样速率对在线 SPE 萃取效果均有一定的影响，上样量在 0.6 mL 和 1.0 mL 之间，上样速率在 0.4 mL/min 和 0.8 mL/min 之间，4 种 TSNAs 的响应最高、上样效果最好；当上样速率高于 0.8 mL/min 时，NNK 和 NNN 的响应逐渐降低，这可能是由于上样速率过高，目标分析物和吸附剂无法充分接触导致萃取率降低而造成的。最终，本方法选择上样量为 0.6 mL、上样速率为 0.8 mL/min。

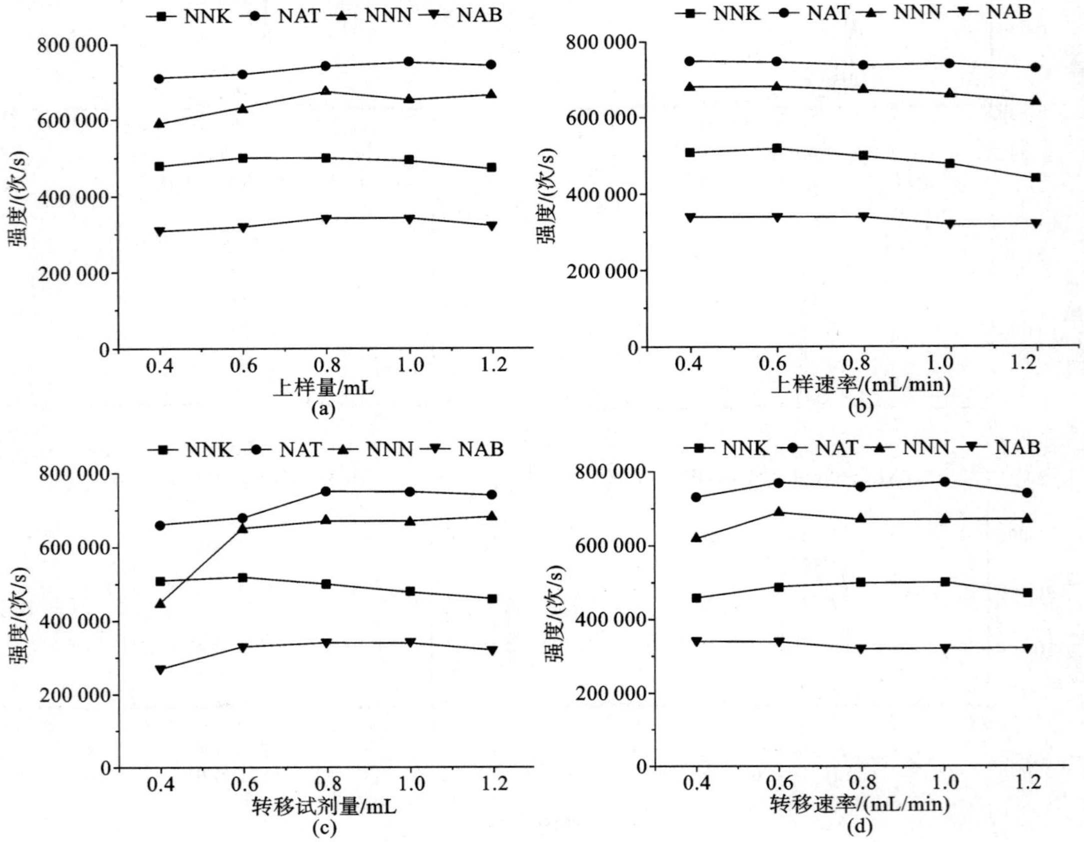

图 5-6 在线 SPE 条件优化

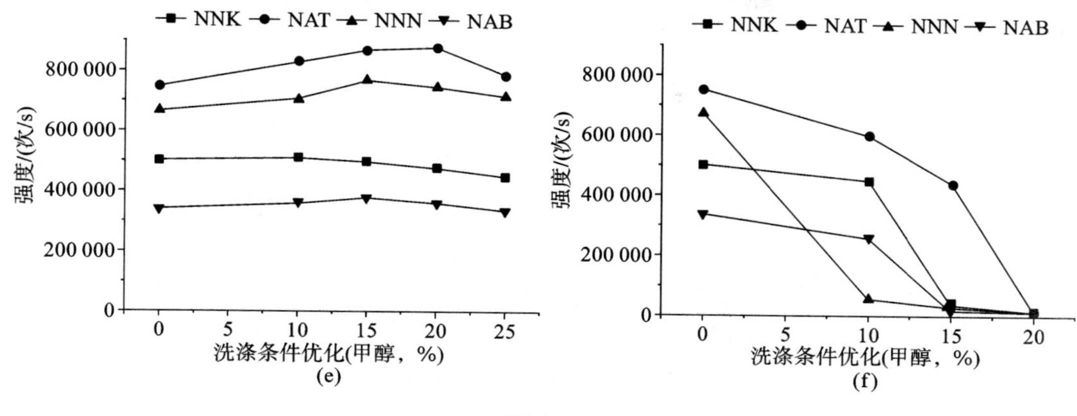

续图 5-6

本节选择 1%的氨水作为样品从 Bond Elut PRS 阳离子交换柱到 HySphere C18 HD 柱的转移试剂，并考察了转移试剂量和转移速率对在线 SPE 萃取效果的影响。图 5-6(c)～(d)表明，采用 0.8 mL 1%的氨水以 0.6 mL/min 的速率上样，样品转移效果最好。

洗涤的主要作用去除样品中的盐、色素、蛋白质以及其他一些比 TSNAs 极性强的干扰物质。本节分别对 Bond Elut PRS 阳离子交换柱和 HySphere C18 HD 柱洗涤步骤进行了优化。Bond Elut PRS 阳离子交换柱采用两步洗涤，即第一步先用 1 mL 2.0%的甲酸以 2 mL/min 速率洗涤，第二步采用 1 mL 2.0%的甲酸与甲醇的混合溶液以 2 mL/min 速率洗涤，并对第二步洗涤中甲醇的比例进行了优化，结果如图 5-6(e)所示。结果表明，采用含有 15%的 2.0%甲酸溶液洗涤 4 种 TSNAs 响应最高，洗涤效果最好。本节以同样的方法对 HySphere C18 HD 柱的洗涤步骤进行了优化，结果如图 5-6(f)所示。结果表明，TSNAs 的响应随着洗涤液 1%氨水中加入甲醇的比例的增大迅速降低，洗涤液中不加甲醇 TSNAs 响应最高。这表明洗涤液中加入甲醇可将目标分析物 TSNAs 洗掉，造成目标分析物响应降低。因此，本节采用 1mL 1%的氨水以 2 mL/min 的速率对 HySphere C18 HD 柱洗涤效果最好。

在线 SPE 洗脱采用流动相洗脱，洗脱时间过短目标分析物可能洗脱不完全，洗脱时间过长易造成目标分析物拖尾，因此，实验对洗脱时间进行了优化。结果表明，洗脱 2.0 min，目标分析物可洗脱完全。

(五)线性关系和检出限

对所配制的 TSNAs 标准工作溶液由低浓度进样到高浓度进样进行分析，以目标分析物与内标的峰面积比(y)对相应的分析物浓度(x,ng/mL)进行线性回归分析，得到各目标分析物的工作曲线回归方程和相关系数，如表 5-3 所示。线性相关系数为 0.9997～0.9999，表明在测定的浓度范围内具有良好的线性关系。以标准工作曲线最低浓度的标准工作溶液稀释进样计算信噪比(S/N)，以 3 倍信噪比作为检出限，以 10 倍信噪比作为定量限，并考察不同进样量方法的检出限，结果如表 5-4 所示。

表 5-3　4 种 TSNAs 的标准工作曲线、相关系数 r 和线性范围

目标分析物	标准工作曲线	相关系数 r	线性范围/(ng/mL)
NAT	$y=0.0506x+0.000778$	0.9999	0.4～100
NNK	$y=0.0992x+0.0168$	0.9999	0.2～50
NNN	$y=0.0944x+0.00297$	0.9997	0.4～100
NAB	$y=0.121x+0.000483$	0.9998	0.04～10

表 5-4　方法的检出限和定量限

目标分析物	LOD[a] /(ng/mL)	LOD[b] /(ng/mL)	LOD[c] /(ng/mL)	LOQ[a] /(ng/mL)	LOQ[b] /(ng/mL)	LOQ[c] /(ng/mL)
NAT	0.005	0.002	0.001	0.017	0.005	0.003
NNK	0.002	0.0005	0.0003	0.008	0.002	0.001
NNN	0.008	0.003	0.002	0.027	0.007	0.006
NAB	0.002	0.0004	0.0002	0.005	0.001	0.0006

注:[a] 进样量:10 μL。

[b] 进样量:50 μL。

[c] 进样量:100 μL。

(六)精密度

选取 1R5F 和烤烟 A 的主流烟气样品,进行 6 次日内和日间精密度测定,结果如表 5-5 所示。结果表明,4 种 TSNAs 日内、日间测定结果的相对标准偏差分别在 1.9%～4.5%和 3.4%～4.9%区间,说明该方法具有较好的精密度。

表 5-5　方法的日内精密度和日间精密度

样品	目标分析物	日内精密度/(%,RSD)	日间精密度/(%,RSD)
1R5F	NAT	3.6	4.3
	NNK	4.2	4.7
	NNN	4.3	3.4
	NAB	1.9	4.5
A	NAT	3.0	3.9
	NNK	4.3	4.8
	NNN	3.3	4.7
	NAB	4.5	4.9

(七)回收率

选取 1R5F 和烤烟 A 的主流烟气样品,分别按照低、中、高三种水平加入 NNN、NNK、NAT 和 NAB 标准品,每个添加水平重复测定 6 个样品。加标后的样品分别按前述前处理

方法进行处理，在相同仪器分析条件下进行样品分析，并由原含量、加标量以及测定量计算回收率，结果如表 5-6 所示。结果表明，对于 1R5F 卷烟，该方法测得 NNN、NNK、NAT 和 NAB 的加标回收率在 93.9%～106.5%区间；对于烤烟 A 卷烟，该方法测得的加标回收率在 92.8%～107.3%区间。这表明该方法测定准确，满足定量要求。

表 5-6　方法的回收率结果

样品	目标分析物	添加量 /(ng/mL)	计算值 /(ng/mL)	回收率 /(%)	RSD /(%)
1R5F	NAT	5	4.69	93.9	3.3
		10	10.23	102.3	3.8
		20	19.59	97.9	3.6
	NNK	3	2.63	105.1	2.2
		5	4.92	98.5	2.9
		10	9.45	94.5	3.5
	NNN	5	4.78	95.7	3.9
		10	10.65	106.5	2.0
		20	20.92	104.6	4.3
	NAB	1	0.98	98.4	4.5
		2	1.89	94.4	2.7
		4	3.83	95.7	3.5
A	NAT	1.5	1.43	95.6	3.2
		3	2.92	97.2	3.7
		6	5.61	93.6	2.5
	NNK	0.75	0.72	95.1	3.9
		1.5	1.62	101.2	4.6
		3	3.27	106.6	2.8
	NNN	1	0.93	92.8	2.3
		2	1.90	94.8	4.0
		4	3.81	95.3	6.1
	NAB	0.2	0.21	103.9	4.0
		0.4	0.40	100.7	6.2
		0.8	0.86	107.3	2.3

（八）实际样品测定

本节采用所建立的方法测定了国内市场上 25 种有代表性的品牌的卷烟主流烟气中 NNK、NAT、NNN 和 NAB 的释放量，结果如表 5-7 所示。在表 5-7 中，1～16 为烤烟型卷烟，17～25 为混合型卷烟。结果表明，烤烟型卷烟主流烟气 NNK 的释放量在 2.68～7.22

ng/支区间,NAT 的释放量在 6.89~23.31 ng/支区间,NNN 的释放量在 2.40~25.82 ng/支区间,NAB 的释放量在 0.91~2.51 ng/支区间;混合型卷烟主流烟气 NNK 的释放量在 4.63~29.59 ng/支区间,NAT 的释放量在 17.40~81.35 ng/支区间,NNN 的释放量在 28.56~162.86 ng/支区间,NAB 的释放量在 1.85~9.25 ng/支区间。在所测定的卷烟中,混合型卷烟主流烟气 NNK、NAT、NNN 和 NAB 的释放量显著高于烤烟型卷烟,四种 TSNAs 中 NNN 和 NNT 的释放量较高,NNK、NAB 的释放量较低。

表 5-7 25 种品牌卷烟主流烟气中 TSNAs 的释放量 单位:ng/支

样品编号	NNK	NAT	NNN	NAB
1	2.68±0.10	12.30±0.46	8.45±0.14	1.12±0.08
2	3.33±0.23	22.47±1.36	11.65±0.64	1.92±0.10
3	3.85±0.18	8.49±0.54	4.59±0.11	0.97±0.08
4	3.97±0.16	15.19±0.59	11.10±0.45	1.63±0.11
5	4.58±0.16	18.39±0.89	13.01±0.55	2.16±0.10
6	4.65±0.25	9.30±0.54	9.46±0.65	1.06±0.07
7	4.70±0.34	15.66±0.65	11.35±0.37	1.58±0.13
8	5.07±0.26	10.26±0.42	6.97±0.50	1.04±0.05
9	5.28±0.26	23.31±0.90	15.20±0.58	2.51±0.08
10	5.4±0.30	6.89±0.43	2.40±0.19	0.91±0.07
11	5.43±0.39	10.92±0.55	3.38±0.25	1.23±0.07
12	5.46±0.26	10.87±0.49	7.91±0.48	1.09±0.10
13	5.57±0.09	20.71±1.03	25.82±0.79	2.48±0.10
14	5.59±0.35	7.51±0.31	3.56±0.22	0.96±0.04
15	6.02±0.25	11.28±0.68	8.06±0.48	1.15±0.09
16	7.22±0.37	14.86±0.79	12.12±0.89	1.71±0.07
17	4.63±0.32	19.36±0.92	37.16±2.68	3.08±0.15
18	6.71±0.46	17.40±0.92	28.56±1.37	1.85±0.07
19	7.35±0.02	34.41±1.34	66.08±3.00	3.49±0.01
20	7.99±0.48	40.46±0.62	79.95±6.70	3.73±0.17
21	13.31±0.32	81.35±5.36	162.86±7.06	9.25±0.51
22	13.49±0.64	61.77±2.63	94.59±4.43	7.04±0.45
23	14.96±1.23	75.43±3.31	124.28±4.67	8.95±0.59
24	18.86±1.13	50.76±1.31	101.29±3.87	5.74±0.27
25	29.59±2.25	60.26±3.77	114.39±7.19	6.37±0.40

三、结论

本节利用在线 SPE-UPLC-MS/MS 建立了一种快速、准确地测定卷烟主流烟气中烟草特有 N-亚硝胺的方法。该方法灵敏度高，回收率好，重复性好，适合用于卷烟主流烟气中烟草特有 N-亚硝胺的测定。该方法通过优化色谱条件使目标化合物实现了基线分离，提高了分析方法的准确性。该方法采用全自动固相萃取技术在线纯化烟草样品，固相萃取方式自动化操作更加简便，节省了时间，减少了人为误差，提高了检测准确性。同时，经在线 SPE 处理后的烟气样品，基线噪声更小，干扰峰明显减少，基质效应减小，提高了化合物的离子化效率，大大降低了烟草样品对检测系统的污染，提高了检测重复性和灵敏度，延长了液质系统的使用寿命，降低了维护成本。

第三节 在线固相萃取-液相色谱-串联质谱法测定侧流烟气中的 TSNAs

近年来，随着人们对被动吸烟问题关注的日益增强，卷烟侧流烟气已成为公众关于吸烟与健康问题研究的主要对象之一。卷烟侧流烟气由卷烟两次抽吸之间阴燃时产生的烟气和抽吸过程中穿过卷烟纸扩散出来的烟气组成。烟草特有 N-亚硝胺（TSNAs）作为烟草中有害成分之一，因具有强致癌性更是引起国内外烟草研究人员的极大关注。深入研究侧流烟气中烟草特有 N-亚硝胺的分析方法，对正确评价吸烟对健康的危害和推动低危害卷烟的研发具有重要意义。

国内外对于卷烟主流烟气中烟草特有 N-亚硝胺的研究比较多，但对于侧流烟气中烟草特有 N-亚硝胺的研究尚较少。加拿大相关部门公布了侧流烟气中烟草特有 N-亚硝胺的一种测试方法，即：采用涂布抗坏血酸的鱼尾罩和含抗坏血酸的洗气瓶来吸收侧流烟气中的氮氧化物，用抗坏血酸饱和水溶液浸泡滤片以阻断侧流烟气中 TSNAs 的再生成，并采用气相色谱-热能分析（GC-TEA）联用法检测捕集的 TSNAs。该分析方法能够有效抑制侧流烟气收集过程中 TSNAs 的再生成，但采用该方法时侧流烟气捕集过程较烦琐，且采用 GC-TEA 联用法检测 TSNAs 样品的前处理复杂、耗时长，易造成样品损失和转化。2012 年，万文亚等人用 LC-MS/MS 法分析卷烟侧流烟气中的烟草特有 N-亚硝胺。该方法鱼尾罩壁上的冷凝物用甲醇清洗，洗液通过氮吹浓缩后，采用 PCX 固相萃取柱净化进样分析，方法过程复杂，易造成 TSNAs 的损失，且鱼尾罩和剑桥滤片未用抗坏血酸处理直接用来捕集卷烟侧流烟气中的粒相物，同时侧流烟气中存在大量的氮氧化物，在烟气捕集过程中，这些氮氧化物易于同烟气中的烟草生物碱再次生成 TSNAs 从而使测定结果偏高。因此，本节通过研究捕集方式对侧流烟气中烟草特有 N-亚硝胺的影响，建立了一套稳定、可靠、简便的侧流烟气捕集方法，并利用在线 SPE HPLC-MS/MS 为检测手段，建立了一套适于侧流烟气中烟草特有 N-亚硝胺的检测方法，从而实现对侧流烟气中烟草特有 N-亚硝胺的准确测定。

一、材料与方法

（一）材料、试剂和仪器

（1）样品：1R5F 和 3R4F 参比卷烟（美国肯塔基大学）；中南海（软精品）、中南海（特高）、红双喜（硬 8 mg）、中南海 10 mg 商品卷烟（上海烟草集团北京卷烟厂）。

（2）材料。①标准品：N-亚硝基降烟碱（NNN），4-（甲基亚硝胺基）-1-（3-吡啶基）-1-丁酮

(NNK)，N-亚硝基新烟草碱(NAT)，N-亚硝基假木贼碱(NAB)，NNN-d4，NNK-d4，NAT-d4，NAB-d4(纯度＞98%，加拿大TRC公司)。②超纯水(电导率≥18.2 MΩ·cm)。③甲醇(色谱纯，美国Fisher公司)。④乙酸、乙酸铵(色谱纯，美国Tedia公司)。

(3)仪器。①在线SPE系统：Symbiosis(Pico)(荷兰Spark Holland公司)。②API5500质谱仪(美国应用生物系统公司)。③Milli-Q50超纯水仪(美国Millipore公司)。④CP2245分析天平(感量0.0001 g，德国Sartorius公司)。⑤13 mm×0.22 μm水相针式滤器(上海安谱实验科技股份有限公司)。⑥TZ-2AG台式往复旋转振荡器(北京沃德仪器公司)。另外，还配置了Bond Elut PRS阳离子交换柱、HySphere C18 HD柱(荷兰Spark Holland公司)。

(二)液相色谱操作条件与质谱检测参数

(1)HPLC参数。①色谱柱：Altlantis T3(2.1 mm×150 mm，5 μm，美国Waters公司)。②柱温：50.0 ℃。③进样量：5 μL。④流动相：A为水(含10 mmoL/L乙酸铵)，B为甲醇(10 mmoL/L乙酸铵)。⑤梯度洗脱条件如表5-8所示。

表5-8 色谱梯度洗脱条件

时间/min	流速/(mL/min)	流动相A/(%)	流动相B/(%)
00:01	0.60	88	12
04:30	0.60	40	60
04:31	0.60	5	95
09:00	0.60	5	95
09:01	0.60	88	12
10:00	0.60	88	12

(2)质谱条件。①离子源：电喷雾电离(ESI)源。②扫描模式：正离子扫描。③检测方式：多离子反应监测(MRM)。④电喷雾电压(ion spray voltage，IS)：5000 V。⑤雾化气流速(GS1，N2)：55 PSI。⑥辅助加热气流速(GS2，N2)：55 PSI。⑦气帘气流速(curtain gas，CUR，N2)：15 PSI。⑧撞气流速(collision gas，CAD，N2)：6 PSI。⑨离子源温度(TEM)：550 ℃。⑩驻留时间(dwell time)：50 ms。⑪EP(entrance potential)：10 V。⑫CXP(collision cell exit potential)：9 V。TSNAs的MRM参数如表5-9所示。

表5-9 TSNAs的MRM参数

分析物	定量离子对(m/z)	CE/V	定性离子对(m/z)	CE/V
NAB	192.1/162.1	13	192.1/133.0	30
NAT	190.1/160.0	13	190.2/106.1	23
NNK	208.1/122.0	20	208.1/148.1	18
NNN	178.2/148.2	14	178.2/120.1	25
NAB-d4	196.0/166.0	15	196.2/137.2	32
NAT-d4	194.1/164.2	15	194.1/110.1	25
NNK-d4	212.2/126.1	21	212.2/110.1	35
NNN-d4	182.1/152.2	15	182.1/124.1	26

(3)在线 SPE 条件：本章选择 Bond Elut PRS 阳离子交换柱和 HySphere C18 HD 柱组成二维 SPE 系统，活化、平衡、上样、转移、洗涤步骤如表 5-10 所示。洗脱条件为：流动相洗脱，洗脱时间为 1.5 min。

表 5-10　优化后的在线 SPE 条件

Bond Elut PRS 阳离子交换柱				HySphere C18 HD 柱			
步骤	试剂	体积/mL	速度/(mL/min)	步骤	试剂	体积/mL	速度/(mL/min)
活化	甲醇	1.0	5.0	活化	甲醇	1.0	5.0
平衡	2%甲酸	1.0	5.0	平衡	1%氨水	1.0	5.0
上样	2%甲酸	0.6	0.8	转移	1%氨水	0.8	0.6
洗涤 1	2%甲酸	1.0	0.3	洗涤	1%氨水	1.0	3.0
洗涤 2	2%甲酸(含 15%甲醇)	1.0	0.3				

(三)鱼尾罩和剑桥滤片的处理

向 44 mm 滤片上均匀加入 2 mL 抗坏血酸-甲醇饱和溶液(100 mL 甲醇加入 16 g 抗坏血酸并超声 1 h)，在避光通风场所自然晾干后，再转入温度为(22±1)℃、相对湿度为 60%±2%的恒温恒湿箱中平衡 48 h。

取 250 mL 抗坏血酸过饱和溶液(100 mL 水加入 50 g 抗坏血酸并超声 1 h)，在磁力搅拌下缓缓加入 4 g 羧甲基纤维素钠，搅拌，使之完全溶解。将该溶液缓缓倾倒入鱼尾罩内壁，轻轻转动，使该溶液在罩壁涂布均匀，多余溶液自行流走，鱼尾罩口向下悬挂于通风避光处静止过夜，使罩壁完全干燥。

(四)卷烟侧流烟气中 TSNAs 的捕集及处理

参照 GB/T 16447—2004，将烟支置于温度为(22±1)℃、相对湿度为 60%±3%的恒温恒湿箱中平衡 48 h 后，在温度为(22±2)℃、相对湿度为 60%±5%的环境下进行实验。参照 GB/T 19609—2004，将吸烟机抽吸参数调整为主流抽吸容量为(35.0±0.3)mL；参照 YC/T 185—2004，将侧流抽吸泵抽吸速率调整为(3.0±0.1)L/min；实验前对所使用的实验装置进行密闭性检测，安装侧流烟气捕集装置，将预先处理的鱼尾罩末端连接至装有用于预先处理的剑桥滤片的捕集器，用软管连接捕集器与气体吸收瓶，每个剑桥滤片捕集 2 支卷烟的侧流烟气。

抽吸完成后取出卷烟夹持器中的剑桥滤片，放入 100 mL 锥形瓶中，取下鱼尾罩，用 50 mL 加入内标的 0.1 moL/L 乙酸铵溶液对鱼尾罩进行淋洗，将淋洗液收集到装有剑桥滤片的锥形瓶中，将玻璃瓶口密封，置于回旋振荡器上，室温下振荡 40 min，提取液过 0.22 μm 水相滤膜后进行在线 SPE-LC-MS/MS 分析。

二、结果与讨论

(一)鱼尾罩洗涤溶液的选取

侧流烟气在经过鱼尾罩时冷凝截留在罩壁上,为使残留在鱼尾罩上的 TSNAs 洗涤完全,对 0.1 moL/L 乙酸铵水溶液和甲醇与 0.1 moL/L 乙酸铵水溶液的混合溶液(各 50%,体积分数)的洗涤效果进行了对比研究。实验选择 3R4F 参比卷烟,分别用 50 mL 0.1moL/L 乙酸铵水溶液与 50 mL 50%甲醇乙酸铵溶液洗涤捕集完侧流烟气的鱼尾罩,收集全部洗涤液进行在线 SPE LC-MS/MS 检测,结果如表 5-11 所示。由表 5-11 可知,两种方法洗涤鱼尾罩的结果没有明显差异,均可将残留在鱼尾罩上的 TSNAs 洗涤完全。但由于 0.1 moL/L 乙酸铵水溶液能选择性地从剑桥滤片上萃取 TSNAs,从而降低基质效应,而加入 50%甲醇的乙酸铵溶液,洗脱下来的化学成分相对较多,因此,本章选用 50 mL 0.1 moL/L 乙酸铵水溶液作为鱼尾罩洗涤溶液。

表 5-11 两种鱼尾罩洗涤溶液的处理结果

洗涤溶液	NAT/(ng/支)	NNK/(ng/支)	NNN/(ng/支)	NAB/(ng/支)
乙酸铵水溶液	14.91	14.94	13.44	2.21
50%甲醇乙酸铵溶液	15.19	14.81	13.59	2.29

(二)添加抗坏血酸对侧流烟气中 TSNAs 测定结果的影响

侧流烟气中存在大量的氮氧化物,在烟气捕集过程中,这些氮氧化物易于同烟气中的烟草生物碱再次生成 TSNAs,使测定结果偏高。为了考察添加抗坏血酸对样品测试结果的影响,本节取同一批次的 1R5F 和 3R4F 参比卷烟分为 4 组,第 1 组选择未用抗坏血酸处理的空白剑桥滤片和空白鱼尾罩捕集侧流烟气,第 2 组选用用抗坏血酸处理的剑桥滤片和未用抗坏血酸处理的空白鱼尾罩捕集侧流烟气,第 3 组选用未用抗坏血酸处理的空白剑桥滤片和用抗坏血酸处理的鱼尾罩捕集侧流烟气,第 4 组选用用抗坏血酸处理的剑桥滤片和用抗坏血酸处理的鱼尾罩捕集侧流烟气,抽吸完成后将 4 组剑桥滤片和鱼尾罩进行处理,测得 4 组样品中 4 种 TSNAs 的含量如表 5-12 所示。

由表 5-12 可知,采用用抗坏血酸处理的剑桥滤片(第 2 组)和采用用抗坏血酸处理的鱼尾罩(第 3 组)的测定结果明显低于采用未用抗坏血酸处理的空白剑桥滤片和空白鱼尾罩(第 1 组),且同时采用用抗坏血酸处理的剑桥滤片和鱼尾罩的测定结果最低(第 4 组)。这表明采用用抗坏血酸处理的剑桥滤片和采用抗坏血酸处理的鱼尾罩均能吸收侧流烟气中的氮氧化物,阻断侧流烟气中 TSNAs 的再生成,且同时采用用抗坏血酸处理的剑桥滤片和鱼尾罩更能有效抑制侧流烟气捕集过程中 TSNAs 的再生成。

表 5-12　四组样品中 4 种 TSNAs 的含量

样品名称	实验编号	NAT/(ng/支)	NNK/(ng/支)	NNN/(ng/支)	NAB/(ng/支)
1R5F	第 1 组	148.94	246.33	226.40	31.98
	第 2 组	140.03	241.98	219.26	28.71
	第 3 组	141.94	226.05	210.08	29.97
	第 4 组	135.94	220.79	205.00	27.34
3R4F	第 1 组	195.57	435.78	254.72	36.21
	第 2 组	173.60	385.95	234.08	33.91
	第 3 组	169.88	377.43	225.01	31.81
	第 4 组	159.60	365.95	210.08	29.91

（三）添加抗坏血酸对剑桥滤片捕集效果的影响

为了考察添加抗坏血酸是否会对剑桥滤片捕集效果产生影响，本节取同一批次的 1R5F 和 3R4F 参比卷烟分为 2 组，第 1 组采用未用抗坏血酸处理的空白剑桥滤片，第 2 组采用用抗坏血酸处理的剑桥滤片，参照 GB/T 23228—2008 中的抽吸方案，捕集主流烟气中的 TSNAs，捕集完后分别将 2 组样品的剑桥滤片放入 100 mL 锥形瓶中，加入 0.4 mL 内标和 20 mL 0.1mol/L 的乙酸铵水溶液，在室温下振荡 40 min，提取液过 0.22 μm 水相滤膜后进行在线 SPE-LC-MS/MS 分析，结果如表 5-13 所示。表 5-13 中采用加抗坏血酸处理的剑桥滤片与采用未加抗坏血酸处理的剑桥滤片 4 种 TSNAs 的测定结果均没有显著的差异，这表明添加抗坏血酸对剑桥滤片捕集效果没有影响。

表 5-13　两组样品中 4 种 TSNAs 的含量

样品名称	实验编号	NAT/(ng/支)	NNK/(ng/支)	NNN/(ng/支)	NAB/(ng/支)
1R5F	第 1 组	49.61	25.04	47.62	7.61
	第 2 组	48.59	24.50	46.60	7.93
3R4F	第 1 组	126.49	94.47	123.98	15.38
	第 2 组	124.58	95.79	120.96	15.09

（四）工作曲线与检出限

用 0.1 mol/L 乙酸铵水溶液准确配制浓度分别为 0.2 ng/mL、0.5 ng/mL、1.5 ng/mL、4.5 ng/mL、10.0 ng/mL、20.0 ng/mL、50.0 ng/mL 的 NAT、NNK、NNN 和 NAB 混合标准溶液，其中 NAT-d4、NNK-d4、NNN-d4 和 NAB-d4 4 种内标的浓度均为 8.0 ng/mL。对所配制的 TSNAs 标准工作溶液由低浓度到高浓度进行进样分析，以目标分析物与内标的峰面积比(y)对相应的目标分析物浓度(x,ng/mL)进行线性回归分析，得到各目标分析物的工作曲线回归方程和相关系数，如表 5-14 所示。NAT、NNN、NNK 和 NAB 的线性范围为 0.2～50 ng/mL，线性相关系数为 0.9998～0.9999，表明在测定的浓度范围内具有良好的线性关系。以信噪比(S/N)不低于 3 时萃取液中 NNN、NNK、NAT 和 NAB 的浓度为检出限,结果如表 5-14 所示。

表 5-14 4 种 TSNAs 的标准工作曲线、r 值及仪器检出限和定量限

TSNAs	标准工作曲线	r 值	检出限/(ng/mL)	定量限/(ng/mL)
NAT	$y=0.0608x-0.0092$	$r=0.9999$	0.0064	0.021
NNK	$y=0.103x+0.0196$	$r=0.9998$	0.0067	0.022
NNN	$y=0.0985x+0.0461$	$r=0.9999$	0.0022	0.0072
NAB	$y=0.115x+0.003\ 75$	$r=0.9998$	0.0052	0.017

(五)回收率与精密度

取同一批次 3R4F 参比卷烟样品分为 3 组,处理剑桥滤片和鱼尾罩,按所规定的抽吸方案抽吸卷烟和捕集侧流烟气。取 50 mL 加入内标的 0.1 mol/L 乙酸铵水溶液分为 3 组,分别按照低、中、高 3 个添加水平加入 NAT、NNK、NNN 和 NAB 标准品,每个添加水平重复测定 5 次。抽吸完成后取出卷烟夹持器中的滤片,将滤片放入 100 mL 锥形瓶中。取下鱼尾罩,分别用已加入内标和 TSNAs 标准品的乙酸铵溶液对鱼尾罩进行淋洗,将淋洗液收集到装有滤片的锥形瓶中进行处理和在线 SPE LC-MS/MS 分析,由原含量、加标量以及测定量计算回收率,结果如表 5-15 所示。由表 5-15 可知,该方法测得的 NNT、NNK、NNN 和 NAB 的加标回收率在 93.4%~107.3%区间,相对标准偏差(RSD)在 2.0%~7.6%区间,表明该方法满足检测要求。

表 5-15 侧流烟气中 NAT、NNK、NNN 和 NAB 的加标回收率结果($n=5$)

化合物	加标量/(ng/支)	原含量/(ng/支)	测定值/(ng/支)	回收率/(%)	RSD/(%)
NAT	76.41	159.60	238.06	104.6	5.9
	152.83	159.60	303.97	96.3	2.2
	229.24	159.60	376.40	94.6	3.4
NNK	150.10	365.95	507.92	94.6	3.0
	299.97	365.95	657.58	97.2	4.1
	450.07	365.95	846.95	106.9	5.2
NNN	100.07	210.08	306.03	95.9	2.0
	199.91	210.08	424.60	107.3	5.8
	299.98	210.08	499.32	96.4	5.0
NAB	12.49	29.91	42.03	97.0	6.4
	25.01	29.91	56.09	104.7	6.3
	37.51	29.91	64.93	93.4	7.6

(六)实际样品测定

本节采用所建立的方法测定了市场上具有代表性的品牌的卷烟侧流烟气中 NAT、

NNK、NNN 和 NAB 的释放量，结果(见表 5-16)显示：在所测定的卷烟中，侧流烟气中 NNK 的释放量最高，其次是 NNN 和 NAT 的释放量，NAB 的释放量最低。

表 5-16 4 种卷烟侧流烟气中 NAT、NNK、NNN 和 NAB 的释放量

样品名称	NAT/(ng/支)	NNK/(ng/支)	NNN/(ng/支)	NAB/(ng/支)
中南海(软精品)	27.99	171.95	96.30	12.59
中南海(特高)	19.38	142.37	48.80	6.29
红双喜(硬 8 mg)	30.86	169.19	62.79	9.26
中南海(10 mg)	124.19	219.73	373.87	25.83

三、结论

本节采用用抗坏血酸处理的剑桥滤片和鱼尾罩捕集侧流烟气，利用在线 SPE-LC-MS/MS 建立了一种同时测定卷烟侧流烟气中 NAT、NNK、NNN 和 NAB 的方法。该方法前处理简单，分析速度快，且能有效抑制侧流烟气捕集过程中 TSNAs 的再生成，适合用于卷烟侧流烟气中 NAT、NNK、NNN 和 NAB 释放量的准确测定。

第四节 在线固相萃取-液质联用法测定烟草中的 TSNAs

一、材料与方法

(一)仪器和材料

(1)仪器。①在线 SPE 系统：Symbiosis(Pico)(荷兰 Spark Holland 公司)。②API5500 质谱仪(美国应用生物系统公司)。③Milli-Q50 超纯水仪(美国 Millipore 公司)。④CP2245 分析天平(感量 0.0001 g，德国 Sartorius 公司)。⑤13 mm×0.22 μm 水相针式滤器(上海安谱实验科技股份有限公司)。⑥TZ-2AG 台式往复旋转振荡器(北京沃德仪器公司)。另外，还配置了 Bond Elut PRS 阳离子交换柱、HySphere C18 HD 柱(荷兰 Spark Holland 公司)。

(2)材料。①标准品：*N*-亚硝基降烟碱(NNN)，4-(甲基亚硝胺基)-1-(3-吡啶基)-1-丁酮(NNK)，*N*-亚硝基新烟碱(NAT)，*N*-亚硝基假木贼碱(NAB)，NNN-d4，NNK-d4，NAT-d4，NAB-d4(纯度>98%，加拿大 TRC 公司)。②超纯水(电导率≥18.2 MΩ·cm)。③甲醇(色谱纯，美国 Fisher 公司)。④乙酸、乙酸铵(色谱纯，美国 Tedia 公司)。

(二)液相色谱操作条件与质谱检测参数

(1)UPLC 参数。①色谱柱：ACQUITY UPLC CSH C18(3.2 mm×100 mm，1.7 μm，美国 Waters 公司)。②柱温：50.0 ℃。③进样量：10 μL。④流动相：A 为水(含 10 mmol/L 乙酸铵)，B 为甲醇(10 mmoL/L 乙酸铵)。⑤梯度洗脱条件如表 5-17 所示。

表 5-17　色谱梯度洗脱条件

时间/min	流速/(mL/min)	流动相 A/(%)	流动相 B/(%)
00:01	0.30	82	18
05:00	0.30	40	60
06:00	0.30	5	95
09:00	0.30	5	95
09:01	0.30	82	18
12:00	0.30	82	18

(2)质谱条件。①离子源:电喷雾电离(ESI)源。②扫描模式:正离子扫描。③检测方式:多离子反应监测(MRM)。④电喷雾电压(ion spray voltage,IS):5500 V。⑤雾化气流速(GS1,N2):55 PSI。⑥辅助加热气流速(GS2,N_2):55 PSI。⑦气帘气流速(curtain gas,CUR,N2):15 PSI。⑧撞气流速(collision gas,CAD,N2):8 PSI。⑨离子源温度(TEM):600 ℃。⑩驻留时间(dwell time):50 ms。TSNAs 的 MRM 参数如表 5-18 所示。

表 5-18　TSNAs 的 MRM 参数

分析物	母离子 (m/z)	子离子 (m/z)	DP/V	CE/V	CXP/V
NNN	178.1[a]	148.1	39	15	15
	178.1[b]	120.1	39	26	15
NAT	190.1[a]	160.0	39	15	29
	190.1[b]	106.1	39	21	20
NAB	192.1[a]	162.1	39	16	13
	192.1[b]	133.1	39	29	13
NNK	208.1[a]	122.1	39	15	11
	208.1[b]	148.1	39	30	11
NNN-d4	182.1	152.1	42	15	13
NAT-d4	194.1	164.0	36	15	19
NAB-d4	196.1	166.0	41	15	13
NNK-d4	212.1	126.1	41	18	14

注:[a] 定量离子;
[b] 定性离子。

(三)样品处理

1. 烤烟和成品烟丝样品

称取 1.0 g 烟样,将其放入 50 mL 锥形瓶中,加入 20 μL 4 种氘代 TSNAs(内标)溶液和 20 mL 100 mmol/L 乙酸铵水溶液,在室温下用振荡器以 200 r/min 萃取 40 min。萃取液过 0.22 μm 水相滤膜后直接进行测定。

2. 白肋烟和马里兰烟样品

称取 1.0 g 烟样，将其放入 250 mL 锥形瓶中，加入 100 μL 4 种氘代 TSNAs（内标）溶液和 100 mL 100 mmol/L 乙酸铵水溶液，在室温下用振荡器以 200 r/min 萃取 40 min。萃取液过 0.22 μm 水相滤膜后直接进行测定。

3. 含水率的测定

按照《烟草及烟草制品　试样的制备和水分测定　烘箱法》（YC/T 31—1996）测定烟草样品的含水率。

（四）结果计算

以干基计的 4 种 TSNAs 的含量，按照下列公式计算：

$$m=\frac{C\times V}{n\times(1-w)}$$

式中：m——每克试样的 TSNAs 含量，单位为纳克每克（ng/g）；

n——试样的质量，单位为克（g）；

w——试样的水分含量。

以两次测定的平均值作为测定结果，单位为纳克每克（ng/g），结果精确至 0.01 ng/g。

二、结果与讨论

（一）烟草中 TSNAs 的萃取

为了保证烟草样品的均一性以及 TSNAs 萃取完全，先将烟草样品粉碎打磨成烟末，且称样量为 1.00 g。烤烟样品中 TSNAs 含量极低（远低于白肋烟和马里兰烟），为了保证标准工作曲线的适用性，使得烟草中 TSNAs 的测定结果均落在合理的线性范围内，烤烟样品中加入萃取液 20 mL，白肋烟和马里兰烟样品中加入萃取液 100 mL。实验结果（见表 5-19）表明，加入相应体积的乙酸铵水溶液在振荡器上提取 40 min 可将烟草中的 TSNAs 萃取完全，因此本章选择将 100 mmol/L 的乙酸铵水溶液作为烟草中 TSNAs 的萃取液。

表 5-19　烟草中 TSNAs 的萃取

类型	萃取时间/min	NNK/(ng/g)	NAT/(ng/g)	NNN/(ng/g)	NAB/(ng/g)
烤烟	20	21.5	145.7	54.6	4.1
	40	26.2	156.4	63.8	4.5
	60	26.0	157.2	64.6	4.4
	90	26.4	155.8	62.7	4.6
白肋烟	20	806.4	10 644.6	35 746.8	321.6
	40	832.0	11 010.7	37 360.3	348.2
	60	839.1	11 124.4	37 125.8	349.7
	90	829.8	11 098.1	37 431.3	345.8

（二）工作曲线与检出限

对所配制的 TSNAs 标准工作溶液由低浓度到高浓度进行进样分析，以目标分析物与内标的峰面积比(y)对相应的分析物浓度(x,ng/mL)进行线性回归分析，得到各目标分析物的工作曲线回归方程和相关系数，如表 5-20 所示。线性相关系数为 0.9997～0.9999，表明在测定的浓度范围内具有良好的线性关系，以标准工作曲线最低浓度的标准工作溶液稀释后进样计算信噪比(S/N)，以 3 倍信噪比作为检出限，以 10 倍信噪比作为定量限，结果如表 5-20所示。

表 5-20 TSNAs 的回归方程、相关系数、检出限及定量限

TSNAs	回归方程	相关系数 r	检出限/(ng/mL)	定量限/(ng/mL)
NNN	$y=0.0443x-0.003\ 07$	0.9999	0.008	0.027
NAT	$y=0.0266x-0.001\ 45$	0.9997	0.005	0.017
NNK	$y=0.0349x+0.002\ 57$	0.9998	0.002	0.008
NAB	$y=0.0212x+0.000\ 13$	0.9997	0.002	0.005

(三)重复性

方法的重复性是以烟草样品组内测定结果的重复性和组间测定结果的重复性来评价的。组内测定结果的重复性是以同一样品每天重复进样 5 次，连续测定 3 天，计算相对标准偏差来表示的。组间测定结果的重复性是以连续 3 天，每天测定 5 组样品，计算相对标准偏差来表示的。结果如表 5-21 所示。

表 5-21 方法的重复性

化合物	组间测定结果的重复性($n=15$)		组内测定结果的重复性($n=15$)	
	平均值/(ng/g)	相对标准偏差/(%)	平均值/(ng/g)	相对标准偏差/(%)
NNN	12 136.09	2.26	11 986.45	1.85
NAT	6392.05	1.98	6265.16	1.69
NNK	720.36	1.74	710.23	1.58
NAB	440.75	2.86	451.12	2.07

(四)回收率

称取 1.00 g 烟草样品，分别按照低、中、高三种水平加入 NNN、NNK、NAT 和 NAB 标准品，每个添加水平重复测定 6 个样品。加标后的样品分别按前述前处理方法进行处理，在相同仪器分析条件下进行样品分析，并由原含量、加标量以及测定量计算回收率，结果如表 5-22 所示。结果表明，该方法测得 NNN、NNK、NAT 和 NAB 的加标回收率在 94.1%～107.3%区间，表明该方法测定准确，能满足定量要求。

表 5-22 方法的回收率

化合物	加入量/(ng/mL)	回收量/(ng/mL)	加标回收率/(%)
NNN	15.13	14.69	97.1
	30.26	31.20	103.1
	60.52	63.71	105.3

续表

化合物	加入量/(ng/mL)	回收量/(ng/mL)	加标回收率/(%)
NAT	8.25	7.84	95.0
	16.50	15.89	96.3
	33.00	31.08	94.2
NNK	0.93	0.96	103.2
	1.86	1.81	97.3
	3.72	3.50	94.1
NAB	0.55	0.59	107.3
	1.10	1.12	101.8
	2.20	2.07	94.1

(五)实际样品测定

采用所建立的方法测定了企业所用原料中的 28 个烟叶和成品烟丝样品，如表 5-23 所示。在表 5-23 中，1～7 为烤烟烟叶，8～14 为白肋烟烟叶，15～21 为马里兰烟烟叶，22～18 为成品烟丝。结果(见表 5-23)表明，在所测定的烟叶中，烤烟烟叶 NNK、NAT、NNN 和 NAB 的含量最低，明显低于白肋烟烟叶和马里兰烟烟叶，四种 TSNAs 中 NNN 和 NNT 的含量最高，其次是 NNK 的含量，NAB 的含量最低。

表 5-23　烟叶和成品烟丝中 TSNAs 的含量　　单位：ng/g

样品编号	NNK	NAT	NNN	NAB
1	32.9	224.1	65.4	7.2
2	22.1	149.3	54.2	4.6
3	12.2	119.5	120.6	5.2
4	26.2	156.4	63.8	4.5
5	20.6	112.9	62.0	3.5
6	73.3	1165.2	476.2	28.0
7	31.7	1003.4	1636.3	13.8
8	171.4	3098.7	1664.0	68.9
9	185.5	2107.1	1058.4	55.2
10	84.3	1878.9	871.0	32.8
11	345.8	3627.4	13 323.2	116.0
12	832.0	11 010.7	37 360.3	348.2
13	526.4	7738.8	14 310.9	251.8
14	982.5	9371.8	31 625.9	302.0
15	60.6	339.9	453.4	8.1

续表

样品编号	NNK	NAT	NNN	NAB
16	109.3	565.5	1052.7	17.7
17	125.5	860.6	1840.3	28.9
18	79.6	699.4	762.0	23.0
19	196.3	1390.2	1344.7	34.6
20	205.9	2322.6	2533.9	50.1
21	417.0	3749.5	3145.2	145.4
22	253.5	1369.8	3266.8	50.8
23	413.0	1546.9	5949.7	54.9
24	372.0	2355.2	8384.6	82.4
25	212.9	1295.1	3961.2	47.2
26	263.3	1561.0	4722.8	55.0
27	50.1	212.1	114.9	7.6
28	45.2	138.8	117.1	4.2

三、结论

本节利用在线 SPE-LC-MS/MS 建立了一种快速、准确地测定烟草中烟草特有 N-亚硝胺的方法。该方法采用全自动固相萃取技术在线纯化烟草样品,固相萃取方式自动化操作更加简便,节省了时间,减少了人为误差,提高了检测准确性,同时大大降低了烟草样品对检测系统的污染,提高了检测的重复性和灵敏度,该方法对 4 种烟草特有 N-亚硝胺的灵敏度高,重复性很好,实验分析结果较好,实现了烟草样品中 TSNAs 的快速、准确测定。

参考文献

[1] WU J C,JOZA P,SHARIFI M,et al. Quantitative method for the analysis of tobacco-specific nitrosamines in cigarette tobacco and mainstream cigarette smoke by use of isotope dilution liquid chromatography tandem mass spectrometry[J]. Analytical Chemistry,2008,80(4):1341-1345.

[2] WAGNER K A,FINKEL N H,FOSSETT J E,et al. Development of a quantitative method for the analysis of tobacco-specific nitrosamines in mainstream cigarette smoke using isotope dilution liquid chromatography/electrospray ionization tandem mass spectrometry[J]. Analytical Chemistry,2005,77(4):1001-1006.

[3] XIONG W,HOU H W,JIANG X Y,et al. Simultaneous determination of four tobacco-specific N-nitrosamines in mainstream smoke for Chinese Virginia cigarettes by liquid chromatography-tandem mass spectrometry and validation under ISO and "Canadian intense" machine smoking regimes[J]. Analytica Chimica Acta,2010,674

(1):71-78.

[4] ZHOU J,BAI R S,ZHU Y F. Determination of four tobacco-specific nitrosamines in mainstream cigarette smoke by gas chromatography/ion trap mass spectrometry[J]. Rapid Communications in Mass Spectrometry,2007,21(24):4086-4092.

[5] 王兆宇,王昇,王娟,等. 烟气中烟草特有亚硝胺 LC-MS/MS 分析方法的改进[J]. 烟草科技,2010,(6):57-62,67.

[6] 顾文博,周宛虹,陆怡峰,等. 气相色谱-三重四极杆串联质谱法测定卷烟烟气中的烟草特有亚硝胺[J]. 烟草科技,2013,(10):40-43,48.

[7] 万文亚,周宛虹,张怡春,等. LC-MS-MS 法测定卷烟侧流烟气中的亚硝胺[J]. 分析试验室,2012,31(4):69-72.

[8] MAGNES C,SUPPAN M,PIEBER T R,et al. Validated comprehensive analytical method for quantification of coenzyme a activated compounds in biological tissues by online solid-phase extraction LC/MS/MS[J]. Analytical Chemistry,2008,80(15):5736-5742.

[9] FAYAD P B,PRÉVOST M,SAUVÉ S. On-line solid-phase extraction coupled to liquid chromatography tandem mass spectrometry optimized for the analysis of steroid hormones in urban wastewaters[J]. Talanta,2013,115:349-360.

[10] LARA F J,DEL OLMO-IRUELA M,GARCÍA-CAMPAÑA A M. On-line anion exchange solid-phase extraction coupled to liquid chromatography with fluorescence detection to determine quinolones in water and human urine[J]. Journal of Chromatography A,2013,1310:91-97.

[11] ARROYO-MANZANARES N,LARA F J,AIRADO-RODRÍGUEZ D,et al. Determination of sulfonamides in serum by on-line solid-phase extraction coupled to liquid chromatography with photoinduced fluorescence detection[J]. Talanta,2015,138:258-262.

[12] TETZNER N F,MANIERO M G,RODRIGUES-SILVA C,et al. on-line solid phase extraction-ultra high performance liquid chromatography-tandem mass spectrometry as a powerful technique for the determination of sulfonamide residues in soils[J]. Journal of Chromatography A,2016,1452:89-97.

[13] 国家烟草专卖局. 烟草及烟草制品　试样的制备和水分测定　烘箱法:YC/T 31—1996[S].

[14] 国家烟草专卖局. 卷烟　第 1 部分:抽样:GB/T 5606.1—2004[S]. 北京:中国标准出版社,2005.

[15] 国家烟草专卖局. 常规分析用吸烟机　定义和标准条件:GB/T 16450—2004[S]. 北京:中国标准出版社,2005.

[16] 国家烟草专卖局. 卷烟　用常规分析用吸烟机测定总粒相物和焦油:GB/T 19609—2004[S]. 北京:中国标准出版社,2005.

[17] 国家烟草专卖局. 卷烟　侧流烟气中焦油和烟碱的测定:YC/T 185—2004[S]. 北京:中国标准出版社,2004.

[18] HECHT S S. Biochemistry, biology, and carcinogenicity of tobacco-specific N-nitrosamines[J]. Chemical Research Toxicology,1998,11(6):599-603.

[19] SHEPPERD C J, ELDRIDGE A, CAMACHO O M, et al. Changes in levels of biomarkers of exposure observed in a controlled study of smokers switched from conventional to reduced toxicant prototype cigarettes[J]. Regulatory Toxicology and Pharmacology,2013,66(1):147-162.

[20] HECHT S S, ORNAF R M, HOFFMANN D. Determination of N'-nitrosonornicotine in tobacco by high speed liquid chromatography[J]. Analytical Chemistry,1975,47(12):2046-2048.

[21] STEPANOV I,JENSEN J,HATSUKAMI D,et al. Tobacco-specific nitrosamines in new tobacco products[J]. Nicotine & Tobacco Research,2006,8:309-313.

[22] BRUNNEMANN K D,PROKOPCZYK B,DJORDJEVIC M V,et al. Formation and analysis of tobacco-specific N-nitrosamines[J]. Critical Reviews in Toxicology, 1996,26(2):121-137.

[23] SONG S Q,ASHLEY D L. Supercritical fluid extraction and gas chromatography/mass spectrometry for the analysis of tobacco-specific nitrosamines in cigarettes[J] Analytical Chemistry,1999,71(1):1303-1308.

[24] SLEIMAN M,MADDALENA R L,GUNDEL L A,et al. Rapid and sensitive gas chromatography-ion-trap tandem mass spectrometry method for the determination of tobacco-specific N-nitrosamines in secondhand smoke [J]. Journal of Chromatography A,2009,1216(45):7899-7905.

[25] WU W J, ASHLEY D L, WATSON C H. Simultaneous determination of five tobacco-specific nitrosamines in mainstream cigarette smoke by isotope dilution liquid chromatography/electrospray ionization tandem mass spectrometry [J]. Analytical Chemistry,2003,75(18):4827-4832.

[26] WU M-J, DAI Y-H, TUO S-X. Analysis of four tobacco-specific nitrosamines in mainstream cigarette smoke of Virginia cigarettes by LC-MS/MS[J]. Journal of Central South University of Technology,2008,15(5):627-631.

[27] KAVVADIAS D, SCHERER G, CHEUNG F, et al. Determination of tobacco-specific N-nitrosamines in urine of smokers and non-smokers[J]. Biomarkers,2009, 14(8):547-553.

第六章　基于磁性聚合物的主流烟气中 TSNAs 分析方法

本章合成了甲基丙烯酸改性的 Fe_3O_4 磁性纳米颗粒(Fe_3O_4@SiO_2@MAA),建立了基于磁固相萃取技术与高效液相色谱-串联质谱联用技术检测卷烟主流烟气中烟草特有 *N*-亚硝胺(TSNAs)的方法。该方法通过在萃取液中加入 10 mg 磁性纳米颗粒对 TSNAs 进行吸附、洗脱、富集,在磁性材料的作用下实现快速分离,对洗脱液采用 HPLC-MS/MS 多离子反应监测模式进行检测,可满足低焦油和新型烟草制品等低含量 TSNAs 的检测要求。结果表明:①Fe_3O_4@SiO_2@MAA 纳米颗粒粒径均一,分散性好,具有超顺磁性,其表面的羧基可吸附溶液中的 TSNAs,实现分离富集;②采用磁固相萃取技术对 TSNAs 进行分离纯化,操作快速简便,适用于大批量样品分析场合;③4 种烟草特有 *N*-亚硝胺的定量限为 0.10～0.48 ng/mL,加标回收率为 88.3%～112.8%,该方法能满足在复杂烟气背景下,痕量 TSNAs 的检测要求。

第一节　概　　述

烟草特有 *N*-亚硝胺(TSNAs)是一类存在于烟草及烟草制品中的 *N*-亚硝胺类化合物,包括 *N*-亚硝基降烟碱(NNN)、4-(甲基亚硝胺基)-1-(3-吡啶基)-1-丁酮(NNK)、*N*-亚硝基新烟碱(NAT)、*N*-亚硝基假木贼碱(NAB)等。TSNAs 经烟草生物碱亚硝化作用而产生的,对肺部、口腔、食道、胃、胰脏、肝脏等部位有较大的危害。随着人们对健康的重视,对 TSNAs 进行准确检测对烟草的降焦减害研究具有重要的指导意义。目前,检测卷烟主流烟气中 TSNAs 较为常用的分析方法主要有气相色谱-热能分析(GC-TEA)联用法、气相色谱-质谱(GC-MS)法、高效液相色谱-串联质谱(HPLC-MS/MS)法和超高效液相色谱-串联质谱(UPLC-MS/MS)法等。

液相色谱-串联质谱联用技术自 21 世纪初被报道用于分析烟气中 TSNAs 以来,普及程度在不断上升。该技术采用正离子电喷雾技术电离 TSNAs,利用三重四极杆强大的定量能力对 TSNAs 进行定量。该技术中的样品前处理过程简单,且整个方法的回收率、重复性等参数都令人满意。阳离子选择性耗尽进样技术结合胶束电动色谱技术也被用来在线富集检测生物样品中的 TSNAs 及其代谢物。与其他技术相比,该技术样品分析时间短,但是不适合用于实验室大量样品的常规分析检测。采用近红外光谱技术建立模型,也可以快速预测烟叶中的 TSNAs。该技术分析时间很短,而且还可以实现无损分析,但是对低含量样品的分析还存在较大的误差。

在测定卷烟烟气中的 TSNAs 时通常也需要进行一定的样品前处理，即需要针对 TSNAs 的性质选择合适的提取、纯化和浓缩方法才能进行后续的仪器测定。有文献报道用 100 mmol/L 乙酸铵溶液直接提取主流烟气的总粒相物，经萃取液过滤后以(超高效)液相色谱-串联质谱联用仪分离检测，用内标法定量，实现卷烟主流烟气中 4 种 TSNAs 的同时检测；为了减少提取液中基质的干扰，Zheng 等人对提取液进行固相萃取净化，结合超高效液相色谱-飞行时间质谱建立了主流烟气中 4 种 TSNAs 的分析方法；Wu 等人首先用二氯甲烷提取总粒相物中的 TSNAs，然后用 0.1 mol/L 盐酸溶液反萃目标分析物至水相中，再用固相萃取柱(Waters Oasis HLB-60mg)，最后用液相色谱-质谱联用仪分离检测，用内标法定量，实现了卷烟主流烟气中 5 种 TSNAs 的同时检测；Zhou 等人用乙酸乙酯提取总粒相物中的 TSNAs，再将提取液用 Supelclean ENVI-Carb 固相萃取柱(500 mg/6 mL，Supelco)净化，以气相色谱-质谱联用仪检测，用内标法定量，建立了主流烟气中 4 种 TSNAs 的分析方法；Wang 等人以环糊精改性硅胶为固相萃取吸附剂，结合液相色谱-串联质谱联用技术，建立了兔血中 TSNAs 的分析方法；Sleiman 和 Clayton 等人用甲醇提取纤维素滤片或滤嘴上的 TSNAs，提取液离心后以气相色谱-离子阱串联质谱联用仪或液相色谱-串联质谱联用仪检测，建立了二手烟或滤嘴中 4 种 TSNAs 的分析方法；Xia 等人采用 4-(甲基亚硝胺)-1-(3-吡啶)-1-丁酮(NNAL)分子印迹固相萃取技术分离富集于尿液中的 NNAL，结合液相色谱-串联质谱联用仪进行分离检测，为流行病学调查提供了一种简单、灵敏的评价主动吸烟者对卷烟烟气或被动吸烟者对二手烟的暴露评定方法；Shah 等人考察了样品提取条件、色谱分离条件和质谱离子化抑制效应，将方法的灵敏度提高了 25 倍，可以实现尿液中每毫升皮克级 NNAL 的检测；Lee 等人用以 C8 和 C18 为吸附剂的固相萃取技术对老鼠尿液中的 NNK 及其代谢物进行分离富集，结合液相色谱-质谱联用技术，建立了老鼠尿液中 NNK 及其代谢物的分析方法；Kim 等人采用二氯甲烷液液萃取方法，结合液相色谱-串联质谱联用技术，建立了电子烟烟液中 4 种 TSNAs 的分析方法；Wu 等人用 0.1 mol/L 盐酸溶液提取总粒相物中的 TSNAs，再用阳离子交换树脂固相萃取柱净化，结合气相色谱-正离子化学电离-三重四级杆质谱联用技术进行分离检测，建立了卷烟主流烟气中 4 种 TSNAs 的分析方法；Cho 等人首先将电子烟气溶胶收集在密封注射器中，再用二氯甲烷提取，结合液相色谱-串联质谱联用技术建立了电子烟气溶胶中 TSNAs 的分析方法；Zhang 等人建立了一种二维在线固相萃取-液相色谱-串联质谱联用技术分析主流烟气中 TSNAs 的方法，该方法灵敏度高、选择性强，同时具有自动化程度高、通量高和稳定性强的优点。

磁固相萃取(magnetic solid phase extraction，MSPE)技术是基于具有超顺磁性的磁性材料所发展出的新型样品前处理技术，目标分析物首先吸附在改性的磁性颗粒物表面，通过小体积的洗脱液将其洗脱下来，从而实现目标分析物的浓缩富集，降低方法检出限和背景干扰，并保证方法的重现性以及可再生性。

目前磁固相萃取模式主要分为两种：分散式和填充式。图 6-1 所示为标准的分散式磁固相萃取的原理图。首先，将磁性纳米颗粒分散在样品溶液中，经过萃取后，在磁铁的作用下磁性纳米颗粒迅速附在烧杯壁上，倒掉样品溶液；然后，移开磁铁，加入对目标分析物洗脱效果最佳的溶液将目标分析物从磁性纳米颗粒表面洗脱下来；最后，在磁铁的作用下将磁性纳米颗粒从洗脱液中快速分离，实现分离纯化和富集。

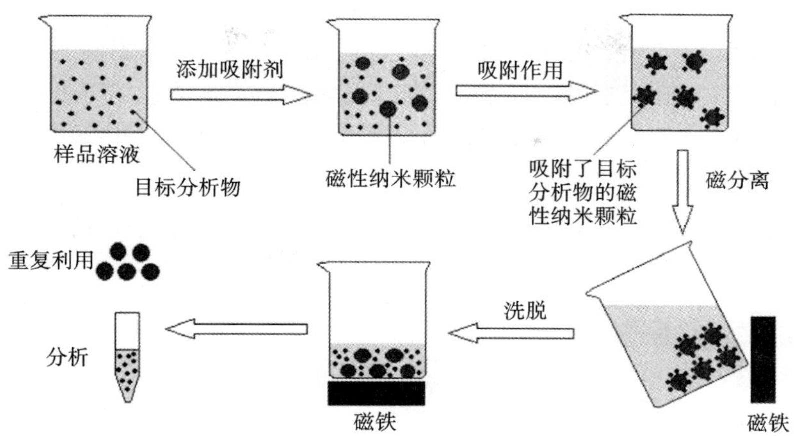

图 6-1　一种标准的分散式磁固相萃取原理图

填充式磁固相萃取主要是指微型化的芯片磁固相萃取技术。芯片磁固相萃取是指将磁性纳米颗粒引入芯片管道中，利用磁球的磁导向性和生物相容性等特点在集成的微管道中完成采样、萃取、分离、富集等整个分析过程。Goluch 等人将芯片磁固相萃取应用于蛋白质检测诊断，可有效诊断早期流行病，操作原理如图 6-2 所示。

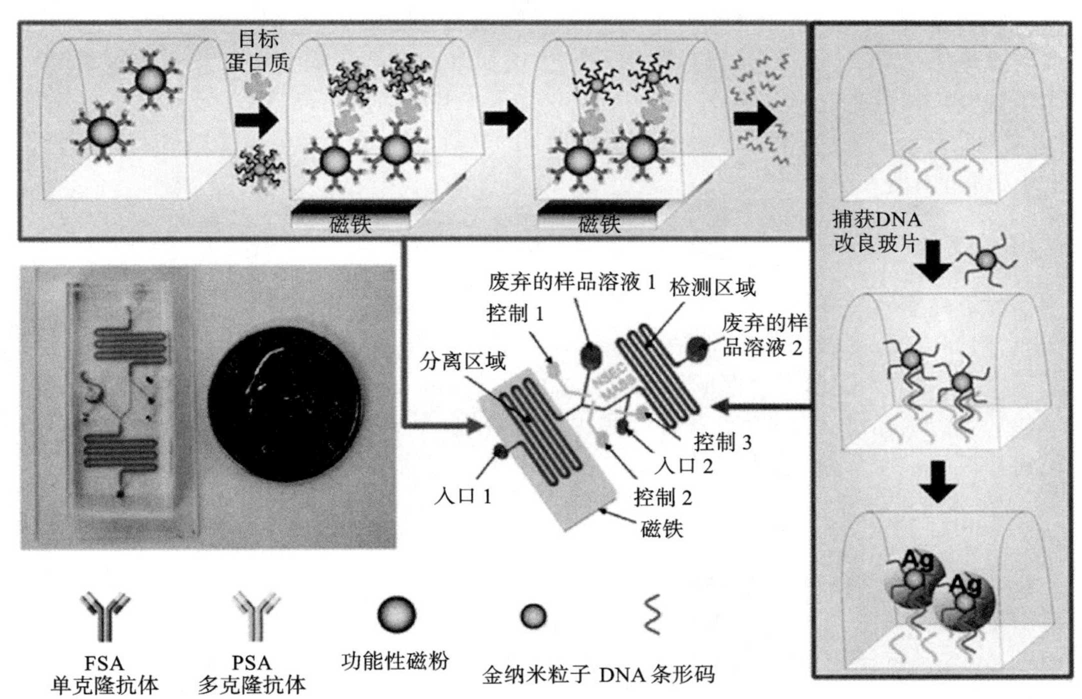

图 6-2　一种填充式磁固相萃取技术(芯片)应用于蛋白质检测诊断示意图

磁固相萃取技术具有富集倍数高、操作简便、有机溶剂消耗量少、吸附容量大、在外加磁场作用下可实现快速分离等优点，在环境分析和生物医药等领域中已有广泛的应用。目前卷烟主流烟气中 TSNAs 的含量极微，一般浓度在每支纳克数量级。近些年，随着越来越多低焦油卷烟的上市，以及新型烟草制品的发展，如电子烟、加热不燃烧卷烟等，对复杂背景干扰下低含量 TSNAs 的检测提出更高的要求。目前卷烟主流烟气中 TSNAs 常用的检测方法主要是样品萃取后萃取液直接上机检测,对于低含量的 TSNAs 存在测不到或测不准等问题。引入磁固相萃取技术,利用磁性材料富集倍数高、可实现快速分离等优点,可以更加准确地检测到复杂背景干扰下烟草制品主流烟气中低含量 TSNAs 的成分。

第二节 主流烟气中 TSNAs 分析方法

一、材料与方法

(一)材料、试剂与仪器

(1)材料:参比卷烟 3R4F;国内市售卷烟 6 种;注油式电子烟 6 种。

(2)试剂:标准样品 NNN、NNK、NAB、NAT、NNN-d4、NNK-d4、NAB-d4、NAT-d4(纯度>98%,TRC 公司,加拿大);超纯水(电阻率≥18 MΩ·cm);乙酸、乙酸铵、硝酸、氢氧化钠、氨水(分析纯,国药集团化学试剂有限公司,中国);甲醇(色谱纯,J. T. Baker 公司,美国)。

(3)仪器:1260-6460 型高效液相色谱-串联质谱联用仪(Agilent 公司,美国);Milli-Q 超纯水仪(Millipore 公司,美国);RM-200 转盘式吸烟机(Borgwaldt KC 公司,德国);SM450 直线型吸烟机(CERULEAN 公司,英国);DF-101S 型智能集热式恒温加热磁力搅拌器(上海东玺制冷仪器设备有限公司,中国);RW 20 digital 型电动搅拌机(IKA 公司,德国);DZG-6020 型真空干燥箱(上海森信实验仪器有限公司,中国);0.22 μm 水相滤膜(深圳市铭科化工有限公司,中国)。

(二)方法

1. 配制标准工作溶液

(1)内标溶液:配制浓度分别为 1 μg/mL NNN-d4、1 μg/mL NNK-d4、1 μg/mL NAT-d4、1 μg/mL NAB-d4 的甲醇溶液作为内标溶液。

(2)TSNAs 标准工作溶液:各标准品用甲醇溶解,用 10 mmol/L 乙酸铵水溶液逐级稀释得到 6 级标准工作溶液,内标浓度为 2.5 ng/mL。配制好的标准工作溶液和内标溶液于 −20 ℃在冰箱中保存。

2. 样品处理及分析

卷烟主流烟气的捕集按照相关标准进行。使用转盘式吸烟机抽吸 20 支低焦油卷烟,用剑桥滤片截留卷烟主流烟气中的总粒相物,剑桥滤片经 40 mL 10 mmol/L 乙酸铵水溶液超声萃取 40 min;电子烟的主流烟气通过直线型吸烟机进行捕集,用剑桥滤片截留抽吸 100 口后的主流烟气中的总粒相物,剑桥滤片经 40 mL 10 mmol/L 乙酸铵水溶液超声萃取 40 min。

取 20 mL 的萃取液于烧杯中,用硝酸或氢氧化钠溶液将样品 pH 值调至 4.0,向其中投入 10 mg Fe_3O_4@SiO_2@MAA 磁性纳米颗粒,超声萃取 4 min。然后将烧杯置于钕铁硼磁铁边上,磁性纳米颗粒在磁场的作用下迅速移动至烧杯侧壁,弃掉样品溶液,并用滴管吸掉附在壁上的样品溶液。移开钕铁硼磁铁,将磁性纳米颗粒重新分散在 4 mL 1 mol/L 的乙酸水溶液中,超声解吸 12 min,以洗脱吸附在 Fe_3O_4@SiO_2@MAA 磁性纳米颗粒上的

TSNAs。最后将 1 mL 洗脱液经 0.22 μm 水相滤膜过滤后引入 HPLC-MS/MS 系统进行分析检测。萃取分离原理图如图 6-3 所示，Fe_3O_4@SiO_2@MAA 磁性纳米颗粒在外加磁场的作用下可实现快速分离，样品溶液澄清，经过简单的过滤即可直接进样。

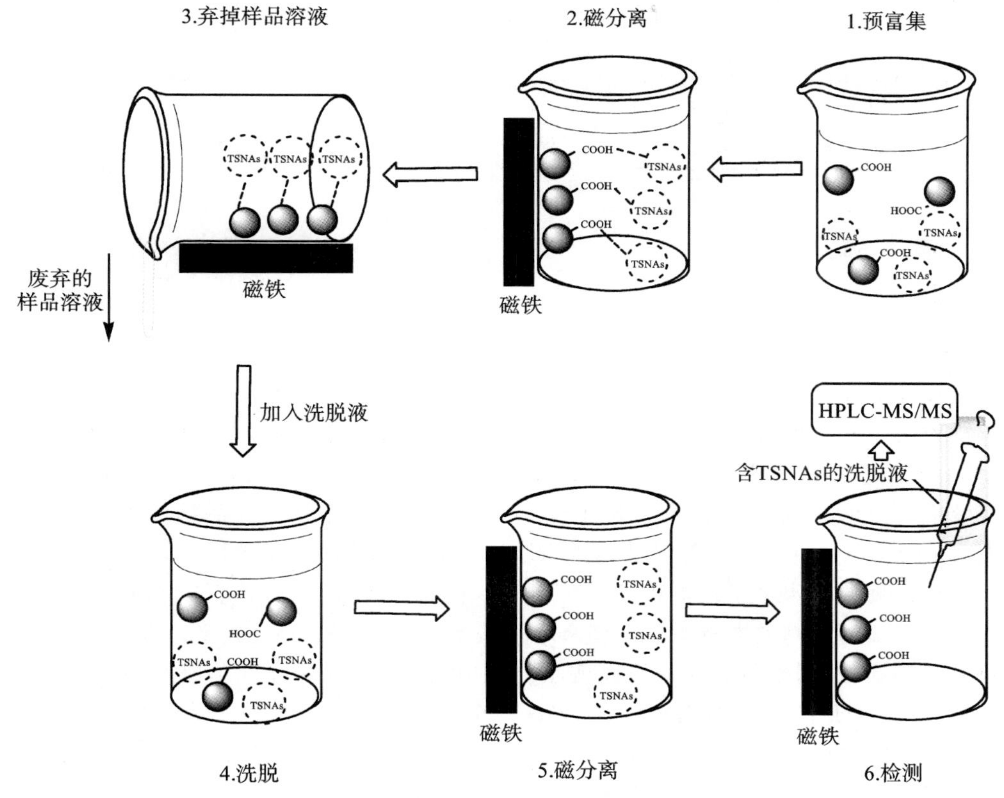

图 6-3　萃取分离过程

仪器条件为：ZORBAX Eclipse Plus C18 色谱柱（4.6 mm×250 mm，5 μm），柱温为 40 ℃，流速为 0.4 mL/min；流动相 A 为 10 mmol/L 乙酸铵水溶液，流动相 B 为甲醇；梯度洗脱程序为 90% A+10% B(0～1 min)，50% A+50% B(3 min)，40% A+60% B(8 min)，10% A+90% B(9.1～10 min)，90% A+10% B(10.1～12 min)；进样量为 5 μL；离子源为电喷雾电离（ESI）源；扫描方式为正离子扫描；监测方式为多离子反应监测（MRM，见表 6-1）；鞘气温度为 350 ℃；鞘气流速为 11 L/min；毛细管电压为 3500 V；驻留时间为 40 ms。

表 6-1　TSNAs 及其内标的质谱检测参数

化合物	母离子 (m/z)	子离子 (m/z)	CE/eV	化合物	母离子 (m/z)	子离子 (m/z)	CE/eV
NNN	178.1	148.1	9	NNN-d4	182.1	124.1	15
	178.1	105.1	17		182.1	152.1	9
NNK	208.1	122.1	9	NNK-d4	212.1	126.1	9
	208.1	79.1	9		212.1	152.1	7

续表

化合物	母离子（m/z）	子离子（m/z）	CE/eV	化合物	母离子（m/z）	子离子（m/z）	CE/eV
NAT	190.1	160.1	5	NAT-d4	194.1	164.1	5
	190.1	79.1	33		194.1	110.1	9
NAB	192.1	162.1	9	NAB-d4	196.1	166.1	9
	192.1	133.1	21		196.1	137.1	21

二、结果与讨论

(一)分析条件优化

1. 样品溶液 pH 值的影响

本章所使用的萃取材料为 Fe_3O_4@SiO_2@MAA 磁性纳米颗粒，其表面的功能基团为羧基，能与溶液中呈阳离子形式存在的 TSNAs 发生离子交换，从而实现萃取。因此，TSNAs 在水溶液中完全电离成阳离子状态更有利于萃取。本实验考察了样品溶液 pH 值在 2～7 范围内时 Fe_3O_4@SiO_2@MAA 磁性纳米颗粒对 TSNAs 萃取效率的影响，结果如图 6-4 所示。该萃取体系存在水分子的电离平衡、TSNAs 的电离平衡以及 Fe_3O_4@SiO_2@MAA 磁性纳米颗粒表面的羧基的电离平衡。随着 pH 值变小，TSNAs 的电离平衡向生成更多的阳离子的方向移动，有利于萃取效率的提高，故 pH 值在 4～7 区间，pH 值减小，萃取效率呈现增高的趋势；但 pH 值变小将抑制 Fe_3O_4@SiO_2@MAA 磁性纳米粒子表面的羧基的电离，且溶液中过多的自由氢离子将与呈阳离子状态的 TSNAs 发生竞争吸附，故 pH 值在 2～4 区间，pH 值越小，萃取效率越低。因此，最后选择样品溶液 pH 值为 4。

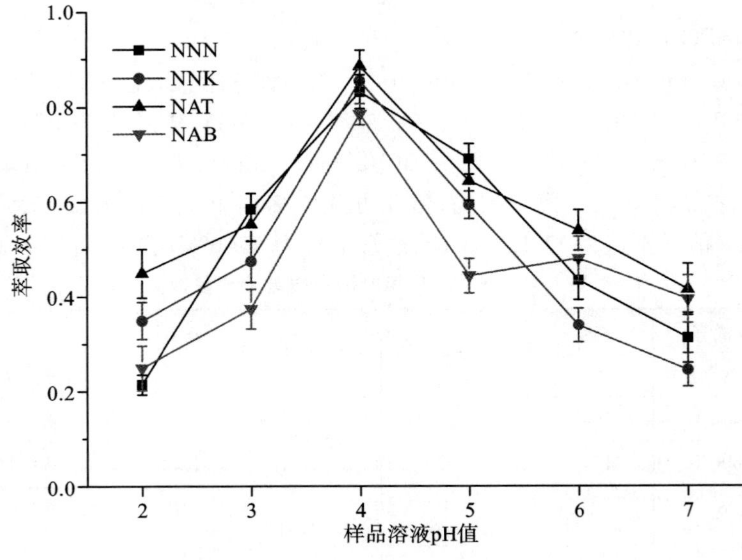

图 6-4　样品溶液 pH 值的变化对 TSNAs 萃取效率的影响

2. 样品体积的影响

样品体积的大小将直接影响 Fe_3O_4@SiO_2@MAA 磁性纳米颗粒吸附 TSNAs 的效率。在较大的样品体积条件下，Fe_3O_4@SiO_2@MAA 磁性纳米颗粒将分散得更为均匀，与溶液中 TSNAs 的接触面积更大，有利于提高萃取效率。本实验固定样品溶液中 TSNAs 的绝对量为 40 ng，考察了样品体积在 10～40 mL 范围内对 TSNAs 萃取效率的影响，结果如图 6-5 所示。可以看到，在所考察的范围内，样品体积对 TSNAs 的萃取没有明显的影响。为了提高富集倍数，同时考虑到实际样品选用的萃取液体积为 40 mL，本方法最终选用样品体积为 20 mL。

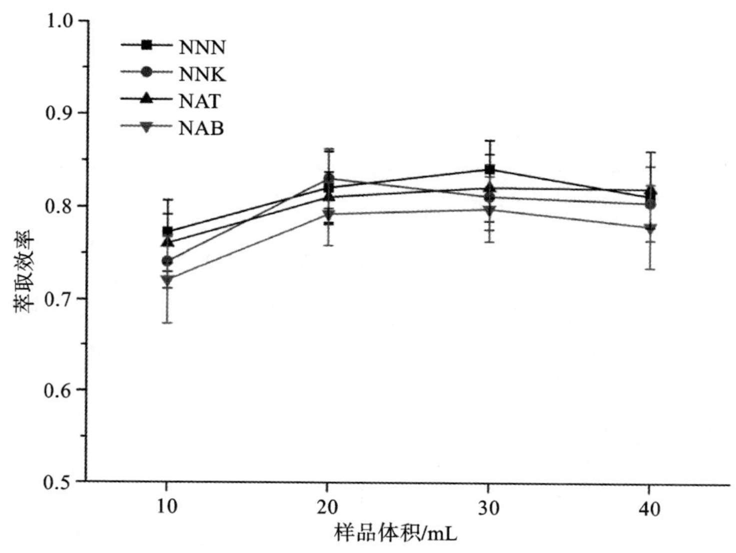

图 6-5　样品体积对 TSNAs 萃取效率的影响

3. 萃取时间的影响

Fe_3O_4@SiO_2@MAA 磁性纳米颗粒的萃取过程是一个基于平衡萃取的过程，萃取效率在一定的萃取时间后将达到平衡。本实验考察了萃取时间在 1～8 min 内对 TSNAs 萃取效率的影响。由于 Fe_3O_4@SiO_2@MAA 磁性纳米颗粒处于纳米级别，比表面积大，活性位点多，因此萃取过程可在短时间内达到平衡。从图 6-6 中可以看到，4 min 以后，TSNAs 的萃取效率基本不变。综合考虑分析速度和精密度，本方法最终选用萃取时间为 4 min。

4. 洗脱液浓度和洗脱液体积的影响

本方法中 TSNAs 通过阳离子交换作用吸附在羧基改性的磁性纳米粒子上，溶液中足量的 H^+ 或者 OH^- 能破坏材料上的羧基与 TSNAs 上的离子的交换作用，实现对 TSNAs 的洗脱。常用的洗脱液包括一定浓度的缓冲溶液、强酸碱溶液和弱酸碱溶液。缓冲溶液的洗脱基于竞争吸附，洗脱效果较差；强酸碱溶液可能会对材料的涂层造成破坏，因此本实验选择了弱酸碱溶液。在实验过程中，弱碱性洗脱液（1 mol/L $NH_3 \cdot H_2O$ 溶液）同样会破坏 Fe_3O_4@SiO_2@MAA磁性纳米颗粒，因此本研究选用了弱酸性溶液，即乙酸水溶液作为洗脱液。随着乙酸水溶液浓度的增加，溶液 pH 值变小，当 $pH < pK_a$（羧基）时，Fe_3O_4@SiO_2@MAA 磁性纳米颗粒表面的羧基几乎不电离，从而破坏羧基与 TSNAs 上离子的作用力，实现洗脱。本实验考察了乙酸水溶液浓度在 2%～16%（HAc ∶ H_2O，V ∶ V）范围内对 TSNAs 洗脱效果的影响，实验结果如图 6-7 所示。可以看到，乙酸水溶液的浓度在 4%之后

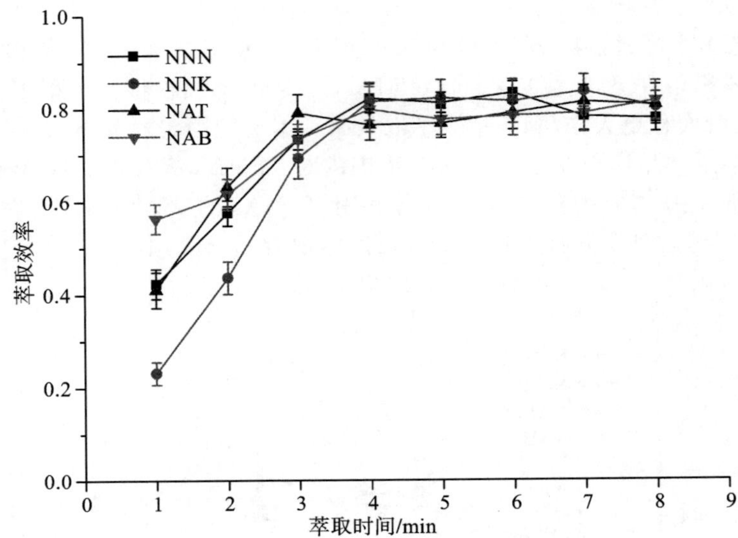

图 6-6 萃取时间对 TSNAs 萃取效率的影响

TSNAs 的浓度值维持不变，即 0.7 mol/L 的乙酸水溶液可破坏 Fe_3O_4@SiO_2@MAA 磁性纳米颗粒与 TSNAs 的离子交换作用。为了保证洗脱液能够完全解吸 Fe_3O_4@SiO_2@MAA 磁性纳米颗粒表面的 TSNAs，并且考虑到洗脱液浓度对洗脱时间的影响，本实验选用了浓度为 6%（V : V）的乙酸水溶液，即 1 mol/L 的乙酸水溶液。

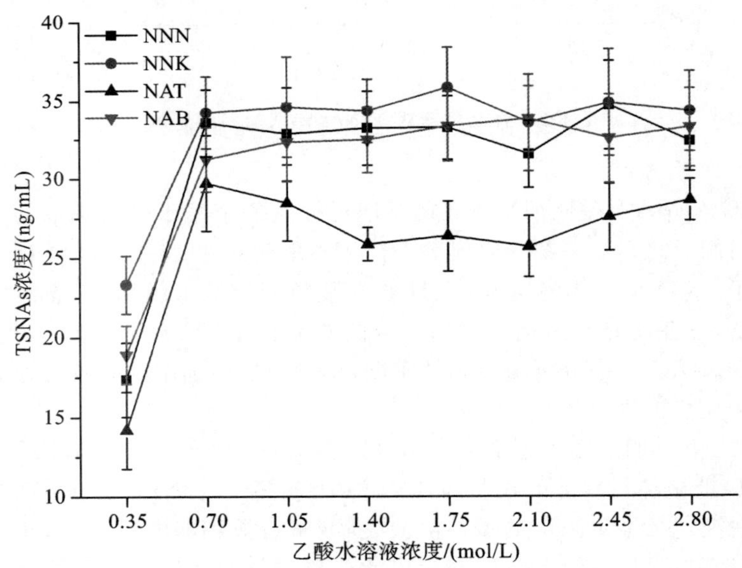

图 6-7 洗脱液浓度对 TSNAs 洗脱效果的影响

本实验固定乙酸水溶液的浓度为 1 mol/L，考察了乙酸水溶液的体积对 TSNAs 洗脱效果的影响。用 10 mg Fe_3O_4@SiO_2@MAA 磁性纳米颗粒萃取 20 mL 的样品，用 1 mol/L 的乙酸水溶液进行多次洗脱，每次洗脱液体积为 2 mL，取 1 mL 洗脱液进入 HPLC-MS/MS 系统进行分离检测，所得结果如图 6-8 所示。可以看出，在经过第 2 次洗脱之后，洗脱液中 TSNAs 的信号值已基本与空白信号值相当，说明材料吸附的 TSNAs 已被完全洗脱下来。

乙酸水溶液的洗脱机理是基于破坏两相之间的离子交换作用，其效果可叠加，因此本方法选择乙酸水溶液的体积为 4 mL。

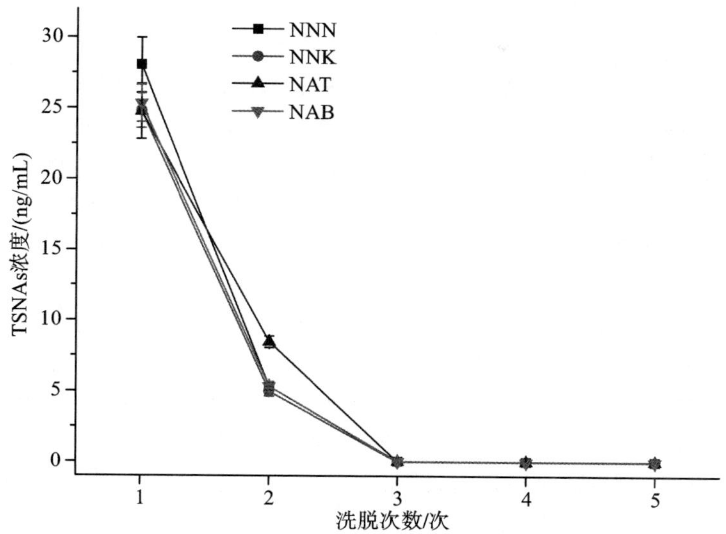

图 6-8　洗脱次数对 TSNAs 洗脱效果的影响

5. 洗脱时间的影响

本实验在 2～18 min 的时间内考察了洗脱时间对 TSNAs 洗脱效果的影响，所得结果如图 6-9 所示。本方法采用超声洗脱的方式，可有效缩短洗脱时间；但由于采用 1 mol/L 的乙酸水溶液作为洗脱液，它的浓度和酸度较低，因此洗脱时间相对较长。由实验结果可以看到，洗脱时间在 12 min 之后，TSNAs 的浓度值基本达到稳定。因此，为了保证能够完全洗脱吸附在材料上的 TSNAs，实验中选用的洗脱时间为 12 min。

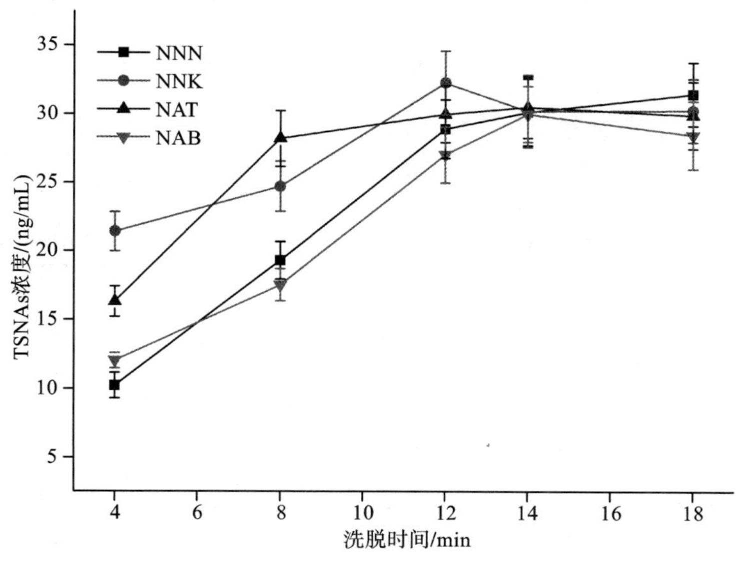

图 6-9　洗脱时间对 TSNAs 洗脱效果的影响

(二)分析性能

1. 工作曲线和检出限

各标准品分别用甲醇溶解,用 10 mmol/L 乙酸铵水溶液进行逐级稀释,得到系列标准工作溶液。标准工作溶液按照本章所建立的 MSPE-HPLC-MS/MS 方法进行分析,以各目标分析物的色谱峰面积与内标峰面积之比为横坐标(x),以各目标分析物的浓度为纵坐标(y)进行线性回归分析,得到标准工作曲线回归方程及相关系数(R^2),如表 6-2 所示。以各标样的最低浓度进行 10 次重复,计算标准偏差,分别以 3 倍和 10 倍标准偏差计算得到方法的检出限和定量限分别为 0.03～0.14 ng/mL 和 0.10～0.48 ng/mL。

2. 重复性和回收率

平行处理 6 份 QC 样品,考察方法的重复性。结果(见表 6-2)表明,4 种 TSNAs 的 RSD 均小于 5%。同一样品日内重复进样 6 次,得日内 RSD 为 2.3%～4.7%;同一样品连续进样 4 天,每天重复进样 6 次,得日间 RSD 为 2.9%～4.6%。将目标分析物的标准溶液加入样品萃取液中,制备加标溶液,4 种 TSNAs 的平均回收率在 88.3%～112.8%区间。

可见,本方法重复性和回收率良好,能够满足分析要求,适用于低焦油卷烟和电子烟产品主流烟气中 TSNAs 的定量分析。

表 6-2 TSNAs 的标准工作曲线回归方程、相关系数(R^2)、检出限、定量限、重复性及回收率

化合物	回归方程	R^2	LOD/(ng/mL)	LOQ/(ng/mL)	日内 RSD/(%)	日间 RSD/(%)	回收率/(%)
NNN	$y=0.7844x+0.1899$	0.9997	0.03	0.10	2.3	2.9	112.8
NNK	$y=0.8413x+0.3968$	0.9993	0.05	0.17	2.9	3.7	101.4
NAT	$y=0.5313x+0.4860$	0.9995	0.12	0.42	3.9	4.1	94.6
NAB	$y=1.3074x+0.1483$	0.9992	0.14	0.48	4.7	4.6	88.3

(三)样品分析

选择 6 种市售的低焦油卷烟和 6 种注油式电子烟按上述方法处理后进行检测,结果如表 6-3 所示。结果表明,本方法基本满足低焦油卷烟主流烟气中 TSNAs 的检测要求,并在注油式电子烟产品中检出了 NNK。

表 6-3 低焦油卷烟及注油式电子烟主流烟气中 NNN、NNK、NAT、NAB 的含量

样品	NNN	NNK	NAT	NAB
L. C-1/(ng/支)	5.43	10.42	4.78	0.92
L. C-2/(ng/支)	124.88	15.87	65.83	6.41
L. C-3/(ng/支)	86.37	12.97	44.07	4.38
L. C-4/(ng/支)	3.89	3.92	15.12	1.34
L. C-5/(ng/支)	13.93	6.24	37.63	3.54
L. C-6/(ng/支)	10.96	3.87	14.42	1.12
E. C-1/(ng/口)	N. D.	N. D.	N. D.	N. D.
E. C-2/(ng/口)	N. D.	1.04	N. D.	N. D.

续表

样品	NNN	NNK	NAT	NAB
E. C-3/(ng/口)	1.08	N. D.	N. D.	N. D.
E. C-4/(ng/口)	1.09	0.73	1.17	N. D.
E. C-5/(ng/口)	N. D.	N. D.	N. D.	N. D.
E. C-6/(ng/口)	N. D.	N. D.	1.14	N. D.

注：L. C 表示低焦油卷烟，E. C 表示注油式电子烟，N. D. 表示未检出。

三、结论

本节合成了 Fe_3O_4@SiO_2@MAA 磁性纳米颗粒，并对前处理条件进行了优化改进，建立了主流烟气中 TSNAs 的 MSPE-HPLC-MS/MS 分析方法。Fe_3O_4@SiO_2@MAA 磁性纳米颗粒为具有核壳结构的颗粒物，具有分析速度快、吸附容量高以及抗干扰能力强等特点，以此建立的磁固相萃取技术适用于主流烟气中 TSNAs 的分析。本方法 4 种目标分析物定量限为 0.10～0.48 ng/mL，加标回收率及日内、日间精密度高，可满足在复杂卷烟烟气背景下痕量 TSNAs 的检测要求。

参考文献

[1] BRUNNEMANN K D, HOFFMANN D. Analytical studies on tobacco-specific *N*-nitrosamines in tobacco and tobacco smoke[J]. Critical Reviews in Toxicology, 1991, 21(4): 235-240.

[2] STÄMPFLI M R, ANDERSON G P. How cigarette smoke skews immune responses to promote infection, lung disease and cancer[J]. Nature Reviews Immunology, 2009, 9(5): 377-384.

[3] 王保兴，汪旭，王玉，等. 烤烟中烟草特有亚硝胺的对比[J]. 烟草科技，2010，(11)：47-50.

[4] 张霞，朱东来，韩熠，等. GC-TEA 法测定卷烟主流烟气 TSNAs 前处理方法的改进[J]. 中国烟草学报，2015，21(3)：12-19.

[5] 毛友安，钟科军，卢红兵，等. 气相色谱-质谱联用法测定卷烟主流烟气中烟草特有亚硝胺[J]. 理化检测-化学分册，2008，44(6)：529-531，534.

[6] ZHOU J, BAI R S, ZHU Y F. Determination of four tobacco-specific nitrosamines in mainstream cigarette smoke by gas chromatography/ion trap mass spectrometry[J]. Rapid Communications in Mass Spectrometry: RCM, 2007, 21(24): 4086-4092.

[7] 王兆宇，王昇，王娟，等. 烟气中烟草特有亚硝胺 LC-MS/MS 分析方法的改进[J]. 烟草科技，2010，(6)：57-62，67.

[8] 丁时超，杜文，任建新，等. LC-MS/MS 定量分析卷烟中的烟草特有亚硝胺(TSNAs)[J]. 中国烟草学报，2005，11(6)：17-22.

[9] 庹苏行，胡念念，戴云辉. LC-MS/MS 法检测卷烟滤嘴截留的烟气 TSNAs[J]. 烟草科技，2008，(12)：42-46.

[10] XIA B Y, XIA Y, WONG J, et al. Quantitative analysis of five tobacco-specific *N*-

nitrosamines in urine by liquid chromatography-atmospheric pressure ionization tandem mass spectrometry[J]. Biomedical Chromatography,2014,28(3):375-384.

[11] 陈霞,金立锋,刘萍萍,等. UPLC-MS/MS 法同时测定烟叶中的 TSNAs[J]. 烟草科技,2016,49(3):62-67.

[12] 朱文静,杨俊,刘百战,等. UPLC-MS/MS 对卷烟烟气中 4 种烟草特有亚硝胺的快速测定[J]. 分析测试学报,2010,29(1):26-30.

[13] ZHAO Y Y,MA Y X,LI H,et al. Correction to composite QDs@MIP nanospheres for specific recognition and direct fluorescent quantification of pesticides in aqueous media[J]. Analytical Chemistry,2012,84(1):386-395.

[14] CHEN L G,WANG T,TONG J. Application of derivatized magnetic materials to the separation and the preconcentration of pollutants in water samples[J]. TrAC Trends in Analytical Chemistry,2011,30(7):1095-1108.

[15] CHEN B B, HU B, JIANG P, et al. Nanoparticle labelling-based magnetic immunoassay on chip combined with electrothermal vaporization - inductively coupled plasma mass spectrometry for the determination of carcinoembryonic antigen in human serum[J]. The Analyst,2011,136(19):3934 - 3942.

[16] GOLUCH E D,NAM J M,GEORGANOPOULOU D G,et al. A bio-barcode assay for on-chip attomolar-sensitivity protein detection[J]. Lab on a Chip,2006,6(10):1293-1299.

[17] KNOPP D, TANG D P, NIESSNER R. Review: bioanalytical applications of biomolecule-functionalized nanometer-sized doped silica particles [J]. Analytica Chimica Acta,2009,647(1):14-30.

[18] BERGER M, CASTELINO J, HUANG R, et al. Design of a microfabricated magnetic cell separator[J]. Electrophoresis,2001,22(18):3883-3892.

[19] YOSHINO T,KATO F,TAKEYAMA H,et al. Development of a novel method for screening of estrogenic compounds using nano-sized bacterial magnetic particles displaying estrogen receptor[J]. Analytica Chimica Acta,2005,532(2):105-111.

[20] LEE M-H, THOMAS J L, CHEN Y-C, et al. Hydrolysis of magnetic amylase-imprinted poly(ethylene-co-vinyl alcohol)composite nanoparticles[J]. ACS Applied Materials & Interfaces,2012,4(2):916-921.

[21] WU W J, ASHLEY D L, WATSON C H. Simultaneous determination of five tobacco-specific nitrosamines in mainstream cigarette smoke by isotope dilution liquid chromatography/electrospray ionization tandem mass spectrometry [J]. Analytical Chemistry,2003,75(18):4827-4832.

[22] WAGNER K A,FINKEL N H,FOSSETT J E,et al. Development of a quantitative method for the analysis of tobacco-specific nitrosamines in mainstream cigarette smoke using isotope dilution liquid chromatography/electrospray ionization tandem mass spectrometry[J]. Analytical Chemistry,2005,77(4):1001-1006.

[23] YANG Y Y,NIE H G,LI C C,et al. On-line concentration and determination of tobacco-specific *N*-nitrosamines by cation-selective exhaustive injection-sweeping-micellar electrokinetic chromatography[J]. Talanta,2010,82(5):1797-1801.

[24] MA Y J, BAI R S, DU G R, et al. Rapid determination of four tobacco specific nitrosamines in burley tobacco by near-infrared spectroscopy [J]. Analytical Methods, 2012, 4(5): 1371-1376.

[25] DING Y, YANG J, ZHU W-J, et al. An UPLC-MS^3 method for rapid separation and determination of four tobacco-specific nitrosamines in mainstream cigarette smoke [J]. Journal of the Chinese Chemical Society, 2011, 58(5): 667-672.

[26] XIONG W, HOU H W, JIANG X Y, et al. Simultaneous determination of four tobacco-specific *N*-nitrosamines in mainstream smoke for Chinese Virginia cigarettes by liquid chromatography-tandem mass spectrometry and validation under ISO and "Canadian intense" machine smoking regimes[J]. Analytica Chimica Acta, 2010, 674(1): 71-78.

[27] WU J C, JOZA P, SHARIFI M, et al. Quantitative method for the analysis of tobacco-specific nitrosamines in cigarette tobacco and mainstream cigarette smoke by use of isotope dilution liquid chromatography tandem mass spectrometry [J]. Analytical Chemistry, 2008, 80(4): 1341-1345.

[28] ZHENG S-J, YANG J, LIU B-Z, et al. Rapid determination of four tobacco-specific nitrosamines in mainstream cigarette smoke by UPLC-TOF-MS[J]. Asian Journal of Chemistry, 2012, 24(3): 1147-1150.

[29] ZHOU J, BAI R S, ZHU Y F. Determination of four tobacco-specific nitrosamines in mainstream cigarette smoke by gas chromatography/ion trap mass spectrometry[J]. Rapid Communications in Mass Spectrometry, 2007, 21(24): 4086-4092.

[30] WANG L, YANG C Q, ZHANG Q D, et al. SPE-HPLC-MS/MS method for the trace analysis of tobacco-specific *N*-nitrosamines and 4-(methylnitrosamino)-1-(3-pyridyl)-1-butanol in rabbit plasma using tetraazacalix[2]arene[2]triazine-modified silica as a sorbent[J]. Journal of Separation Science, 2013, 36(16): 2664-2671.

[31] SLEIMAN M, MADDALENA R L, GUNDEL L A, et al. Rapid and sensitive gas chromatography-ion-trap tandem mass spectrometry method for the determination of tobacco-specific *N*-nitrosamines in secondhand smoke [J]. Journal of Chromatography A, 2009, 1216(45): 7899-7905.

[32] CLAYTON P M, CUNNINGHAM A, VAN HEEMST J D H. Quantification of four tobacco-specific nitrosamines in cigarette filter tips using liquid chromatography-tandem mass spectrometry[J]. Analytical Methods, 2010, 2(8): 1085-1094.

[33] XIA Y, MCGUFFEY J E, BHATTACHARYYA S, et al. Analysis of the tobacco-specific nitrosamine 4-(methylnitrosamino)-1-(3-pyridyl)-1-butanol in urine by extraction on a molecularly imprinted polymer column and liquid chromatography/atmospheric pressure ionization tandem mass spectrometry [J]. Analytical Chemistry, 2005, 77(23): 7639-7645.

[34] SHAH K A, HALQUIST M S, KARNES H T. A modified method for the determination of tobacco specific nitrosamine 4-(methylnitrosamino)-1-(3-pyridyl)-1-butanol in human urine by solid phase extraction using a molecularly imprinted polymer and liquid chromatography tandem mass spectrometry [J]. Journal of

Chromatography B,2009,877(14-15):1575-1582.

[35] LEE H-L, WANG C Y, LIN S, et al. Liquid chromatography/tandem mass spectrometric method for the simultaneous determination of tobacco-specific nitrosamine NNK and its five metabolites[J]. Talanta,2007,73(1):76-80.

[36] WU D, LU Y F, LIN H Q, et al. Selective determination of tobacco-specific nitrosamines in mainstream cigarette smoke by GC coupled to positive chemical ionization triple quadrupole MS[J]. Journal of Separation Science, 2013, 36(16): 2615-2620.

[37] CHO Y-H, SHIN H-S. Use of a gas-tight syringe sampling method for the determination of tobacco-specific nitrosamines in E-cigarette aerosols by liquid chromatography-tandem mass spectrometry[J]. Analytical Methods, 2015, 7(11): 4472-4480.

[38] ZHANG J,BAI R S,YI X L,et al. Fully automated analysis of four tobacco-specific *N*-nitrosamines in mainstream cigarette smoke using two-dimensional online solid phase extraction combined with liquid chromatography-tandem mass spectrometry [J]. Talanta,2016,146,216-224.

[39] KIM H-J,SHIN H-S. Determination of tobacco-specific nitrosamines in replacement liquids of electronic cigarettes by liquid chromatography-tandem mass spectrometry [J]. Journal of Chromatography A,2013,1291,48-55.

第七章　基于磁性石墨烯的卷烟主流烟气中 TSNAs 分析方法

第一节　基于食品抗氧化剂的石墨烯的合成及表征

石墨烯是由单层碳原子构成的蜂巢状二维物质，自从 2004 年被首次制备出以来，以独特的结构及优良的物理、化学性质在诸多领域中取得了广泛的应用，如纳米器件、复合材料、传感器、储氢材料和分离富集等。采用化学还原剂还原氧化石墨烯，是采用最早、研究最多、使用最广泛的还原方法。最早使用的还原氧化石墨烯的试剂是肼类化合物，如水合肼、液态肼和苯肼等。但是，采用肼类物质还原氧化石墨烯，不仅制备周期长，而且该类物质具有很大的毒性。最后制备的石墨烯中会有 sp^3 C—N 键，严重影响石墨烯的品质。所以，这种基于肼类化合物的还原氧化石墨烯的方法已经逐步被淘汰，而且肼类化合物正在被越来越多的还原剂取代。最近，文献报道的氧化石墨烯的新型试剂主要有褪黑素、茶多酚类化合物、植物提取物、多巴胺、维生素 C、还原性糖、硼氢化钠及其取代物、氢化锂铝、含硫化合物和混合酸等。这些还原剂在一定程度上避免了肼类化合物的高毒性，但是也存在一些缺点。例如：使用褪黑素还原，生成的石墨烯中也会有 sp^3 C—N 键（同肼类化合物还原类似）；使用茶多酚类化合物、植物提取物和多巴胺还原，存在一个共性问题，即还原剂本身或/和其氧化产物与石墨烯之间有很强的吸附作用，不易制备纯净的石墨烯；使用维生素 C 和还原性糖还原，往往需要在碱性条件下使用共还原剂，制备过程略显烦琐；使用硼氢化钠及其取代物、氢化锂铝还原，由于还原剂在水中过于活泼，因此要求使用新鲜配制的高浓度还原剂溶液，制备过程苛刻；使用混合酸系统或者含硫化合物还原，要用到浓硫酸、三氟乙酸等危险性的试剂，而且含硫化合物本身也有一定的毒性，不利于安全制备石墨烯。因此，开发出一种绿色、温和、简单的，可以大量制备高质量石墨烯的方法具有十分重要的意义。

食品抗氧化剂通常用来延长食品的保质期或者保持食品的营养。常用的油溶性食品抗氧化剂主要有 3-叔丁基-4-甲氧基苯酚（BHA）、2，6-二叔丁基-4-甲基苯酚（BHT）、叔丁基对苯二酚（TBHQ）、没食子酸正丙酯（PG）、没食子酸正辛酯（OG）和没食子酸正十二酯（DG）。这些油溶性食品抗氧化剂可以防止活泼性的氧（氮或氯）自由基对食品造成的氧化损伤，已经在很多国家得到推广使用。油溶性食品抗氧化剂是一类具有还原性且无毒或低毒的化合物。因此，油溶性食品抗氧化剂是一种绿色的还原剂。然而目前还没有关于油溶性食品抗氧化剂还原氧化石墨烯制备石墨烯的报道。

一、实验部分

(1)试剂。①石墨粉(325 目,纯度大于 99.9995%)购自阿尔法埃莎公司(布拉克内尔,英国),使用前不经过其他处理过程。②浓硫酸(H_2SO_4,98%)、过硫酸钾($K_2S_2O_8$)、五氧化二磷(P_2O_5)、高锰酸钾($KMnO_4$)、双氧水(H_2O_2)、氢氧化钠(NaOH)、盐酸(HCl)、乙醇(EtOH)、乙腈(ACN)、甲醇(MeOH)、异丙醇和一水合柠檬酸均为分析纯,购自国药集团化学试剂有限公司(上海,中国)。③实验中所用的油溶性食品抗氧化剂:3-叔丁基-4-甲氧基苯酚(BHA,99.0%)和 2,6-二叔丁基-4-甲基苯酚(BHT,99.0%)购自上海阿拉丁生化科技股份公司;叔丁基对苯二酚(TBHQ,98.0%)、没食子酸正丙酯(PG,98.0%)、没食子酸正辛酯(OG,98.0%)和没食子酸正十二酯(DG,98.0%)由日本东京化成(梯希爱)提供。④实验中使用的水由美国 Milli-Q 公司超纯水仪制备。

(2)仪器及条件:紫外-可见光谱在上海元析仪器有限公司 B-500 超微量分光光度计上获得;透射电镜为 JEM-2100F 透射电子显微镜(JEOL,日本);傅立叶变换-红外光谱仪型号为 Smart OMNI FT-IR(Thermo Fisher Scientific,德国);粉末 X 射线衍射仪型号为 D8 Discover(Bruker,德国),扫描范围(2θ 角度)为 5°到 60°,扫描速度为 6°/min,射线源为 Cu Kα(λ=1.5406 Å);元素分析仪型号为 EL III Universal CHNOS(Elementar,德国);拉曼光谱仪型号为 Renishaw inVia Confocal Raman Microprobe(伦敦,英国),所用的激光波长为 514 nm;热重分析仪型号为 STA449c/3/G(NETZSCH,德国),样品在氮气保护下从室温以 10 ℃/mL 的升温速度加热至 800 ℃,升温期间所通氮气的流速为 50 mL/min。

(3)氧化石墨烯的制备:氧化石墨烯(graphene oxide,GO)采用改进的 Hummers 法制备。具体方法如下。首先将由 12 mL 浓硫酸、2.5 g $K_2S_2O_8$ 和 2.5 g P_2O_5 组成的混合溶液加热到 80 ℃,然后将 1.5 g 石墨粉加入上述溶液中并在 80 ℃下保持 4.5~5.0 h。待溶液温度降至室温后,以 500 mL 去离子水稀释并放置过夜。用 0.2 μm 的尼龙膜过滤上述溶液并用去离子水洗至中性,即得到预氧化的石墨粉。产物在室温下干燥后即可进行 Hummers 法氧化制备 GO。将上一步得到的产物放于 120 mL 冷(0 ℃)浓硫酸中,然后在不断搅拌的条件下将 15.0 g $KMnO_4$ 慢慢加入其中,在这期间要注意使体系的温度不能高于 20 ℃,然后在 35 ℃下搅拌反应体系 2~4 h,再用 250 mL 去离子水稀释体系并保持反应体系的温度不超过 50 ℃,继续搅拌体系 2.0 h。将 700 mL 去离子水加入上述反应液中,再将 20.0 mL 双氧水逐滴加入上述反应液中,此时溶液会变为亮黄色并会不断冒泡。过滤上述溶液并依次用 1 L 盐酸溶液(1/10,*V*/*V*)和 1 L 去离子水清洗滤饼以除去金属离子和酸,将产物干燥,即可得到 GO。配制 GO 在水中的分散液(0.5%,*w*/*w*)并装在透析袋(直径为 22 mm,截留分子量为 3500 Da)中,通过一周的渗析来除去多余的金属离子。可以对分散液进行进一步的提纯,提纯期间每天更换透析袋外的溶液,透析完成后过滤并在 60 ℃条件下真空干燥滤饼 24 h 后备用。在还原前将滤饼在超声波(300 W)中超声处理 30 min,即可得到 GO 在水中的分散液。

(4)石墨烯的制备:首先配制浓度为 0.3 mg/mL 的氧化石墨烯水溶液和含柠檬酸的油溶性食品抗氧化剂(BHA 和 BHT)乙醇溶液(其中 BHA 和 BHT 的浓度均为 2.76 mg/mL,柠檬酸的浓度为 1.38 mg/mL)。将氧化石墨烯水溶液和油溶性食品抗氧化剂的乙醇溶液混合,混合液中氧化石墨烯的浓度为 0.1 mg/mL,每种油溶性食品抗氧化剂的浓度为 1.8

mg/mL，柠檬酸的质量为一种油溶性食品抗氧化剂质量的一半；将混合均匀的溶液在 70 ℃下反应 72 h；用碱化乙醇（将 1.5 mL 1 mol/L NaOH 溶液加入 50 mL 乙醇中即可）对产物进行清洗，除去未反应的油溶性食品抗氧化剂及其氧化产物，干燥后即得到纯净的石墨烯。

二、结果及讨论

（1）反应温度的选择：我们首先以 BHA 和 BHT 为还原剂，在 50 ℃、60 ℃和 70 ℃的温度下进行氧化石墨烯的还原，结果如图 7-1(a)所示。随着反应温度的升高，反应之后产物的颜色由黄褐色逐渐变为深褐色，最后变为黑色。颜色的逐渐变深表明了随着反应温度的升高，产物中 π 电子结构和电子共轭特性已经逐渐恢复。我们将不同温度下反应的产物溶液直接用紫外-可见分光光度计测量并记录其吸收光谱，结果如图 7-1(b)所示。为了比较，我们也将没有经过反应的氧化石墨烯水溶液和反应之后除去石墨烯的溶液做同样的测试，结果分别如图 7-1(b)中 GO 和 blank 所示。通过紫外-可见吸光光度测定，我们可以发现氧化石墨烯在 229 nm 波长处有特征吸收，在波长为 291 nm 处有紫外吸收。产物溶液逐渐出现了一个特征吸收峰，并且随着反应温度的升高，该特征吸收峰逐渐红移至 268 nm，说明电子共轭特性恢复。通过与图 7-1(b)中的 blank 比较我们不难发现，在 240 nm 和 300 nm 左右的两个紫外吸收峰是由油溶性食品抗氧化剂及其氧化产物引起的，它们的存在并没有对产物的特征吸收峰造成影响。

(a) 不同温度下还原产物的照片

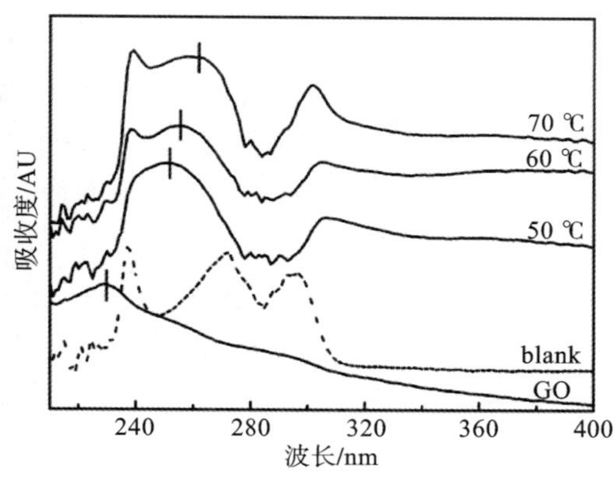

(b) 不同温度下还原产物的UV-Vis吸收光谱图

图 7-1　石墨烯分散液(0.1 mg/mL)在不同温度下还原产物的照片及不同温度下还原产物的 UV-Vis 吸收光谱图

为了评价还原剂的还原能力，M. J. Fernández-Merino 等人曾经报道使用产物紫外吸收的最大红移量作为标准。本节中，产物的最大红移量（268 nm）和文献报道的常用的肼类物质还原的红移量（270 nm）是相当的，说明了所使用的油溶性食品抗氧化剂还原能力的有效性。另外，本节所制备的石墨烯的红移值要高于文献报道的用还原性糖制备的石墨烯的红移值（261 nm），再次说明了油溶性食品抗氧化剂对氧化石墨烯还原能力的有效性。在后续实验中，除非特别说明之处，还原反应的温度均为 70 ℃。

（2）产物的表征：为了证明本节中石墨烯的制备是成功的，同时也为了说明本节所制备的石墨烯的形貌等特征，我们对所制备的材料进行了一系列的表征，具体如下。

①傅立叶变换-红外光谱（FT-TR）表征。我们首先用 FT-TR 对所制备的氧化石墨烯和

石墨烯进行表征。如图 7-2 所示,在 FT-TR 图中,氧化石墨烯在 1000～1300 cm^{-1}波数范围内有很多的特征吸收峰。这些峰是由氧化石墨烯上众多的含氧基团的存在引起的,例如羟基(1057 cm^{-1})、环氧基(1223 cm cm^{-1})和羧基(1735 cm^{-1})。被油溶性食品抗氧化剂还原后,这些峰的吸收基本消失,同时在 1000～1300 cm^{-1}波数范围内的吸收也大幅度减弱,说明含氧基团消失和氧化石墨烯成功被还原。依然存在的两个吸收峰的波数分别约为 1385 cm^{-1}和 1630 cm^{-1},它们分别是由 C—H 的伸缩振动和苯环上 C=C 的振动引起的。

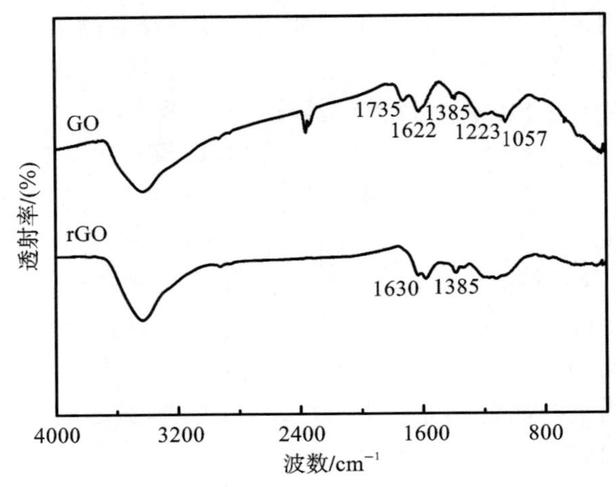

图 7-2　GO 和石墨烯(rGO)的 FT-IR 图

②热重分析(TGA)和元素分析(EA)表征。为了说明氧化石墨烯在被还原之后热稳定性的变化情况,我们对两种材料进行了热重分析。如图 7-3 所示,两种材料在 60 ℃左右时均有约 3.5%的失重,这是由材料本身吸收水分引起的。在 60～310 ℃的范围内,氧化石墨烯急剧失重,失重百分比约为 50.5%,这是因为氧化石墨烯上热不稳定的含氧基团在加热条件下,会以 CO 和 CO_2 等形式损失。而相同条件下,石墨烯的失重百分比仅约为 33.2%,说明石墨烯中的含氧基团、氧化石墨烯中的含氧基团少。元素分析数据(氧化石墨烯中 C、H、N 的质量分数分别为 47.48%、3.34%、0.37%;石墨烯中 C、H、N 的质量分数分别为 55.83%、3.17%、0.90%)也说明氧化石墨烯在被还原之后含氧量降低了。FT-TR 和 EA 的数据相互佐证,说明了还原反应成功发生。

③X 射线衍射(XRD)表征。我们对氧化石墨烯和石墨烯进行了 XRD 表征。如图 7-4 所示,在 XRD 谱图中,氧化石墨烯的特征衍射峰在 10.3°处,通过布拉格方程,可以计算出其层-层间距为 0.85 nm,远远高于石墨的层-层间距(0.34 nm),这说明氧化石墨烯制备成功和含氧基团存在;而石墨烯在 10.3°处的衍射峰消失,取而代之的是一个衍射角为 23.8°的较宽的衍射峰,而该峰正是石墨烯的特征衍射峰,这说明氧化石墨烯成功被还原。

④拉曼光谱表征。拉曼光谱通常用来表征基于石墨烯材料的结构性质。氧化石墨烯和石墨烯的拉曼光谱如图 7-5 所示,二者均在 1588 cm^{-1}和 1588 cm^{-1}处有明显的吸收,分别对应 G 带和 D 带。D 带和 G 带的强度比($r=I_D/I_G$)通常用来衡量石墨烯材料的混乱度,氧化石墨烯和石墨烯的 r 值分别是 0.89 和 0.94。相比于氧化石墨烯,石墨烯增加的 r 值说明其层-层间的混乱度增加,以及在还原反应中,碳原子更多地由 sp^3 杂化转化为 sp^2 杂化,这些与文献的报道是一致的。

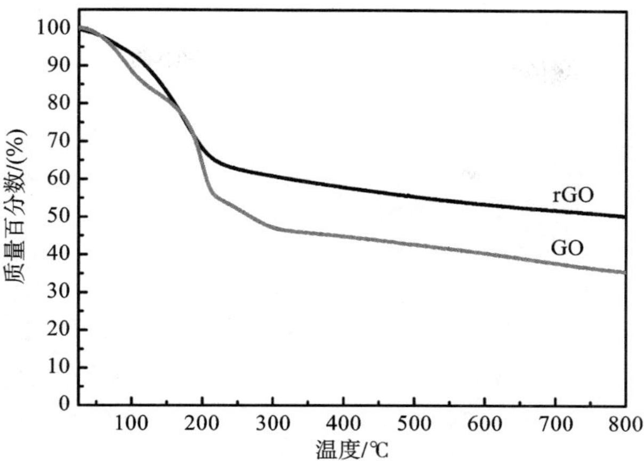

图 7-3　GO 和石墨烯(rGO)的 TGA 结果

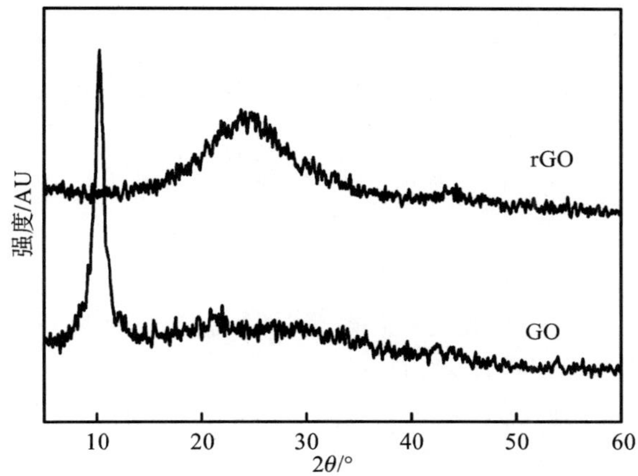

图 7-4　GO 和石墨烯(rGO)的 XRD 谱图

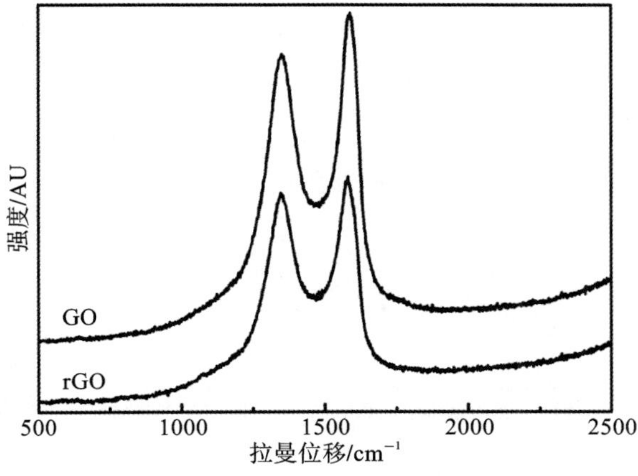

图 7-5　GO 和石墨烯(rGO)的拉曼光谱图

⑤透射电镜(TEM)表征。为了全面了解所制备材料的形貌特征,我们对所制备材料进行了 TEM 表征。结果如图 7-6 所示,两种材料在形貌上没有变化,均为丝绸状,同时在材料边缘有一些正常的皱褶和弯曲。

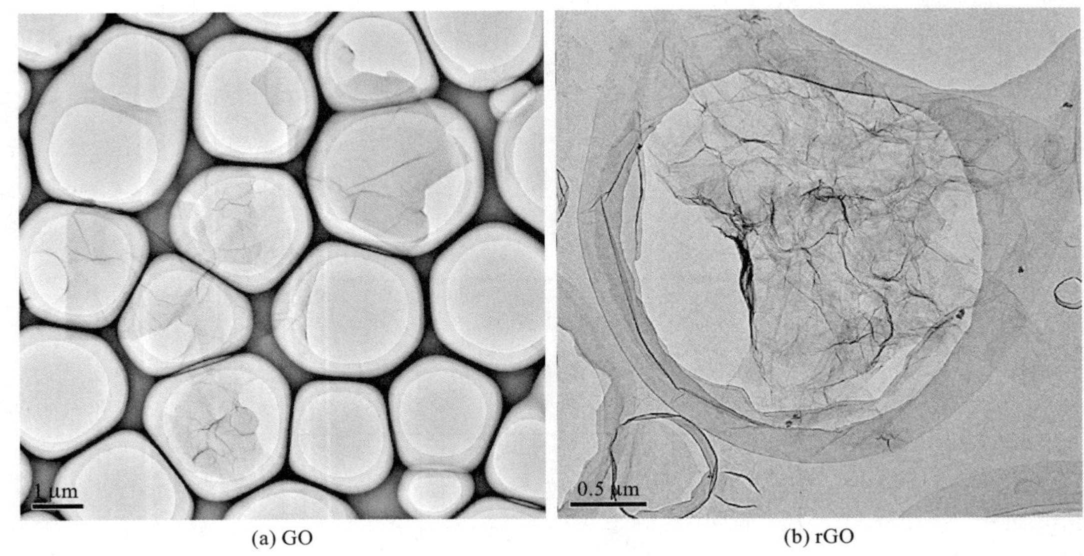

(a) GO (b) rGO

图 7-6 GO 和石墨烯(rGO)的 TEM 图

(3)方法普适性验证:为了验证基于油溶性食品抗氧化剂还原法制备石墨烯的普适性,我们用其他的油溶性食品抗氧化剂(BHA、BHT、TBHQ、PG、OG 和 DG 单独使用)来还原氧化石墨烯。我们用紫外-可见分光光度计对产物进行测试,结果如表 7-1 所示,氧化石墨烯能被其他油溶性食品抗氧化剂还原,只是还原程度不及 BHA 和 BHT 二元还原剂,这可能因为 BHA 和 BHT 之间存在协同作用。另外,我们尝试更换还原反应所使用的溶剂。结果表明,除了乙醇外,在其他溶剂,如甲醇、异丙醇和乙腈中均可以将氧化石墨烯还原。这也说明本方法具有普适性,对溶剂没有特殊的要求。

表 7-1 不同油溶性食品抗氧化剂还原能力的比较

油溶性食品抗氧化剂	最大红移值/nm
BHA	268(230)
BHT	268(230)
BHA+BHT	268
TBHQ	254
PG	267(230)
OG	257(230)
DG	256(229)

注:以 BHA、BHT、PG、OG 和 DG 为还原剂时,在 230 nm 波长左右处出现肩峰。

同时,我们尝试降低油溶性食品抗氧化剂的浓度或者加大氧化石墨烯的浓度。结果表明,当油溶性食品抗氧化剂的浓度低至原始浓度的 1/25 时,氧化石墨烯依然可以被还原。当保持最后反应液中油溶性食品抗氧化剂的浓度不变(1.8 mg/mL),把氧化石墨烯的浓度由 0.1 mg/mL 增加至 2.0 mg/mL 时，氧化石墨烯依然可以有效地被还原。以上实验说明本方法适合宏量制备石墨烯。

三、小结

本节提出了一种基于油溶性食品抗氧化剂还原法制备石墨烯的新方法。本方法具有以下优点：不使用常规化学试剂还原法中需要使用的有毒试剂，操作简便，成本低，利于宏量制备，所制备的石墨烯品质高、没有其他杂质。因此，本节中提出的方法可以作为石墨烯制备方法的新选择，用该方法制备的石墨烯在样品制备、分离、传感器或者污染物去除方面具有一定的应用前景。

第二节　基于磁性石墨烯的 TSNAs 分析方法

烟草特有 *N*-亚硝胺类化合物不仅是霍夫曼清单和美国食品药品监督管理局“烟草制品及烟气中有害及潜在有害物质”名单中的重要化合物，也是国际癌症研究机构“无烟气烟草制品中 28 种有害物质”名单中的重要成分。例如，*N*-亚硝基降烟碱（NNN）和 4-（甲基亚硝胺基）-1-（3-吡啶基）-1-丁酮（NNK）被国际癌症研究机构确认为 1 类致癌物。因此，准确分析烟草特有 *N*-亚硝胺的含量具有重要意义。烟草及烟草制品及其烟气释放物是极其复杂的混合物，目前一共已鉴定出的成分超过 8000 种，而其中烟草特有 *N*-亚硝胺的含量水平一般在微克或纳克级别，尤其是国内生产的烤烟型卷烟主流烟气中的 NAB 含量更低。例如，美国卫生和公众服务部、美国食品药品监督管理局在 2017 年 1 月提出了无烟气烟草制品中 NNN 的含量上限为 1 μg/g 的提议。因此，测定烟草特有 *N*-亚硝胺的释放量时通常面临以下难点：目标分析物含量低、存在基质干扰。所以，在对烟草特有 *N*-亚硝胺进行测定时，需要针对其性质选择合适的提取、纯化和浓缩方法，才能进行后续的仪器测定。目前对卷烟主流烟气中总粒相物和烟草及烟草制品中烟草特有 *N*-亚硝胺的测定，均有相应的行业推荐方法，同时 CORESTA 也有测定卷烟主流烟气中总粒相物和新型烟草制品中烟草特有 *N*-亚硝胺的推荐方法。这些方法虽然没有对样品进行除杂纯化和富集，但是基本能满足绝大多数情况下的分析需求。然而对于个别目标分析物含量极低且基质复杂的样品（如专门针对降低烟草特有 *N*-亚硝胺而研发的转基因烟叶品种），能兼具除杂和富集的分析方法显得尤为重要。另外，以上方法均是针对单一样品的分析方法，因此有必要建立一种具有普适性应用特点的方法。

石墨烯是一种新型的富电子疏水碳质纳米材料，具有很大的比表面积和 π-π 电子堆积性质，因此在样品预处理领域作为吸附剂具有广泛的应用。基于石墨烯的各种样品预处理技术都要面临石墨烯与样品溶液的分离问题。传统的分离方法如过滤或离心具有费时费力的缺点，不利于快速进行样品预处理过程。采用固相萃取技术将石墨烯填装在固相萃取柱内，会有以下问题：微小的石墨烯会在使用过程中穿过筛板，造成填料流失或堵塞筛板，引起萃取效率的下降或使用过程中压力增大。因此，开发一种省时高效的回收或分离石墨烯的方法显得尤为重要。

磁固相萃取是近年来发展起来的一种新型的样品前处理技术，具有快速高效、操作简单、易于批量处理的优点。磁固相萃取是一种基于磁性或可磁化吸附剂的样品预处理技术。

在该模式下,吸附剂通过涡旋或者超声均匀分散在样品溶液或解吸溶液中,因此与目标分析物有很大的接触面积,可以实现目标分析物的快速吸附和解吸。同时,利用外界磁场可以很容易地收集吸附剂,通过清洗、洗脱等步骤实现干扰物质的去除和目标分析物的富集。因此,将磁固相萃取技术用于主流烟气中 TSNAs 释放量的快速测定,可以解决目前主流烟气 TSNAs 释放量测定时存在的操作烦琐费事的问题,实现对其快速测定。石墨烯是二维纳米材料,因此可以作为固载纳米材料的理想载体。Yang 等人报道了一种氧化石墨烯-四氧化三铁复合材料并将其作为药物载体。Chandra 等人合成石墨烯-四氧化三铁复合材料并将其用来去除水样的砷污染。石墨烯(或氧化石墨烯)-四氧化三铁复合材料可以在磁场的作用下定向移动,实现快速高效地从分散液中回收石墨烯(或氧化石墨烯)的目的,因而可以实现样品预处理的简单化和快速化,然而目前还没有将磁性石墨烯材料用于 TSNAs 分析的报道。

在本节中,我们在前期制备石墨烯的基础上制备了磁性石墨烯材料,并将其首次用于卷烟主流烟气中 TSNAs 的分析中。由于石墨烯是二维平面结构物质,因此四氧化三铁磁颗粒可以通过物理吸附被固载在石墨烯上,本方法不需要对石墨烯进行任何化学修饰。被固载的磁颗粒赋予了石墨烯磁分离的能力,在外界磁场的作用下,可以方便快速地从分散液中将石墨烯回收。我们通过比较筛选出了对 TSNAs 具有优良吸附性能的磁性石墨烯材料,并对其吸附机理进行了研究。本节中,我们优化了一系列影响石墨烯萃取效率的因素,在最佳的条件下,建立了卷烟主流烟气中 TSNAs 的一种分析方法。研究的技术路线图如图 7-7 所示。

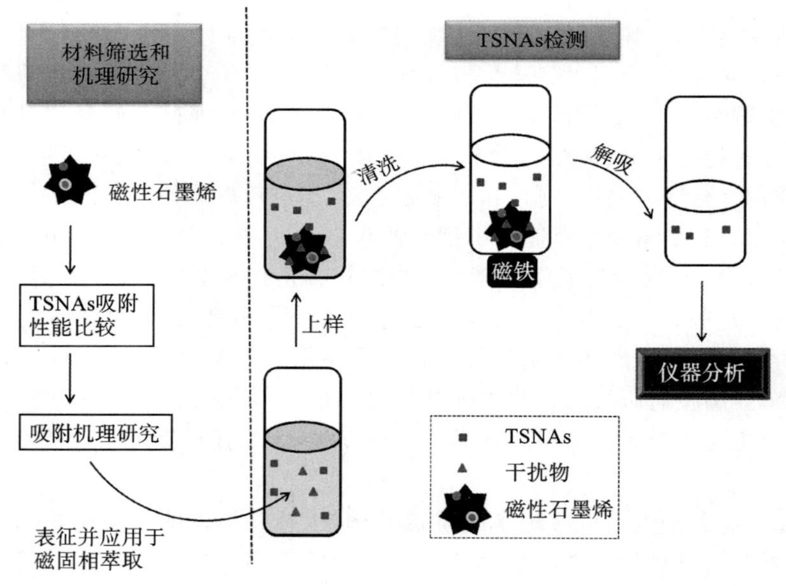

图 7-7　研究的技术路线图

一、实验部分

试剂与材料包括:①石墨烯自制,羧酸化石墨烯(G-COOH)和氨基化石墨烯(G-NH_2)购自江苏先丰纳米材料科技有限公司,使用前不经过其他处理过程;②肯塔基 3R4F 参比卷烟

（美国肯塔基大学）和中国市售卷烟；③4 种烟草特有 N-亚硝胺标准品（结构式如图 7-8 所示）为 N-亚硝基降烟碱（NNN）、4-（甲基亚硝胺基）-1-（3-吡啶基）-1-丁酮（NNK）、N-亚硝基新烟碱（NAT）、N-亚硝基假木贼碱（NAB），内标为 NNN-d4、NNK-d4、NAT-d4 和 NAB-d4，均购自加拿大 TRC 公司；④六水合三氯化铁（$FeCl_3 \cdot 6H_2O$）、乙酸钠（NaAc）、乙二醇、聚乙二醇 10 000（PEG 10 000）、四乙氧基硅烷（TEOS）和乙二胺购自西格玛奥德里奇（上海）贸易有限公司；⑤丙酮、甲醇、乙醇和乙腈为色谱纯，购自韩国德山纯化工有限公司；⑥甲酸铵、乙酸铵、氨水和甲酸为色谱纯，购自美国天地有限公司；⑦超纯水（电阻率≥18.2 MΩ·cm）；⑧氮气（99.999%）购自河南科益气体股份有限公司。

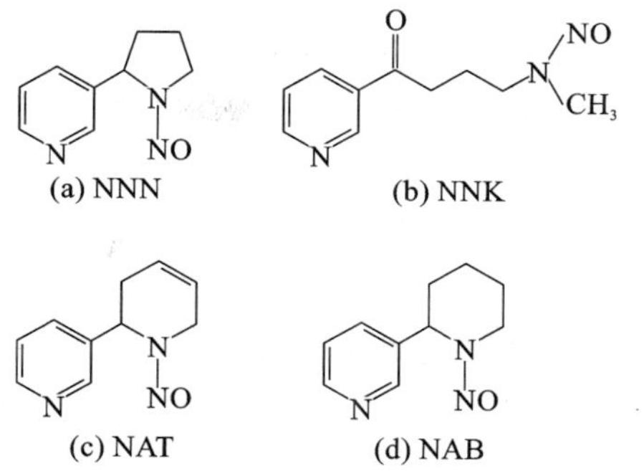

图 7-8　4 种 TSNAs 的结构式

标准工作溶液的配制如下。配制浓度分别为 1.0 μg/mL NNN-d4、1.0 μg/mL NNK-d4、1.0 μg/mL NAT-d4 和 1.0 μg/mL NAB-d4 的甲醇溶液作为内标溶液。以甲醇为溶剂分别配制 4 种烟草特有 N-亚硝胺的单一标准储备液（浓度为 1.0 mg/mL 左右）。取适当体积的各烟草特有 N-亚硝胺单一标准储备液稀释后得到 4 种烟草特有 N-亚硝胺的混合标准溶液。取适当体积的烟草特有 N-亚硝胺混合标准溶液，加入 100 μL 内标溶液后，用 0.1 mol/L 乙酸铵溶液定容至 10 mL，即可得系列混合标准工作溶液。所有溶液均在 −20 ℃下避光保存。

采用以下两种方法制备不同粒径的四氧化三铁微球。

（1）粒径为 80 nm 的四氧化三铁微球采用溶剂热法制备：将 5.0 g 六水合三氯化铁溶于 100 mL 乙二醇中，随后加入 15.0 g 乙酸钠和 50 mL 乙二胺；磁力搅拌 30 min 后，反应溶液被转移至特氟龙材质的高压反应釜内胆（200 mL）中，随即放置于不锈钢外胆内，200 ℃下反应 8 h；反应结束后自然冷却至室温，获得的产物以水和乙醇交替反复清洗数次，随后在 60 ℃真空干燥，备用。

（2）粒径为 400 nm 的四氧化三铁微球采用水热法制备：先在 200 mL 的反应釜内将 5.4 g $FeCl_3 \cdot 6H_2O$ 溶解在 160 mL 乙二醇中并通过不断搅拌得到澄清的溶液，之后再依次加入 14.4 g NaAc 和 4.0 g PEG 10 000；将上述混合物放在磁力搅拌器上剧烈搅拌 30 min，取出磁子后将反应釜密封并置于 200 ℃下反应 48 h；待反应釜的温度降至室温后用水和乙醇充分清洗反应产物，之后将黑色的四氧化三铁颗粒在 60 ℃下干燥，备用。

包裹硅胶的磁颗粒（Fe_3O_4@SiO_2）通过在碱性环境下由 TEOS 的水解和缩聚制得：将制备的 Fe_3O_4 微球（120 mg）分散在 139 mL 超纯水中，之后加入 467 mL 乙醇和 15.0 mL 氨水；待充分搅拌均匀后，在不断搅拌的条件下将 6.0 mL TEOS 缓慢加入上述反应体系；在室温下不断搅拌反应 12 h 后，用乙醇清洗产物并干燥即可。

制备磁性石墨烯材料时，首先将磁颗粒（1500 mg）和石墨烯（500 mg）置于具盖玻璃瓶内，再将材料分散在 100 mL 水中，充分涡旋后便得到磁性石墨烯分散液。

卷烟平衡条件参照 GB/T 16447—2004，抽吸条件参照 GB/T 16450—2004，即每 60 s 抽吸 1 口，抽吸容量为 35 mL，单口抽吸持续时间为 2 s。用直径为 44 mm 的剑桥滤片捕集卷烟主流烟气粒相物，每个滤片捕集 5 支卷烟。将捕集有卷烟主流烟气粒相物的剑桥滤片转移到 50 mL 锥形瓶中，加入内标溶液和 15.0 mL 0.1 mol/L 乙酸铵溶液，在旋转振荡器上以 200 r/min 振荡萃取 30 min 后，对萃取液进行后续的磁固相萃取。

磁固相萃取过程如下。将磁性石墨烯分散液加到样品溶液中，涡旋萃取一段时间后，在外界磁场的作用下将磁性石墨烯吸在萃取容器的底部，弃去上清液后加入解吸溶液。吸附在磁性石墨烯上的目标分析物同样通过涡旋的方式解吸，再在外界磁场的作用下回收解吸溶液。将解吸溶液在 35 ℃下用氮气吹干，以 0.1 mL 流动相充分溶解后即可进行后续的高效液相色谱-串联质谱分析。

高效液相色谱-串联质谱（HPLC-MS/MS，Agilent 1200 高效液相色谱仪和 API 4000 三重四极杆质谱仪）的分析条件如下。①色谱柱：Agilent InfinityLab Poroshell 120 EC-C18；柱温为 40 ℃，进样量为 5 μL。②流动相为 0.01 mol/L 甲酸铵（A）、0.1％甲酸乙腈（B），流速为 0.4 mL/min。③流动相梯度程序为：$t=0$ min，10％ B；$t=2.0$ min，40％ B；$t=4.0$ min，60％ B；$t=6.0$ min，90％ B；$t=9.0$ min，90％ B；$t=9.5$ min，10％ B；$t=15.0$ min；10％ B。④电喷雾电压：5000 V。⑤雾化气压力：50 PSI。⑥辅助雾化气压力：50 PSI。⑦气帘气压力：35 PSI。⑧离子源温度：450 ℃。⑨进口电压：8 V。⑩出口电压：10 V。⑪去簇电压：40 V。⑫驻留时间：40 ms。⑬监测方式：多离子反应监测（MRM，见表 7-2）。在上述条件下对 4 种目标分析物进行分析得到的总离子流图如图 7-9 所示。

表 7-2　目标分析物和内标的保留时间（t_R）及 MRM 参数

目标分析物	t_R/min	离子对，m/z，（碰撞能，eV）	
		定量	定性
NNN	4.52	178.1>148.2(15)	178.1>120.1(15)
NNN-d4	4.47	182.1>152.2(15)	/
NNK	5.08	208.1>122.1(16)	208.1>106.1(16)
NNK-d4	5.06	212.1>126.1(16)	/
NAT	5.45	190.1>160.1(15)	190.1>106.1(15)
NAT-d4	5.42	194.1>164.1(15)	/
NAB	5.57	192.1>162.2(17)	192.1>133.1(17)
NAB-d4	5.54	196.1>166.2(17)	/

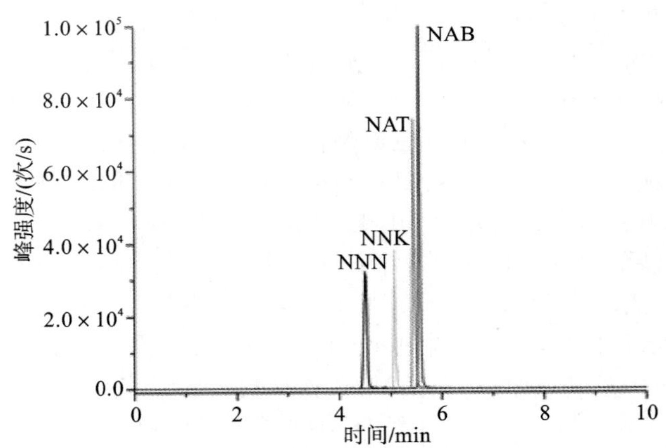

图 7-9　4 种目标分析物标准溶液的色谱图

二、结果及讨论

吸附剂的表征：本研究首先采用透射电子显微镜对不同粒径的四氧化三铁、包裹硅胶的四氧化三铁和磁性石墨烯进行表征，结果如图 7-10 所示。采用溶剂热法和水热法法制备的 Fe_3O_4 纳米颗粒均为球形的，具有很窄的粒径分布，其平均粒径分别约为 80 nm 和 400 nm；在包裹硅胶的四氧化三铁（$Fe_3O_4@SiO_2$）的表面可以清晰地观察到硅胶层的形成，该硅胶层可以有效地避免四氧化三铁在酸性介质下的溶解和腐蚀；石墨烯为透明丝绸状，有一些正常的皱褶和弯曲；对于磁性石墨烯，磁颗粒嵌入石墨烯片层之间或附着在片层结构上，有部分磁颗粒游离于石墨烯片层结构之外，这些与石墨烯共存的磁颗粒赋予了石墨烯磁分离的优点。

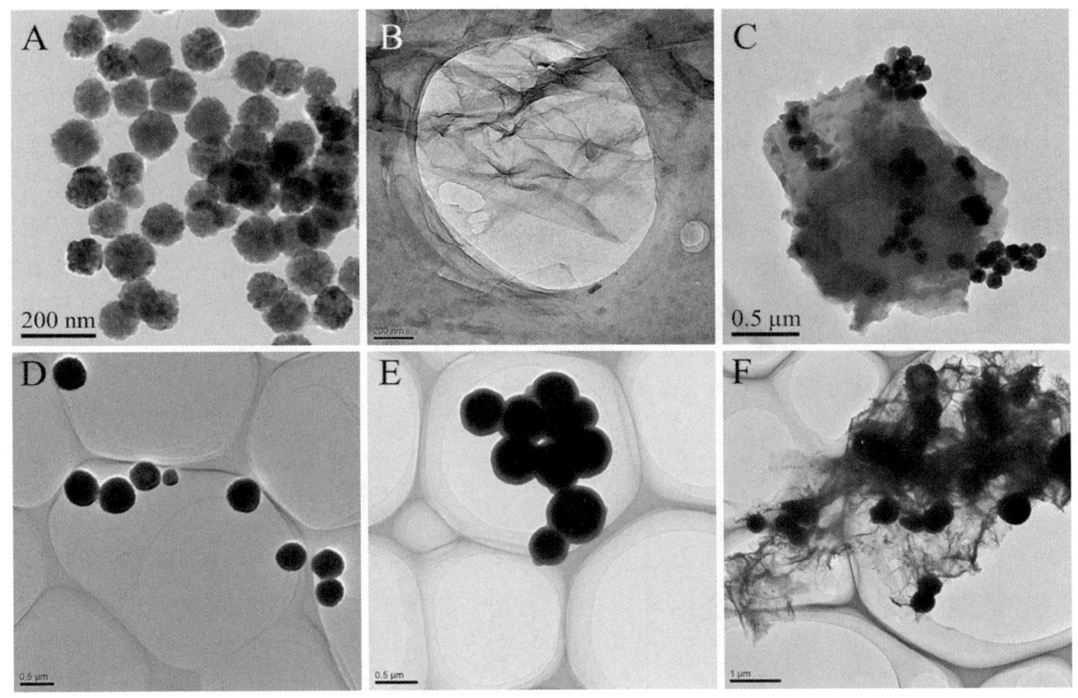

图 7-10　材料的 TEM 图

A—粒径为 80 nm 的 Fe_3O_4 颗粒；B—石墨烯；C—由 A 和 B 制备得到的磁性石墨烯；
D—粒径为 400 nm 的 Fe_3O_4 颗粒；E—D 包硅处理后得到的 $Fe_3O_4@SiO_2$；F—由 B 和 E 制备得到的磁性石墨烯

磁颗粒对目标分析物吸附的影响：我们首先以两种磁颗粒对 3R4F 卷烟主流烟气提取液进行吸附，将 50 mg Fe_3O_4 和 50 mg $Fe_3O_4@SiO_2$ 分别置入 10 mL 提取液中，不断涡旋，然后分别在第 0、2、5、10、20、40 min 取上清液进行 HPLC-MS/MS 分析，结果如图 7-11 所示。4 种目标分析物在所考察的时间内峰面积没有变化，且图 7-11(a)、(b)中相同目标分析物的峰面积没有显著差异，这说明 Fe_3O_4 和 $Fe_3O_4@SiO_2$ 对主流烟气中 TSNAs 的吸附影响均可以忽略。同时，我们对 80 nm 和 400 nm Fe_3O_4 吸附影响的考察也发现，不同粒径的 Fe_3O_4 对目标分析物的吸附影响也可忽略。因此，在后续实验中，为了操作简单，我们以 80 nm 的 Fe_3O_4 颗粒制备磁性石墨烯。

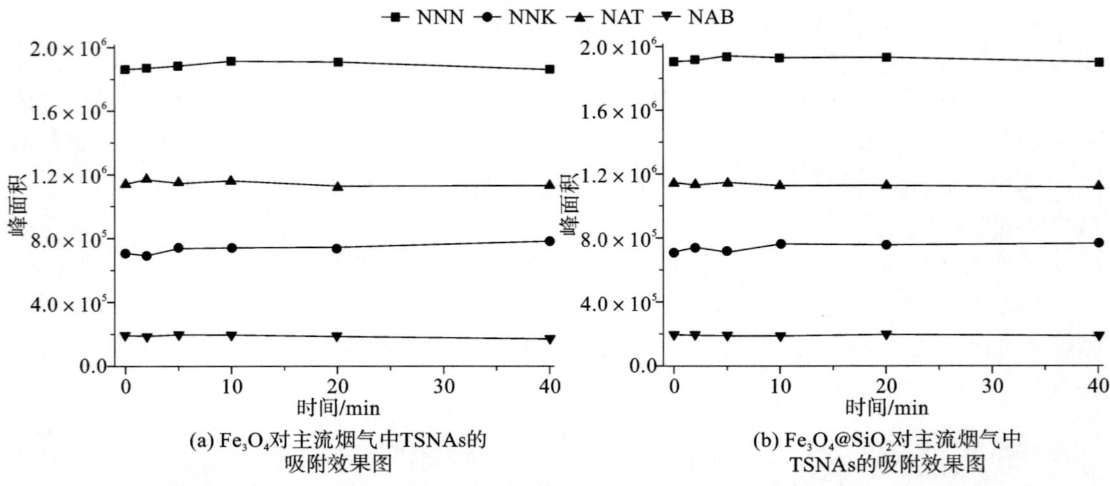

(a) Fe_3O_4对主流烟气中TSNAs的吸附效果图

(b) Fe_3O_4@SiO_2对主流烟气中TSNAs的吸附效果图

图 7-11 Fe_3O_4 和 Fe_3O_4@SiO_2 对主流烟气中 TSNAs 的吸附效果图

不同石墨烯对目标分析物的萃取效果比较:为了比较不同的石墨烯对目标分析物萃取效果的影响,我们在 3 份 10 mL 样品溶液中分别加入 10 mg 三种不同的石墨烯(氨基化石墨烯、羧酸化石墨烯和石墨烯)并涡旋 10 min,在磁铁的作用下弃去上清液后以 2.0 mL 丙酮解吸 5.0 min,之后进行 HPLC-MS/MS 分析,结果如图 7-12 所示。石墨烯对目标分析物的萃取效率是氨基化石墨烯的 1.35～1.89 倍,是羧酸化石墨烯的 1.08～1.55 倍。石墨烯对目标分析物的萃取效果最佳,可能是因为石墨烯与目标分析物之间的疏水和 π-π 作用较强。因此,在后续样品前处理中选择没有经过修饰的石墨烯。

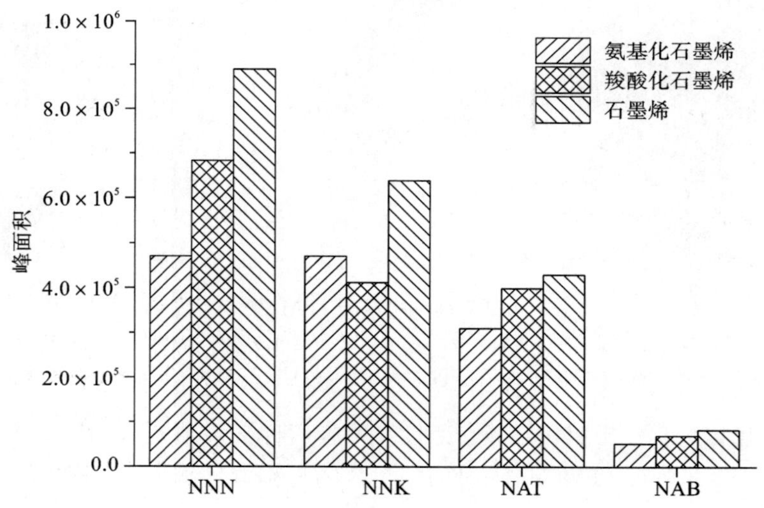

图 7-12 不同的石墨烯对目标分析物的萃取效果比较

盐浓度对萃取效果的影响:为了考察无机盐对萃取效果的影响,我们在 10 mL 样品溶液中添加氯化钠,使其浓度分别为 0 mmol/L、20 mmol/L、50 mmol/L、100 mmol/L、200 mmol/L 和 500 mmol/L,然后取 0.5 mL 磁性石墨烯分散液加入样品溶液中并涡旋 20 min,在磁铁的作用下弃去上清液后以 1.0 mL 乙腈解吸 5.0 min,之后进行 HPLC-MS/MS 分析，结果如图 7-13 所示。在所考察的范围内，目标分析物的萃取效果没有明显的变化。由于目标分析物和吸附剂在样品溶液中的存在形式受盐浓度影响不大，因此盐浓度对目标分析物的萃取效果没有太大的影响。因此，在后续的实验中，为了简单化样品预处理过程，我们在样品溶液中不添加无机盐。同时，与直接进样相比，经过样品前处理后，4 种目标分析物的峰面积显著提高，这证明样品前处理过程对目标分析物有富集效果。

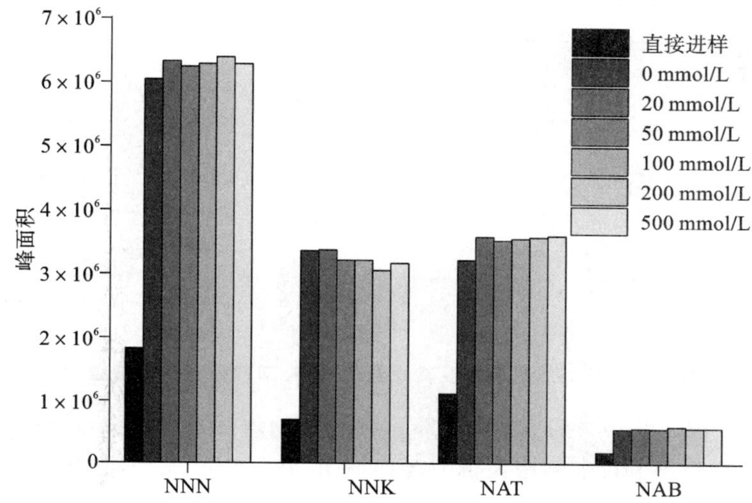

图 7-13　盐浓度对萃取效果的影响及经过样品前处理后的峰面积与直接进样比较

萃取液中有机溶剂及其含量对萃取效果的影响：我们在样品溶液中分别加入乙腈和丙酮，使二者的比例均分别为 1%、2%、5%和 10%，然后取 0.5 mL 磁性石墨烯分散液加入样品溶液中并涡旋 20 min，在磁铁的作用下弃去上清液后以 1.0 mL 乙腈解吸 5.0 min，之后进行 HPLC-MS/MS 分析，考察不同有机溶剂及其含量对目标分析物萃取效果的影响。不同有机溶剂及其含量对 NNK 萃取效果的影响结果如图 7-14 所示。从图 7-14 中可以看到，随着样品溶液中有机溶剂含量的增大，目标分析物的萃取效果呈降低趋势，同时丙酮的加入对萃取效果的降低幅度大于乙腈。这可能是由于目标分析物与磁性石墨烯之间存在着疏水和 π-π 相互作用，因而有机溶剂含量的增大会降低其萃取效果，且丙酮的降低幅度大于乙腈。考虑到目标分析物的萃取效果和样品制备过程的简化，我们在上样液中不添加有机溶剂。

基于此，我们可以发现石墨烯对 TSNAs 的吸附主要为疏水和 π-π 相互作用。主要的原因可能为：石墨烯本身具有疏水结构特性和 π-π 电子堆积性质，且 4 种 TSNAs 也具有一定的疏水性，吡啶环和亚硝基（—NO）都可以提供 π 电子。

解吸溶剂考察：由于以上实验已经说明了丙酮会更好地破坏磁性石墨烯与目标分析物之间的相互作用，因此我们将其作为解吸溶剂。同时，为了进一步考察酸或碱的加入对解吸效果的影响，我们在丙酮中分别加入 1%（V/V）的甲酸、氨水，然后取 0.5 mL 磁性石墨烯分散液加入样品溶液中并涡旋 20 min，在磁铁的作用下弃去上清液后以 1.0 mL 上述解吸溶液重复解吸三次，每次解吸时间为 5.0 min，之后进行 HPLC-MS/MS 分析，考察不同解吸溶剂对目标分析物解吸效率的影响，结果如表 7-3 所示。丙酮中添加酸或碱对目标分析物的解吸效果影响不大，纯丙酮、1%甲酸丙酮和 1%氨水丙酮对 4 种目标分析物的前两次解吸效

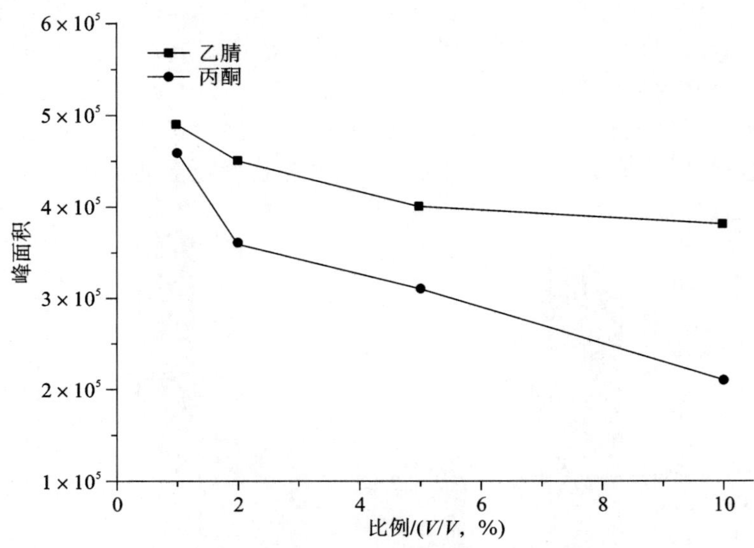

图 7-14 不同有机溶剂及其含量对 NNK 萃取效果的影响结果

率分别不小于 92.7%、91.9%和 92.1%,即目标分析物均能被 2.0 mL 解吸溶液解吸 92%左右。考虑到解吸效率和配制解吸溶液时操作简单,在后续实验中,选用 2.0 mL 丙酮作为解吸溶液。

表 7-3 不同解吸溶剂对目标分析物的解吸效率

溶剂	解吸次数	NNN/(%)	NNK/(%)	NAT/(%)	NAB/(%)
丙酮	一次	82.0	72.4	65.9	70.0
	二次	15.7	21.8	26.9	23.5
	三次	2.2	5.8	7.2	6.5
1%甲酸丙酮	一次	81.1	72.3	66.4	69.4
	二次	17.1	22.5	25.5	23.9
	三次	1.8	5.2	8.1	6.7
1%氨水丙酮	一次	78.2	70.7	65.7	68.3
	二次	18.0	23.0	26.4	24.5
	三次	3.8	6.3	7.9	7.2

萃取时间考察:我们在 10 mL 样品溶液中加入 0.5 mL 磁性石墨烯分散液,然后分别涡旋 1.0 min、2.0 min、5.0 min、10.0 min 和 20.0 min,在磁铁的作用下弃去上清液后以 2.0 mL 丙酮解吸 5.0 min,之后进行 HPLC-MS/MS 分析,考察不同萃取时间对目标分析物萃取效果的影响,结果如图 7-15 所示。在 1.0～2.0 min 的萃取时间范围内,目标分析物的峰面积随着萃取时间的延长而增大;当萃取时间大于 2.0 min 时,随着萃取时间的延长,目标分析物峰面积的增加不是很明显。由于吸附剂在萃取时是分散在整个样品溶液中的,因此可以很快地达到萃取平衡。为了保证在较短的萃取时间内获得较好且稳定的萃取效果,在后续实验中,将萃取时间定为 3.0 min。

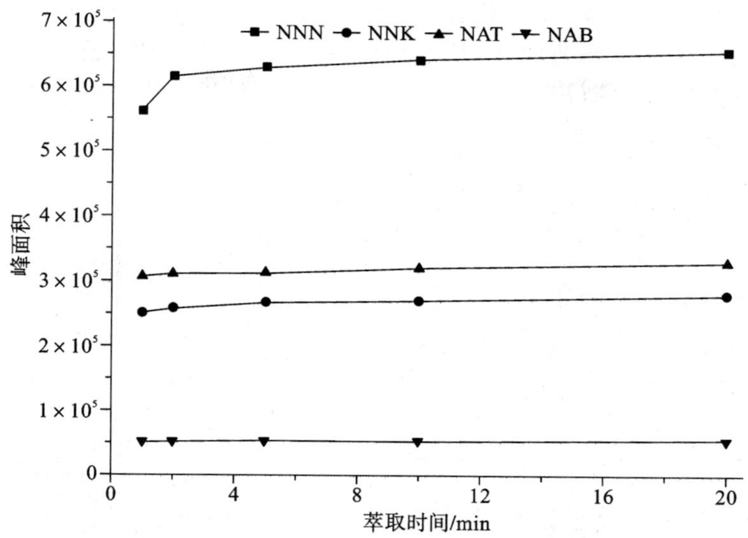

图 7-15　不同萃取时间对目标分析物萃取效果的影响

吸附剂用量考察：为了以最少的石墨烯用量达到对目标分析物的最佳萃取效果，我们对石墨烯的用量进行了优化。我们在 10 mL 样品溶液中加入不同体积的磁性石墨烯分散液，使石墨烯的质量分别为 0.25 mg、0.50 mg、1.0 mg、2.5 mg、5.0 mg 和 10.0 mg，然后分别涡旋 3.0 min，在磁铁的作用下弃去上清液后以 2.0 mL 丙酮解吸 5.0 min，之后进行 HPLC-MS/MS 分析。如图 7-16 所示，目标分析物的峰面积在石墨烯的加入量为 0.25～2.5 mg 时有显著的增加，说明石墨烯对目标分析物有优良的萃取效果，这主要是由石墨烯大的比表面积及其与目标分析物分子之间的疏水和 π-π 电子堆积作用引起的。当石墨烯的用量由 2.5 mg 继续增加时，目标分析物的峰面积仍在不断增加，只是增加速度变得缓慢。综合考虑灵敏度和石墨烯用量，在后续实验中，将石墨烯的用量定为 3.0 mg。

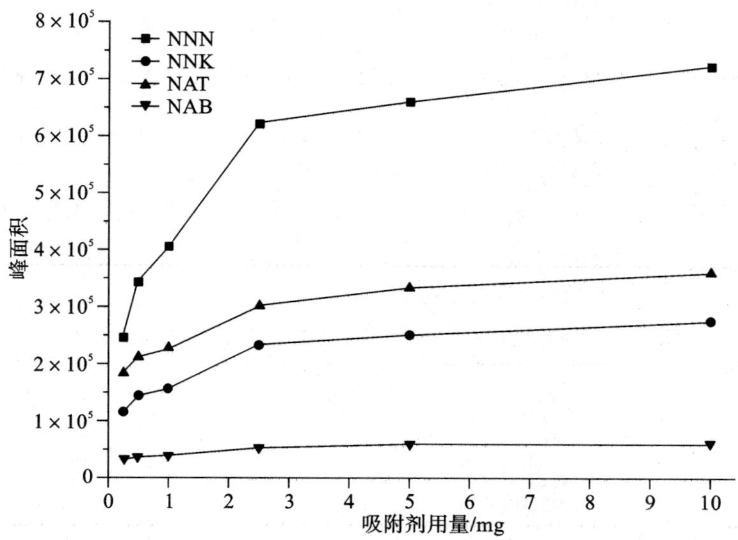

图 7-16　吸附剂用量对萃取效果的影响

综上所述,优化的实验条件为:石墨烯的用量为 3.0 mg,萃取时间为 3.0 min,用 2.0 mL 丙酮解吸。在该条件下对肯塔基 3R4F 参比卷烟主流烟气粒相物进行分析,得到的目标分析物的典型色谱图如图 7-17 所示,没有干扰物质影响目标分析物的定量,说明样品前处理过程对实际样品具有较好的净化能力。

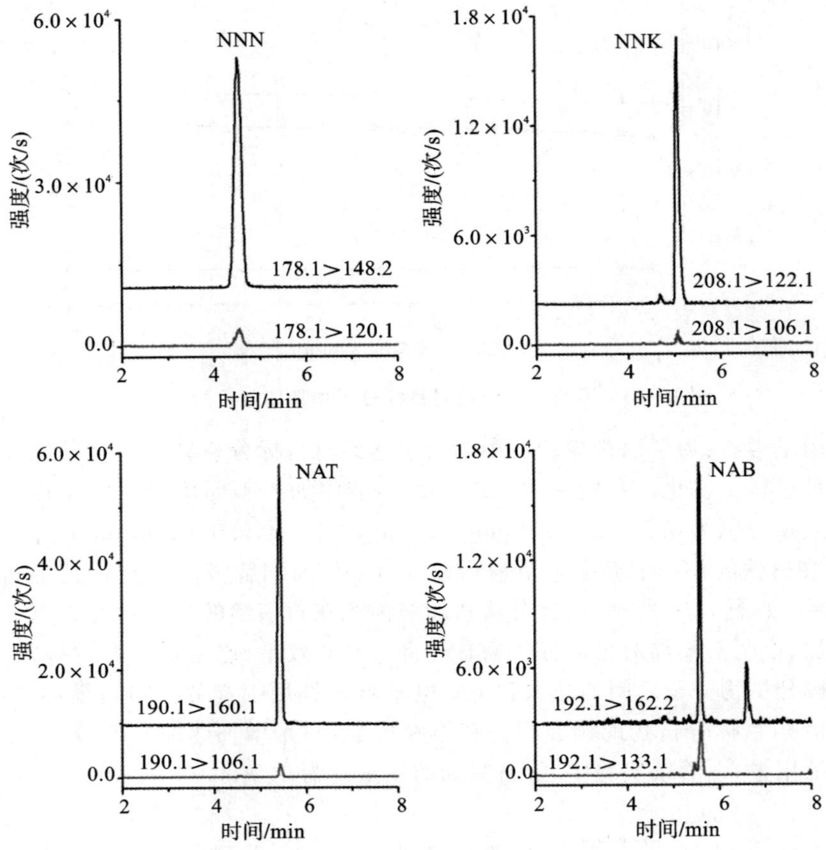

图 7-17 分析肯塔基 3R4F 参比卷烟主流烟气粒相物得到的 4 种烟草特有 N-亚硝胺的典型色谱图

方法验证:在上述优化的条件下分析目标分析物标准工作溶液,以目标分析物和内标的峰面积之比对目标分析物浓度作工作曲线(权重为 $1/x$),分别以 3 倍和 10 倍信噪比计算检出限和定量限。如表 7-4 所示,4 种目标分析物在各自的线性范围内具有较好的线性关系,工作曲线的线性相关系数的平方不小于 0.9992,目标分析物的检出限和定量限分别在 0.006~0.019 ng/mL 和 0.020~0.062 ng/mL 区间。

表 7-4 目标分析物的线性范围、工作曲线、检出限和定量限

目标分析物	线性范围/(ng/mL)	工作曲线			LOD/(ng/mL)	LOQ/(ng/mL)
		斜率	截距	R^2		
NNN	0.50~100.0	0.0901	0.0286	0.9995	0.019	0.062
NNK	0.50~100.0	0.1088	0.0110	0.9997	0.010	0.033
NAT	0.50~100.0	0.1926	0.0211	0.9992	0.008	0.027
NAB	0.25~50.0	0.1458	0.0176	0.9994	0.006	0.020

为了考察该方法的重复性和准确性，向样品中添加 3 种浓度的目标分析物(低、中、高 3 种浓度分别为各目标分析物线性范围最低值的 2 倍、10 倍和 100 倍)进行磁固相萃取分析，1 d 内重复分析 5 次，通过标准工作曲线计算得到实际检测值，并计算不同浓度下的回收率和日内相对标准偏差；以连续 3 d 制备的样品进行测定，计算不同浓度下的回收率和日间相对标准偏差，结果如表 7-5 所示。实际样品中目标分析物在不同浓度下的加标回收率为 89.3%～109.4%，日内及日间精密度分别不大于 11.2%和 10.1%。以上说明该方法的重复性和稳定性等可以满足烟草特有 *N*-亚硝胺的日常检测需求。

表 7-5　目标分析物在不同浓度下的回收率和精密度

目标分析物	日内(%±RSD,n=5)			日间(%±RSD,n=3)		
	低	中	高	低	中	高
NNN	99.5±9.2	93.7±4.6	95.9±3.6	101.2±6.9	94.5±2.9	103.0±4.8
NNK	96.66±9.9	98.6±8.9	103.9±7.5	96.2±4.0	101.6±5.4	100.4±6.0
NAT	99.6±9.3	104.6±6.0	104.8±7.0	102.8±6.0	102.6±3.6	105.2±2.9
NAB	89.3±11.2	93.8±5.8	101.9±4.6	93.2±10.1	109.4±5.9	109.0±4.2

实际样品分析：为了证明本方法在实际样品中应用的效果，采用本方法分析国内市售卷烟。为了比较方法的准确性，同时采用 CORESTA 推荐方法(Cooperation Centre for Scientific Research Relative to Tobacco Recommended Methods No. 75, Determination of Tobacco Specific Nitrosamines in Mainstream Cigarette Smoke by LC-MS/MS (second edition). 2012.)对相同样品进行分析。以 CORESTA 推荐方法测定值为横坐标，以本方法测定值为纵坐标作图，以两种 1 类致癌物(NNN 和 NNK)为例，结果如图 7-18 和图 7-19 所示。可见，本方法与 CORESTA 推荐方法分析 NNN 和 NNK 时结果具有较好的一致性，测定结果的相对标准偏差均小于 10%，说明本方法准确可靠。

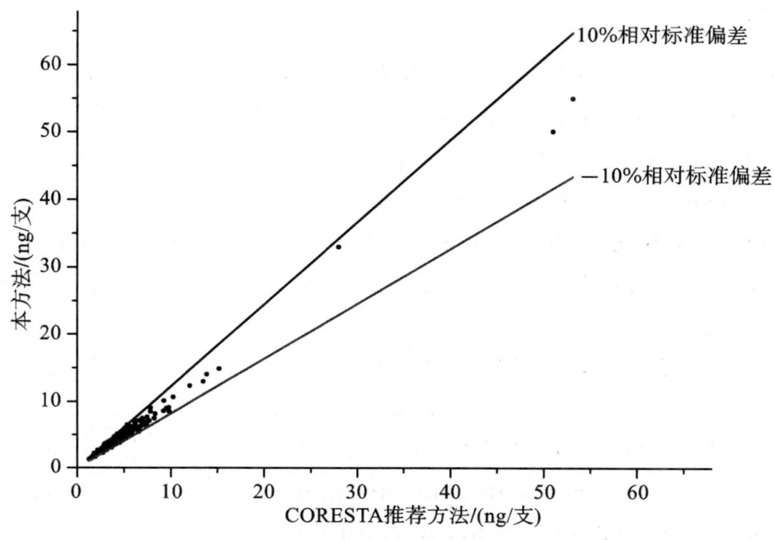

图 7-18　本方法与 CORESTA 推荐方法测定 NNN 得到的结果比较

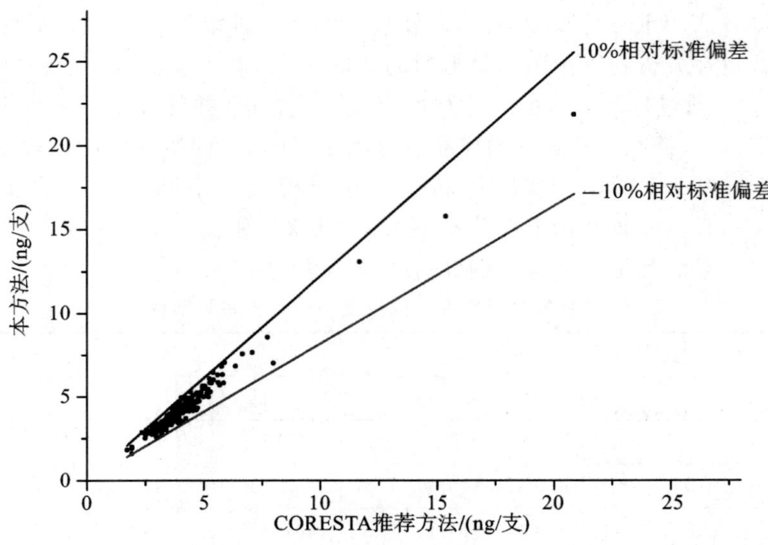

图 7-19　本方法与 CORESTA 推荐方法测定 NNK 得到的结果比较

三、小结

在本节中,我们初步探讨了石墨烯对烟草特有 N-亚硝胺的吸附机理,并在此基础上筛选出了对烟草特有 N-亚硝胺具有优良吸附性能的磁性石墨烯,通过优化影响磁固相萃取效果的一系列因素,建立了卷烟主流烟气中烟草特有 N-亚硝胺的分析方法。将所建立的方法应用于实际卷烟样品的分析,检测结果与标准方法吻合,且该方法可以对样品进行较好的净化,操作较简单,可为日常样品中烟草特有 N-亚硝胺的测定提供方法参考。

参考文献

[1] NOVOSELOV K S, GEIM A K, MOROZOV S V, et al. Electric field effect in atomically thin carbon films[J]. Science,2004,306(5696):666-669.

[2] LOH K P, BAO Q L, ANG P K, et al. The chemistry of graphene[J]. Journal of Materials Chemistry,2010,20(12):2277-2289.

[3] STANKOVICH S, DIKIN D A, PINER R D, et al. Synthesis of graphene-based nanosheets via chemical reduction of exfoliated graphite oxide[J]. Carbon,2007,45(7):1558-1565.

[4] TUNG V C, ALLEN M J, YANG Y, et al. High-throughput solution processing of large-scale graphene[J]. Nature Nanotechnology, 2009,4(1):25-29.

[5] PHAM V H, CUONG T V, NGUYEN-PHAN T-D, et al. One-step synthesis of superior dispersion of chemically converted graphene in organic solvents[J]. Chemical Communications(Cambridge, England),2010,46(24):4375-4377.

[6] AKHAVAN O, KALAEE M, ALAVI Z S, et al. Increasing the antioxidant activity of green tea polyphenols in the presence of iron for the reduction of graphene oxide[J].

Carbon,2012,50(8):3015-3025.

[7] ESFANDIAR A, AKHAVAN O, IRAJIZAD A. Melatonin as a powerful bio-antioxidant for reduction of graphene oxide[J]. Journal of Materials Chemistry,2011,21(29):10907-10914.

[8] LIAO R J, TANG Z H, LEI Y D, et al. Polyphenol-reduced graphene oxide: mechanism and derivatization[J]. The Journal of Physical Chemistry C, 2011, 115(42):20740-20746.

[9] WANG Y,SHI Z X,YIN J. Facile synthesis of soluble graphene via a green reduction of graphene oxide in tea solution and its biocomposites[J]. ACS Applied Materials & Interfaces,2011,3(4):1127-1133.

[10] HAKUR S, KARAK N. Green reduction of graphene oxide by aqueous phytoextracts[J]. Carbon,2012,50(14):5331-5339.

[11] XU L Q, YANG W J, NEOH K-G, et al. Dopamine-induced reduction and functionalization of graphene oxide nanosheets[J]. Macromolecules,2010,43(20):8336-8339.

[12] GAO J,LIU F,LIU Y L,et al. Environment-friendly method to produce graphene that employs vitamin C and amino acid[J]. Chemistry of Materials,2010,22(7):2213-2218.

[13] FERNÁNDEZ-MERINO M J,GUARDIA L,PAREDES J I,et al. Vitamin C is an ideal substitute for hydrazine in the reduction of graphene oxide suspensions[J]. The Journal of Physical Chemistry C,2010,114(14):6426-6432.

[14] WU J-H,XIAO K,ZHAO Y,et al. Preparation and characterization of ceria-zirconia composite for enrichment and identification of phosphopeptides[J]. Journal of Separation Science,2010,33(15):2361-2368.

[15] ZHU C Z,GUO S J,FANG Y X,et al. Reducing sugar:new functional molecules for the green synthesis of graphene nanosheets[J]. ACS Nano,2010,4(4):2429-2437.

[16] CHUA C K, PUMERA M. Reduction of graphene oxide with substituted borohydrides[J]. Journal of Materials Chemistry A,2013,1(5):1892-1898.

[17] SHIN H-J,KIM K K,BENAYAD A,et al. Efficient reduction of graphite oxide by sodium borohydride and its effect on electrical conductance[J]. Advanced Functional Materials,2009,19(12):1987-1992.

[18] AMBROSI A, CHUA C K, BONANNI A, et al. Lithium aluminum hydride as reducing agent for chemically reduced graphene oxides[J]. Chemistry of Materials,2012,24(12):2292-2298.

[19] CHEN W F, YAN L F, BANGAL P R. Chemical reduction of graphene oxide to graphene by sulfur-containing compounds[J]. Journal of Physical Chemistry C,2010,114(47):19885-19890.

[20] CHEN J-L, YAN X-P. A dehydration and stabilizer-free approach to production of stable water dispersions of graphene nanosheets[J]. Journal of Materials Chemistry,

2010,20(21):4328-4332.

[21] CUI P,LEE J,HWANG E,et al. One-pot reduction of graphene oxide at subzero temperatures[J]. Chemical Communications (Cambridge, England),2011,47(45):12370-12372.

[22] SHAHIDI F. Antioxidants in food and food antioxidants[J]. Die Nahrung,2000,44(3):158-163.

[23] HUMMERS W S,OFFEMAN R E. Preparation of graphitic oxide[J]. Journal of the American Chemical Society,1958,80(6):1339-1339.

[24] CHEN W F,YAN L F. Preparation of graphene by a low-temperature thermal reduction at atmosphere pressure[J]. Nanoscale,2010,2(4):559-563.

[25] YANG S B,FENG X L,IVANOVICI S,et al. Fabrication of graphene-encapsulated oxide nanoparticles: towards high-performance anode materials for lithium storage [J]. Angewandte Chemie International Edition,2010,49(45):8408-8411.

[26] ZHOU D,CHENG Q-Y,HAN B-H. Solvothermal synthesis of homogeneous graphene dispersion with high concentration[J]. Carbon,2011,49(12):3920-3927.

[27] RAO C N R,BISWAS K,SUBRAHMANYAM K S,et al. Graphene,the new nanocarbon[J]. Journal of Materials Chemistry,2009,19(17):2457-2469.

[28] FERRARI A C,MEYER J C,SCARDACI V,et al. Raman spectrum of graphene and graphene layers[J]. Physical Review Letters,2006,97(18):187401.

[29] SI Y,SAMULSKI E T. Synthesis of water soluble graphene[J]. Nano Letters,2008,8(6):1679-1682.

[30] KIM H-J,SHIN H-S. Determination of tobacco-specific nitrosamines in replacement liquids of electronic cigarettes by liquid chromatography-tandem mass spectrometry [J]. Journal of Chromatography A,2013,1291,48-55.

[31] LUO Y-B,CHEN X-J,ZHANG H-F,et al. Simultaneous determination of polycyclic aromatic hydrocarbons and tobacco-specific *N*-nitrosamines in mainstream cigarette smoke using in-pipette-tip solid-phase extraction and on-line gel permeation chromatography-gas chromatography-tandem mass spectrometry [J]. Journal of Chromatography. A,2016,1460:16-23.

[32] ZHANG Y,ZOU H-Y,SHI P,et al. Determination of benzo[a]pyrene in cigarette mainstream smoke by using mid-infrared spectroscopy associated with a novel chemometric algorithm[J]. Analytica Chimica Acta,2016,902:43-49.

[33] WANG L,YANG C Q,ZHANG Q D,et al. SPE-HPLC-MS/MS method for the trace analysis of tobacco-specific *N*-nitrosamines and 4-(methylnitrosamino)-1-(3-pyridyl)-1-butanol in rabbit plasma using tetraazacalix[2]arene[2]triazine-modified silica as a sorbent[J]. Journal of Separation Science,2013,36(16):2664-2671.

[34] LI M T,ZHU Y Y,LI L,et al. Molecularly imprinted polymers on a silica surface for the adsorption of tobacco-specific nitrosamines in mainstream cigarette smoke[J]. Journal of Separation Science,2015,38(14):2551-2557.

[35] PERFETTI T A,RODGMAN A. The complexity of tobacco and tobacco smoke[J]. Contributions to Tobacco Research,2011,24(5):215-232.

[36] CARRÉ V, AUBRIET F, MULLER J-F. Analysis of cigarette smoke by laser desorption mass spectrometry[J]. Analytica Chimica Acta, 2005,540(2):257-268.

[37] MCALLISTER M J, LI J-L, ADAMSON D H, et al. Single sheet functionalized graphene by oxidation and thermal expansion of graphite [J]. Chemistry of Materials,2007,19(18):4396-4404.

[38] SU Q,PANG S P,ALIJANI V,et al. Composites of graphene with large aromatic molecules[J]. Advanced Materials,2009,21(31):3191-3195.

[39] LIU Q,SHI J B,SUN J T,et al. Graphene and graphene oxide sheets supported on silica as versatile and high-performance adsorbents for solid-phase extraction[J]. Angewandte Chemie(International ed. in English),2011,50(26):5913-5917.

[40] CHEN J M,ZOU J,ZENG J B,et al. Preparation and evaluation of graphene-coated solid-phase microextraction fiber[J]. Analytica Chimica Acta,2010,678(1):44-49.

[41] DONG X L,CHENG J S,LI J H,et al. Graphene as a novel matrix for the analysis of small molecules by MALDI-TOF MS[J]. Analytical Chemistry, 2010, 82(14): 6208-6214.

[42] SCHNIEPP H C,LI J-L,MCALLISTER M J,et al. Functionalized single graphene sheets derived from splitting graphite oxide[J]. The Journal of Physical Chemistry B,2006,110(17):8535-8539.

[43] XU Y X,BAI H,LU G W,et al. Flexible graphene films via the filtration of water-soluble noncovalent functionalized graphene sheets[J]. Journal of the American Chemical Society,2008,130(18):5856-5857.

[44] LI X-S, ZHU G-T, LUO Y-B, et al. Synthesis and applications of functionalized magnetic materials in sample preparation[J]. TrAC Trends in Analytical Chemistry, 2013,45:233-247.

[45] WILLIAMS G, SEGER B, KAMAT P V. TiO_2-graphene nanocomposites. UV-assisted photocatalytic reduction of graphene oxide[J]. ACS Nano,2008,2(7):1487-1491.

[46] LI B,ZHANG X T,LI X H,et al. Photo-assisted preparation and patterning of large-area reduced graphene oxide-TiO_2 conductive thin film [J]. Chemical Communications,2010,46(20):3499-3501.

[47] YANG X Y,ZHANG X Y,MA Y F,et al. Superparamagnetic graphene oxide-Fe_3O_4 nanoparticles hybrid for controlled targeted drug carriers[J]. Journal of Materials Chemistry,2009,19(18):2710-2714.

[48] CHANDRA V, PARK J, CHUN Y, et al. Water-dispersible magnetite-reduced graphene oxide composites for arsenic removal[J]. ACS Nano, 2010, 4(7): 3979-3986.

[49] DING J, GAO Q, LUO D, et al. n-Octadecylphosphonic acid grafted mesoporous

magnetic nanoparticle: preparation, characterization, and application in magnetic solid-phase extraction [J]. Journal of Chromatography A, 2010, 1217 (47): 7351-7358.

[50] DENG H, LI X L, PENG Q, et al. Monodisperse magnetic single-crystal ferrite microspheres[J]. Angewandte Chemie(International ed. in English), 2005, 44(18): 2782-2785.

[51] STÖBER W, FINK A. Controlled growth of monodisperse silica spheres in the micron size range[J]. Journal of Colloid Interface Science, 1968, 26: 62-69.

[52] DENG Y-H, WANG C-C, HU J-H, et al. Investigation of formation of silica-coated magnetite nanoparticles via sol-gel approach [J]. Colloids and Surfaces A (Physicochemical and Engineering Aspects), 2005, 262(1-3): 87-93.

[53] 国家烟草专卖局. 烟草及烟草制品　调节和测试的大气环境:GB/T 16447—2004[S]. 北京:中国标准出版社,2005.

[54] 国家烟草专卖局. 常规分析用吸烟机　定义和标准条件:GB/T 16450—2004[S]. 北京:中国标准出版社,2005.

第八章　基于 SFC-MS/MS 的 TSNAs 结构及状态分析

第一节　概　　述

四种烟草特有 N-亚硝胺（TSNAs）均含有—N—NO 基团，由于 $n_N \rightarrow \pi_{NO}$ 的共轭特性，N—NO 单键具有部分双键性质，从而导致 N—NO 的旋转受到一定的限制，因此不同的旋转方向会产生 E 和 Z 两种顺反异构体。此外，除 NNK 外，另外三种 TSNAs（NNN、NAT、NAB）的 2'—C 均具有手性，从而可产生 R 和 S 两种对映异构体。毒理学研究表明不同对映异构体的毒性有所不同。在本章中，我们以 NNN 为例，对其四种绝对构型（见图 8-1）进行了 SFC-MS/MS 分析，并对实际烟草样品进行了测定，从结构角度解析了不同结构的 NNN 在烟草中的存在情况。此外，据文献报道，除了水溶性 NNK 外，烟草中的 NNK 还以基质结合态存在，白肋烟和烤烟中的结合态 NNK 分别平均占总 NNK 的 77%和 53%，温度在 200 ℃以上时，从基质结合态释放出的 NNK 占卷烟主流烟气中总 NNK 的很大一部分。本章中，我们采用高压釜水热萃取法，对烟草中的游离态和结合态 NNK 进行了分析，从存赋状态角度解析了三种典型烟草（白肋烟、烤烟、香料烟）中结合态 NNK 的存在情况。

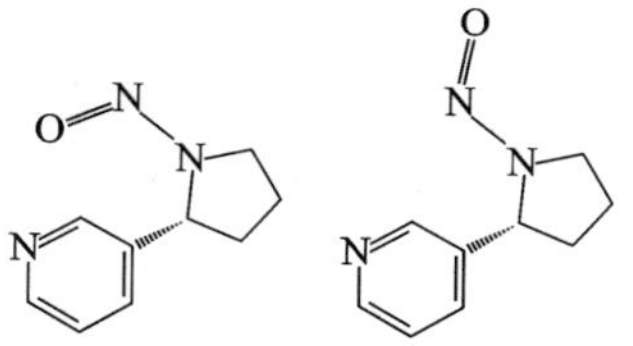

(a) R-(E,Z)-NNN

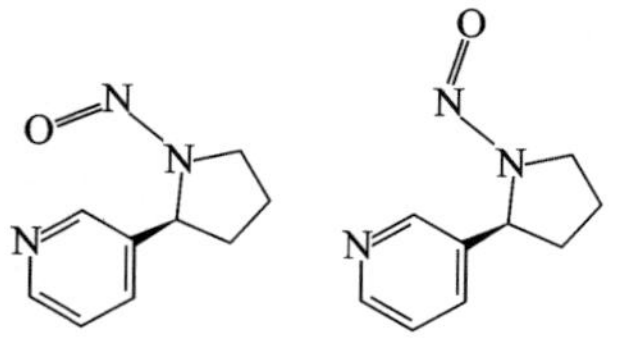

(b) S-(E,Z)-NNN

图 8-1　E/Z-(R,S)-NNN 异构体的化学结构式

第二节　基于 SFC-MS/MS 的 NNN 异构体分析

关于 NNN 旋光异构体的手性分离，Carmella 等人首先报道了以手性固定-气相色谱（CSP-GC）法结合亚硝胺选择性检测器，测定了鼻烟、口含烟和卷烟中 NNN 和 NAT 的旋光异构体组成。采用 CSP-GC 法，R-NNN 和 S-NNN 的分离耗时较长（>35 min）。McCorquodale 等人基于毛细管电泳法，以羟丙基-β-环糊精作为手性识别添加剂，开发了一种更快（～4 min）的 NNN 旋光异构体分离方法。Yang 等人建立了一种高灵敏度的 CSP-液相色谱-纳米电喷雾电离-高分辨串联质谱法，用于测定人体尿液中极低水平的 NNN 旋光异构体。然而，值得注意的是，这些手性分析方法中均未报道因 E/Z-NNN 顺反异构而引起的峰裂分现象。近年来,Hellinghausen 等人开发了一种基于 LC-MS 的综合性手性分析方法,对包括 NNN 在内的 40 种烟草生物碱及其衍生物进行了分离。在此研究中,*R*-NNN 被基线分离成两个峰,分别对应于 *R-E*-NNN 和 *R-Z*-NNN,但 *R-Z*-NNN 却无法与 *S-Z*-NNN 完全分离,呈肩峰。

在此,我们采用超临界流体色谱-串联质谱(SFC-MS/MS),通过筛选不同手性色谱柱、助溶剂等,对 *E*/*Z*-(*R*,*S*)-NNN 进行了分离和分析,并对白肋烟中 *R*-NNN 和 *S*-NNN 的组成进行了测定。

一、试剂、材料与仪器条件

(一)试剂与材料

R-NNN、*S*-NNN、rac-NNN 标准品以及 rac-NNN-d4 购于 Toronto Research Chemicals(多伦多,加拿大);HPLC 纯甲醇、乙醇、异丙醇、甲酸分别购于 Duksan Pure Chemicals(京畿道,韩国)、Merck KGaA(达姆施塔特,德国)、Chemisci(上海,中国)、Aladdin(上海,中国);分析纯醋酸铵购于 Sigma-Aldrich(圣路易斯,密苏里州,美国)。超纯水由 Milli-Q 净化系统制得,白肋烟样品由中国烟草总公司提供。

以甲醇作溶剂配制 *R*-NNN、*S*-NNN、rac-NNN、rac-NNN-d4 标准储备液。以 100 mmol/L 醋酸铵缓冲液稀释 rac-NNN 标准储备液,分别加入 200 μL 10 μg/mL 的 rac-NNN-d4 内标溶液,并定容至 10 mL 容量瓶中,即得系列标准工作溶液。*R*-NNN 和 *S*-NNN 仅用于洗脱峰的验证。

(二)仪器条件

SFC-MS/MS 分析采用 Waters ACQUITY UPC^2-MS/MS 仪(Waters,米尔福德,马萨诸塞州,美国)。采用 Waters MassLynx 4.1 工作站进行系统控制及数据采集。

采用四种具有不同手性固定相的色谱柱(即 Chiralpak AD-3、Chiralpak IA-3、Chiralpak IC-3、Chiralpak IG-3,规格均为 3 mm×100 mm,3 μm),对 NNN 异构体的分离进行优化。确定色谱柱后,分别于 10 ℃、20 ℃、30 ℃、40 ℃下考察柱温的影响。

除主流动相超临界 CO_2 外,在等度洗脱条件下考察了甲醇、乙醇、异丙醇三种助溶剂的影响。确定助溶剂后,考察了助溶剂比例对分离效果的影响。以含 0.1%甲酸的甲醇溶液作补偿溶剂,在 0~0.2 mL/min 范围内考察了补偿溶剂流速对质谱响应的影响。

质谱采用电喷雾电离源、正离子扫描、多离子反应监测模式(MRM),具体参数如下:毛细管电压为 4.5 kV,离子源温度为 150 ℃,去溶剂温度为 300 ℃,去溶剂气流速为 800 L/h,锥孔气流速为 50 L/h。优化得到的 NNN 以及内标 NNN-d4 的母离子和子离子的锥孔电压和碰撞能参数如表 8-1 所示。

表 8-1 NNN 和 NNN-d4 的 MRM 参数

化合物	母离子(*m*/*z*)	子离子(*m*/*z*)	锥孔电压/V	碰撞能/eV
NNN	177.994	148.009[a]	26	10
		119.964[b]	26	16

续表

化合物	母离子(m/z)	子离子(m/z)	锥孔电压/V	碰撞能/eV
NNN-d4	182.083	152.035[a]	30	10
		123.990[b]	30	18

注：[a] 定量离子；

[b] 定性离子。

二、样品制备

将烟草样品磨成粉末，称取 1.0 g，置于 50 mL 离心管中，加入 200 μL 10 μg/mL 的 rac-NNN-d4 内标溶液，再加入 10 mL 萃取液，超声萃取 30 min。萃取完成后，用 0.22 μm 滤膜将萃取液过滤至样品瓶中，待后续进行 SFC-MS/MS 分析。

三、方法验证

从线性、检出限(LOD)、定量限(LOQ)和回收率等方面对该方法进行了验证。用内标浓度恒定的 rac-NNN 系列标准工作溶液进行 SFC-MS/MS 分析，通过浓度与目标分析物与内标的峰面积之比建立 *R*-NNN 和 *S*-NNN 的校正曲线。以信噪比 S/N 为 3 时对应的标准工作溶液浓度作检出限，以信噪比 S/N 为 10 时对应的标准工作溶液浓度作定量限。在一个白肋烟样品中，通过添加 3 个不同浓度的 rac-NNN 标准工作溶液，进行回收率实验，以验证方法的准确度和精密度。

四、结果与讨论

(一)SFC-MS/MS 方法优化

手性固定相(CSP)是手性分离的一个重要决定因素。由于具有分离多种手性化合物的能力和优异的重现性，基于多糖的 CSP 是手性分离中最常用的固定相。在以 CO_2/甲醇(80/20，V/V)为流动相的等度洗脱条件下，考察了四种基于多糖 CSP 的色谱柱，即 Chiralpak AD-3、Chiralpak IA-3、Chiralpak IC-3 和 Chiralpak IG-3 对于拆分 *E*/*Z*-(*R*，*S*)-NNN 顺反和旋光异构体的适用性。四种手性色谱柱的具体化学结构特性如表 8-2 所示。考察结果如图 8-2 所示。需要说明的是，由于只能购得 *R*-NNN 和 *S*-NNN 旋光异构体的标准品，无法获得 *E*-(*S*)-NNN、*Z*-(*S*)-NNN、*E*-(*R*)-NNN 和 *Z*-(*R*)-NNN 异构体的标准品，因此未对因 *E*/*Z* 异构导致的峰裂分进行进一步标注，仅标注了 *R* 和 *S*。Chiralpak AD-3 和 Chiralpak IA-3 均是基于直链淀粉-三(3,5-二甲基苯基氨基甲酸酯)的相同手性选择子的色谱柱，但二者的连接类型不同，前者被涂覆在二氧化硅上，而后者是通过共价键固定的。从图 8-2 中可以看出，Chiralpak AD-3 显示出比 Chiralpak IA-3 更好的 *E*/*Z*-(*R*，*S*)-NNN 异构体分辨率，这与文献报道一致，即包被的 CSP 的手性识别能力一般高于相应的固定的 CSP。Chiralpak IG-3 和 Chiralpak IA-3 的区别在于苯基氨基甲酸酯的苯基部分上的取代基不同，Chiralpak IG-3 基于固定的直链淀粉-三(3-氯-5-二甲基苯基氨基甲酸酯)。—Cl 的吸电子取代基可能影响多糖苯基氨基甲酸酯羧基部分的电子密度，使氨基甲酸酯基团的 NH 质子的酸性增强。因此,NNN 中的—N=O 与手性选择子中的 NH 基团之间更易形成氢键,从而使 *E*/*Z*-(*R*,*S*)-NNN 异构体的保留性变强。Chiralpak IC-3 基于固定的纤维素-三(3,5-二氯苯基氨基甲酸酯),*E*/*Z*-(*R*,*S*)-NNN 异构体在该色谱柱上表现出中等的保留性和分离度。由于缺乏单一标准,在本研究中只能对 *R*-NNN(*E*-(*R*)-NNN 和 *Z*-(*R*)-NNN 之和)、*S*-NNN(*E*-(*S*)-NNN 和 *Z*-(*S*)-NNN 之和)进行定量测量,因此,最终选择了 Chiralpak IC-3,因为它对 *R* 和 *S* 旋光异构体的分离效果最好。

表 8-2 四种手性色谱柱的具体化学结构特性

色谱柱	类型	手性固定相	结构
Chiralpak AD-3	涂覆	直链淀粉-三 (3,5-二甲基苯基氨基甲酸酯)	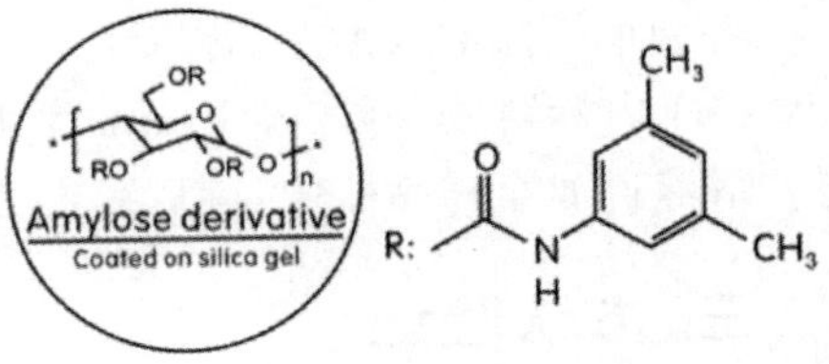 Amylose derivative Coated on silica gel
Chiralpak IA-3	键合	直链淀粉-三 (3,5-二甲基苯基氨基甲酸酯)	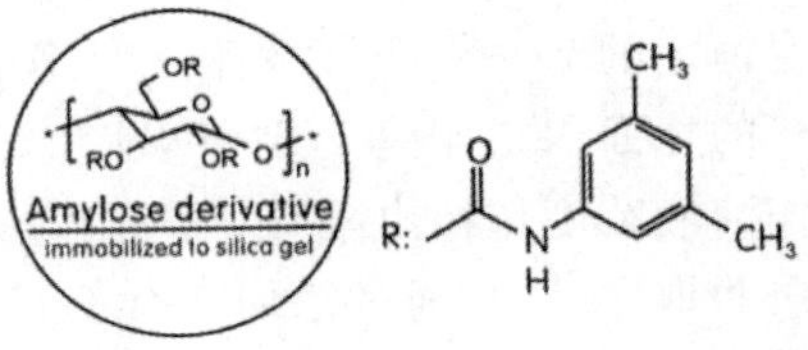 Amylose derivative immobilized to silica gel
Chiralpak IG-3	键合	直链淀粉-三 (3-氯-5-二甲基苯基氨基甲酸酯)	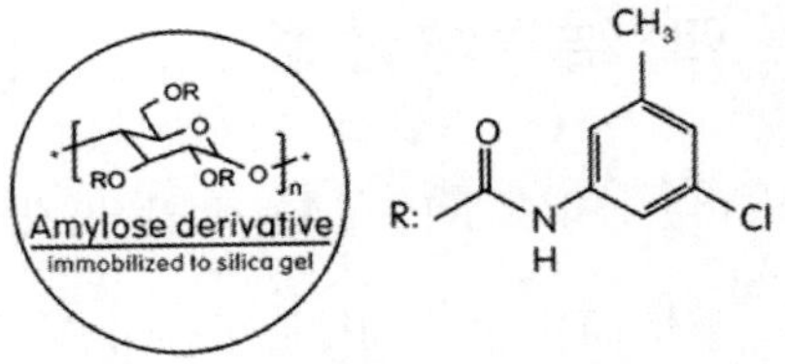 Amylose derivative immobilized to silica gel
Chiralpak IC-3	键合	纤维素-三 (3,5-二氯苯基氨基甲酸酯)	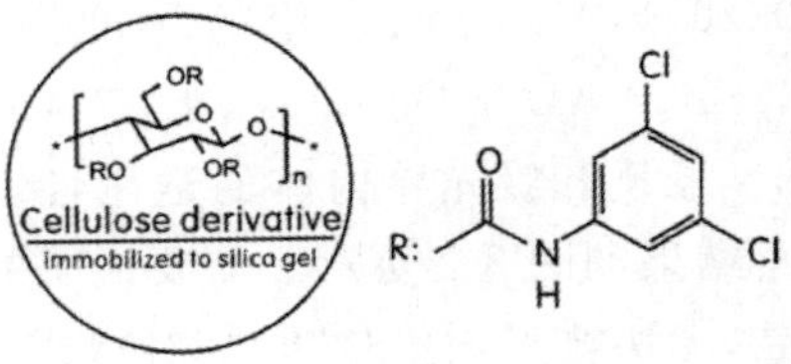 Cellulose derivative immobilized to silica gel

流动相组成是影响保留性和分离效率的另一个重要因素。如图 8-3(a)所示,当甲醇的比例从 15%增加到 35%时,NNN 顺反异构体和旋光异构体的保留率和拆分率都降低了,这是因为助溶剂含量的增大增强了流动相的溶剂能力。此外,如图 8-3(b)所示,当使用另外两种极性不同的醇类助溶剂时,对保留性和拆分效果有很大的影响,这可能是因为多糖主链的超分子结构和可用的结合位点发生了变化。以 30%异丙醇为助溶剂可实现 NNN 四种绝对构型的完全分离。与甲醇和乙醇相比,异丙醇具有较弱的极性和较大的空间体积,有利于目标分析物从流动相进入色谱柱。由于本研究侧重于 *S*-NNN 和 *R*-NNN 的定量,因此选择

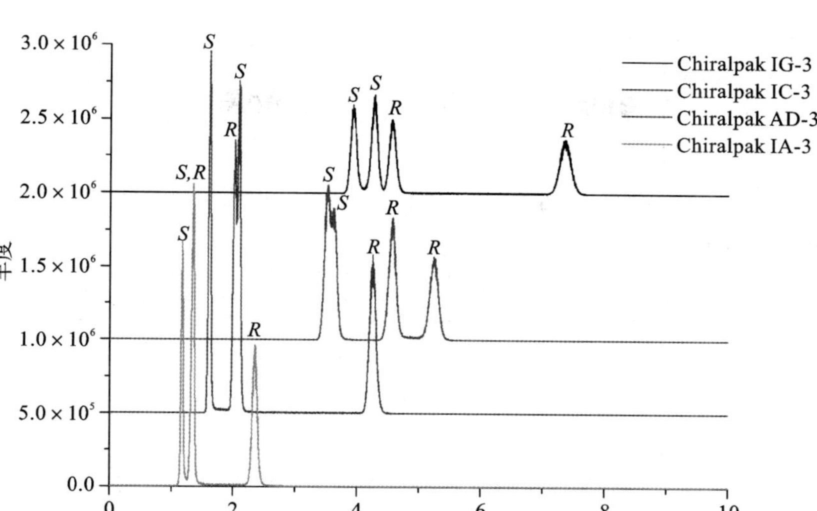

图 8-2 不同色谱柱上 *E*/*Z*-(*R*,*S*)-NNN 的分离效果

30%甲醇作为流动相改性剂。因为 *E*-(*S*)-NNN 和 *Z*-(*S*)-NNN 以单峰的形式洗脱，有利于 *S*-NNN 的定量）。

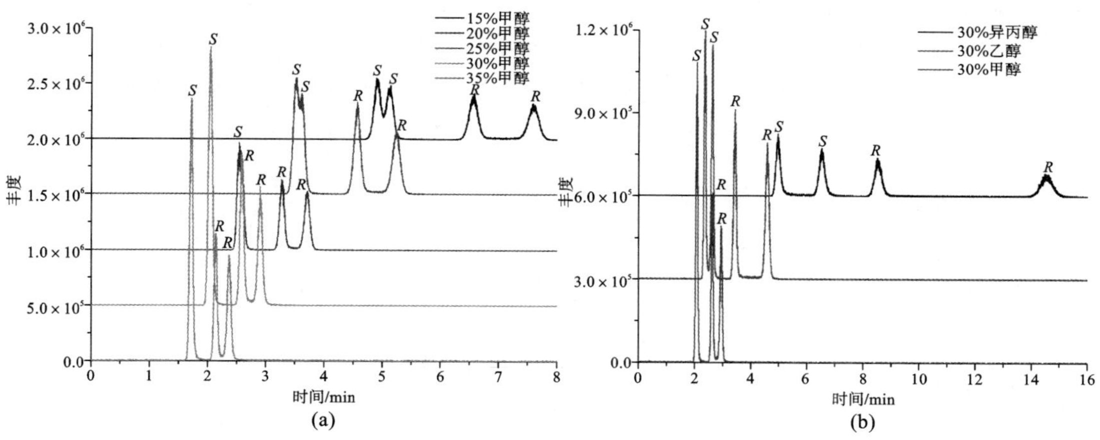

图 8-3 流动相组成对 *E*/*Z*-(*R*,*S*)-NNN 分离效果的影响

温度对 SFC 分离的影响很难预测，只能通过实验验证。在本研究中，色谱度温度分别为 10 ℃、20 ℃、30 ℃和 40 ℃时对分离效果的影响进行了评估。如图 8-4 所示，随着温度的升高，NNN 的保留性降低，这表明本研究中采用的高比例助溶剂（30%甲醇）使流动相更像液体，从而增加了目标分析物的溶解度。值得注意的是，当温度高于 20 ℃时，*R*-NNN 的 *E* 和 *Z* 异构体之间的基线升高，这可能是由 *E* 和 *Z* 顺反异构体间的相互转化而导致的。柱温从 20 ℃进一步降低到 10 ℃并没有明显降低最后两个峰之间的基线，因此色谱柱温度最终选择 20 ℃。

ABPR 用于调节超临界体系的压力，ABPR 压力影响 CO_2 浓度，改变流动相的洗脱强度。在本研究中，分别在 1500 PSI、2000 PSI 和 2500 PSI 下考察了 ABPR 压力对分离效果的影响，结果如图 8-5(a)所示。随着 ABPR 压力的增加，目标分析物的保留率略有下降，但

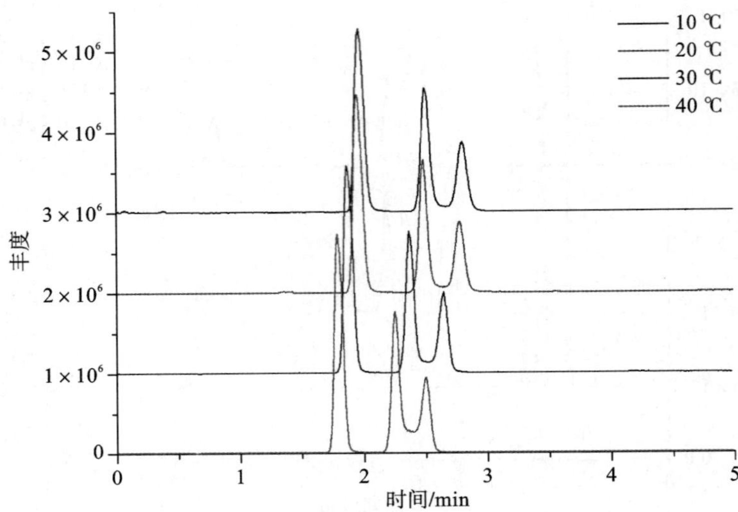

图 8-4　色谱柱温度对 *E*/*Z*-(*R*,*S*)-NNN 的分离效果的影响

R-NNN 的 *S*-NNN、*E* 和 *Z* 异构体的分辨率几乎保持不变。因此,采用了 2000 PSI 的中间 ABPR 压力。本研究对流动相流速对分离效果的影响也进行了优化。与 ABPR 压力相比,流动相流速对保留性和分离效率的影响相对较大,如图 8-5(b)所示。分离度的变化可归因于柱平均压力随流速的增加而相应增加。当流动相流速从 1.0 mL/min 增加到 2.0 mL/min 时,*R*-NNN 的 *S*-NNN、*E* 和 *Z* 等异构体的分离度有下降的趋势。本研究最后选择了 1.5 mL/min的中间流速,因为该流速提供了适度的保留率和足够的分离度。

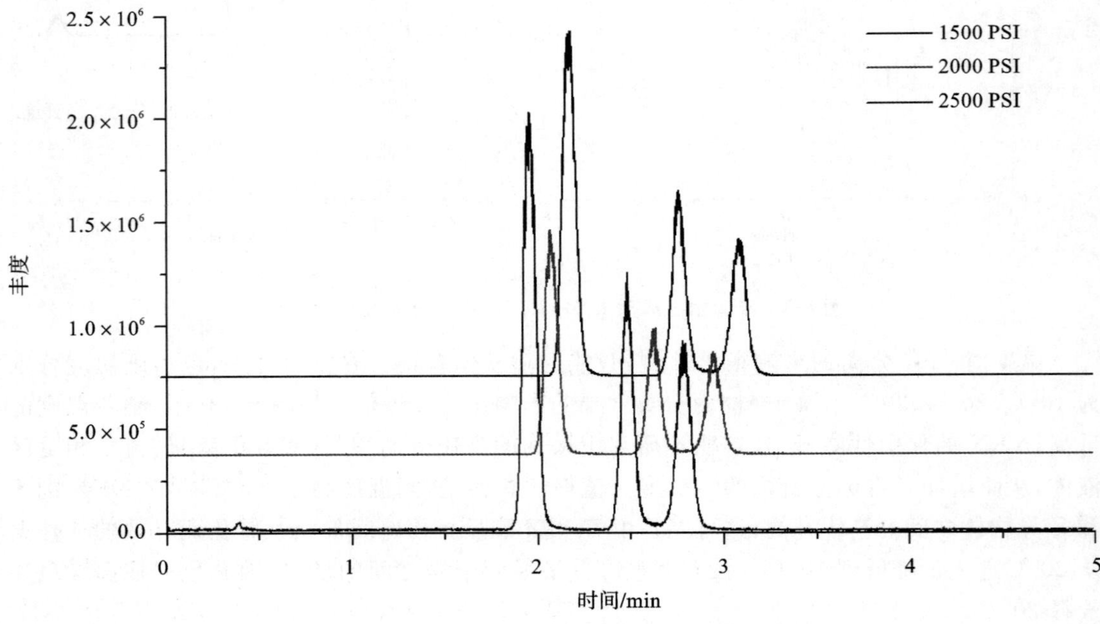

(a) ABPR压力对*E*/*Z*-(*R*,*S*)-NNN分离效果的影响

图 8-5　ABPR 压力和流动相流速对 *E*/*Z*-(*R*,*S*)-NNN 分离效果的影响

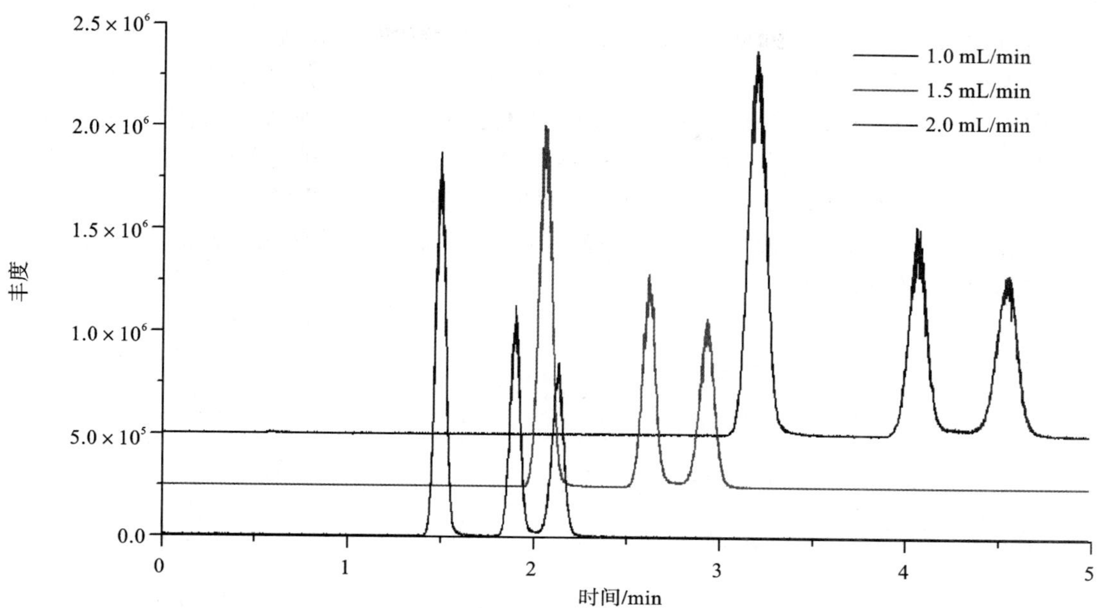

(b) 流动相流速对*E*/*Z*-(*R*,*S*)-NNN分离效果的影响

续图 8-5

在大多数 SFC-MS 分析应用中，通常在色谱分离后、质谱检测前加入补偿溶剂，这样不仅有助于提高目标分析物在离子源中的电离效率，而且有助于在离子源中产生稳定而均匀的泰勒锥，这对于在助溶剂比例较小的情况下洗脱的目标分析物而言尤为重要。在本研究中，以含 0.1%甲酸的甲醇溶液作补偿溶剂，在 0～0.2 mL/min 范围内考察了补偿溶剂流速的影响。由表 8-3 可见，峰面积随着流速的升高而降低，表明补偿溶剂对目标分析物的稀释效应大于甲酸对目标分析物的电离增强效应。这可能是由 NNN 自身电离效率较高，且本研究中采用高比例(30%)甲醇的等度洗脱条件所致。值得注意的是，当流速为 0.1 mL/min 时，峰面积的相对标准偏差最低(RSD≤3.7%)。这可能归因于离子源中形成了更稳定的泰勒锥。尽管如此，去除补偿溶剂(0 mL/min)的 RSD 仍较为满意(≤4.9%)。因此，在本研究的实验条件下，不再需要使用柱后补偿溶剂。

表 8-3　补偿溶剂流速对峰面积的影响

流速/(mL/min)	色谱峰 1		色谱峰 2		色谱峰 3	
	平均峰面积(n=5)	RSD/(%)	平均峰面积(n=5)	RSD/(%)	平均峰面积(n=5)	RSD/(%)
0.0	168 975.7	4.8	102 224.3	4.4	68 235.2	4.9
0.1	140 049.2	3.7	92 113.4	3.6	54 779.4	2.8
0.2	106 739.4	4.4	69 262.4	4.9	40 680.9	4.0

(二)样品前处理优化

在 SFC-MS/MS 分析中,由于以超临界 CO_2 为主的流动相对直接进 100%水样的限制,必须对水提取液进行溶剂置换。然而,在本研究中采用了 30%甲醇作助溶剂,可能不会像先前研究中以 1%甲醇作助溶剂时那样容易受到水的影响。为此,将在超纯水中制备的标准品连续进样 10 次,10 个色谱图重叠得非常好,结果如图 8-6 所示。10 次重复进样中各峰的保留时间、峰面积和不对称因子如表 8-4 所示,可见均具有良好的精密度,表明在本研究的 SFC 条件下,可以进水提取液。因此,最终选择以 100 mmol/L 醋酸铵缓冲液为提取溶剂,在超声作用下提取烟草样品中的 NNN。

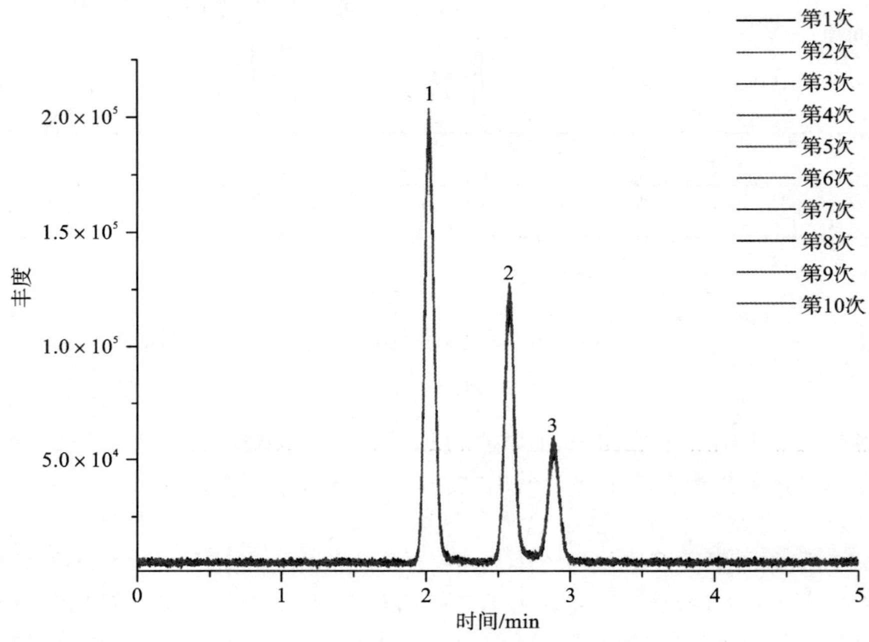

图 8-6 纯水配制标准品 10 次重复进样的色谱图

表 8-4 纯水配制标准品 10 次重复进样的色谱峰具体参数

序号	色谱峰 1			色谱峰 2			色谱峰 3		
	保留时间/min	峰面积	不对称因子	保留时间/min	峰面积	不对称因子	保留时间/min	峰面积	不对称因子
1	2.02	9274.81	1.19	2.58	6120.00	0.98	2.88	3203.03	1.00
2	2.02	9498.16	1.14	2.58	6304.09	1.04	2.89	3142.94	0.87
3	2.02	9458.35	1.16	2.58	6007.68	0.86	2.88	2937.60	1.25
4	2.02	9385.63	1.31	2.58	6094.17	1.01	2.89	2882.50	0.92
5	2.02	9142.63	1.17	2.58	5841.72	1.10	2.89	3180.59	0.96
6	2.02	9360.05	1.13	2.58	5956.87	1.06	2.89	3015.29	0.74
7	2.02	9255.87	1.17	2.58	6067.30	0.89	2.87	2957.48	1.48
8	2.02	9672.05	1.11	2.58	6149.31	0.98	2.89	2983.96	0.88

续表

序号	色谱峰 1			色谱峰 2			色谱峰 3		
	保留时间/min	峰面积	不对称因子	保留时间/min	峰面积	不对称因子	保留时间/min	峰面积	不对称因子
9	2.02	9444.29	1.18	2.58	6065.35	1.06	2.89	3022.13	0.93
10	2.02	9747.99	1.13	2.58	6221.33	0.91	2.88	3242.15	0.95

（三）方法评价

在本研究优化的色谱条件下，对所构建的方法的分析性能进行了评估。结果表明，在 0.05～20 μg/g 范围内线性关系良好，R^2 大于 0.999；*S*-NNN 和 *R*-NNN 的 LOD 和 LOQ 值分别为 2.3 μg/kg 和 7.8 μg/kg、2.8 μg/kg 和 9.5 μg/kg；3 个不同加标水平下的回收率为 101.4%～110.0%，日内 RSD 为 1.2%～5.7%，日间 RSD 为 1.6%～7.2%。这表明该方法适用于烟草样品中 NNN 对映体的测定，具有良好的准确度和精密度。

（四）实际样品分析

与烤烟和香料烟相比，白肋烟通常具有更高的降烟碱和硝酸盐含量。其中，降烟碱是 NNN 的前体物，硝酸盐是亚硝化剂亚硝酸盐的前体物，因此白肋烟中 NNN 的含量通常较高。本研究采用所建立的 SFC-MS/MS 分析方法，对白肋烟中的 NNN 旋光异构体的组成进行了分析。实际样品的色谱图如图 8-7 所示，8 个白肋烟样品的定量结果如表 8-5 所示，在所测定的白肋烟中，*S*-NNN 为主要旋光异构体，含量占总 NNN 的(67.5%±0.9%)～(83.7%±0.5%)。测定结果与 Carmella 等人报道的结果的一致性较好。

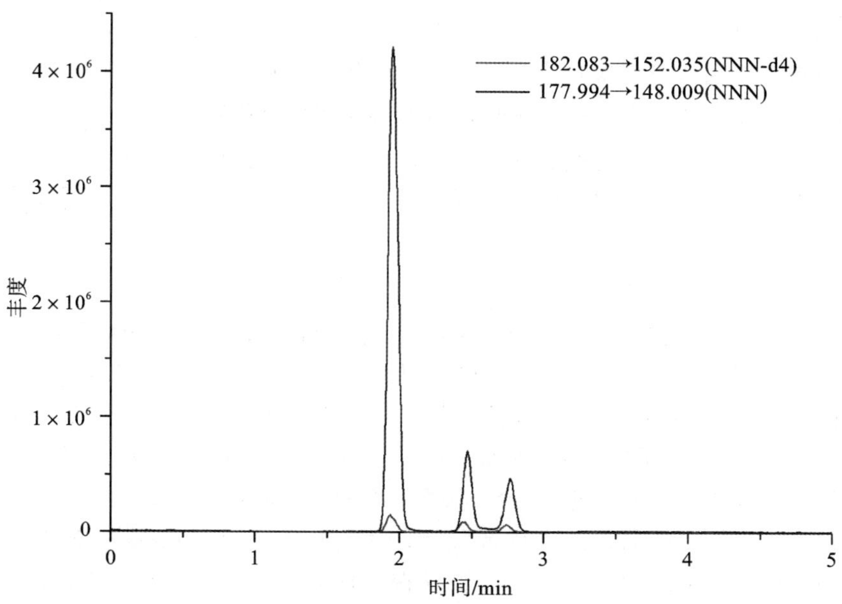

图 8-7 实际样品的色谱图

表 8-5　白肋烟中 NNN 旋光异构体的测定结果

白肋烟	S-NNN/(μg/g)	R-NNN/(μg/g)	S-NNN/(%)
1	26.46±0.14	7.68±0.25	77.5±0.5
2	18.19±0.36	4.00±0.32	82.0±1.1
3	3.63±0.08	1.74±0.09	67.5±0.9
4	10.83±0.13	2.10±0.11	83.7±0.5
5	16.22±0.20	4.13±0.09	79.7±0.2
6	18.63±0.24	3.82±0.09	83.0±0.3
7	5.16±0.08	1.76±0.06	74.6±0.4
8	11.30±0.09	2.30±0.11	83.1±0.6

第三节　基于 SFC-MS/MS 的 NNK 存赋状态分析

烟草中 N-亚硝胺测定的样品制备研究通常采用溶剂萃取或缓冲液萃取的方法，并辅以抗坏血酸、乙酸或氢氧化钠，涉及多个步骤的分配和浓缩。然而，值得注意的是，除了水溶性 NNK，基质结合的 NNK 在烟草中也有报道。基质结合的 NNK 不能用常规溶剂提取，但可以通过超临界二氧化碳、人唾液或高压釜萃取来释放结合态 NNK。

本研究建立了一种基于高压釜萃取和 SFC-MS/MS 快速测定烟草中 NNK 和 NNN 的方法，并对白肋烟、烤烟和香料烟中基质结合的 NNK 的含量进行了测定。同时，本研究将该方法与用于 TSNAs 常规分析的行业标准方法 LC-MS/MS 法进行了比较。两种方法的定量结果相近，表明 SFC-MS/MS 法在 NNK 和 NNN 分析中具有广泛的适用性。此外，SFC-MS/MS 法的另一个值得注意的特点是，它对 NNK 和 NNN 的 E/Z 异构体展现出灵活的分离能力，可通过调控实验条件实现 E/Z 异构体色谱峰的合并和拆分。该方法可以有效地消除以往研究中因 E/Z 异构体的存在而引起的色谱峰裂分现象。

一、试剂、材料与仪器条件

(一)试剂与材料

NNK、NNN 标准品和 NNK-d4、NNN-d4 内标购自 Toronto Research Chemicals(多伦多，加拿大)；HPLC 纯甲醇、乙醇、异丙醇、乙腈购自 Duksan Pure Chemicals(京畿道，韩国)；冰醋酸购自 Fisher Scientific(匹兹堡，宾夕法尼亚，美国)；甲酸、甲酸铵、乙酸铵、37%浓盐酸购自 Sigma-Aldrich(圣路易斯，密苏里州，美国)；超纯水由 Milli-Q 净化系统制得；单料烟烟草样品(4 个烤烟、4 个白肋烟、4 个香料烟)由中国烟草总公司提供。

NNK 和 NNN 的单标储备液以甲醇配制。考虑到烟草实际样品中 NNN 含量相较于 NNK 更高，因此进一步配制的 NNK 和 NNN 混合标准储备液中 NNN 浓度是 NNK 浓度的 5 倍。将混合标准储备液稀释制备系列标准工作溶液，体积为 10 mL，其中内标 NNK-d4 和 NNN-d4 的浓度均为 20 ng/mL。

（二）仪器条件

SFC-MS/MS 分析采用 Waters ACQUITY UPC^2-MS/MS 仪（Waters，米尔福德，马萨诸塞州，美国）。采用 Waters MassLynx 4.1 工作站进行系统控制及数据采集。

采用三种不同类型的色谱柱，即 BEH(3 mm×100 mm，1.7 μm)、HSS C18(3 mm×100 mm，1.8 μm)、CSH Fluoro Phenyl(3 mm×100 mm，1.7 μm)对 NNK 和 NNN 混合标准品的分离进行优化。ABPR 设定为 2000 PSI，柱温为 35 ℃。

除超临界 CO_2（流动相 A)外，还同时使用了甲醇作助溶剂（流动相 B)。流动相流速为 1.5 mL/min，采用梯度洗脱模式，具体为：0.0～3.0 min(1%～25% B)；3.0～3.5 min(25% B)；3.5～3.6 min(25%～35% B)；3.6～4.3 min(35% B)；4.3～4.4 min(35%～1% B)；4.4～5.0 min(1% B)。以含 0.1%甲酸的甲醇溶液作补偿溶剂，流速为 0.3 mL/min。

筛选好色谱柱后，在相同色谱条件下，以乙醇和异丙醇为助溶剂，对助溶剂的种类进行了研究。最后，为了完全消除 E/Z 异构引起的峰分裂，进一步研究了梯度变化曲线，以改善峰形。

质谱采用电喷雾电离源、正离子扫描、多离子反应监测模式（MRM），具体参数如下：毛细管电压为 4.5 kV，离子源温度为 150 ℃，去溶剂温度为 300 ℃，去溶剂气流速为 800 L/h，锥孔气流速为 50 L/h。优化得到的 NNK、NNN 以及内标 NNK-d4、NNN-d4 的母离子和子离子的锥孔电压和碰撞能参数如表 8-6 所示。

表 8-6　NNK、NNN 和内标 NNK-d4、NNN-d4 的 MRM 参数

化合物	母离子(m/z)	子离子(m/z)	锥孔电压/V	碰撞能/eV
NNK	208.0	121.9[a]	24	12
	208.0	106.0[b]	24	22
NNN	178.0	148.0[a]	26	10
	178.0	120.0[b]	26	16
NNK-d4	212.2	126.1[a]	28	10
	212.2	110.2[b]	28	20
NNN-d4	182.1	152.0[a]	30	10
	182.1	124.0[b]	30	18

注：[a] 定量离子；

[b] 定性离子。

二、样品制备

为了有效提取基质结合态 NNK，根据文献报道的高压釜水热提取方法，稍加改动对烟草样品进行提取。采用带 50 mL PTFE 内胆的不锈钢高压釜（耐温 220 ℃，耐压 3 MPa)，将 1.00 g 烟末样品置于 50 mL PTFE 内胆中，加入 50 μL 4 μg/mL 的混合内标溶液，再加入 10 mL 醋酸铵水溶液，将内胆放入高压釜中，拧紧盖后置于烘箱中，温度从室温升至 130 ℃，并在 130 ℃保持 4 h，缓慢降至室温后，将提取液倒入 50 mL 离心管中，以 10 000 r/min 离心 5 min，上清液用 0.45 μm 针式滤膜过滤。取 200 μL 滤液，在 50 ℃下氮吹至干，用 200 μL

甲醇复溶，再用 0.22 μm 针式滤膜过滤至含内插管的样品瓶中，最终以 SFC-MS/MS 法进行测定。

考虑到白肋烟中 TSNAs 的含量远高于烤烟和香料烟，白肋烟的取样量降至 0.2 g，其他步骤同上。

三、结果与讨论

（一）SFC-MS/MS 方法优化

首先，采用三种不同类型的色谱柱对 NNK 和 NNN 标准品的分离进行了优化。如图 8-8(a)所示，在 BEH 柱和 HSS C18 柱上观察到三个峰。根据萃取离子色谱图，前两个峰为 NNK，第三个峰为 NNN。据报道，TSNAs 中—N=O 键和非共享电子对的不同取向会导致 *E*/*Z* 异构体的形成。在毛细管电泳分析、LC-MS/MS 分析、UPLC-MS/MS 分析和 2D-LC-MS/MS 分析中，观察到 NNK 或 NNN 或两者都出现色谱峰分裂或肩峰。TSNAs 中的 *E*/*Z* 异构体还没有得到广泛的研究，目前市场上还没有关于 TSNAs 的 *E* 或 *Z* 异构体的单一标准。在这种情况下，很难区分在 BEH 柱和 HSS C18 柱上分离的 *E*-NNK 和 *Z*-NNK 异构体。然而，*E*/*Z*-NNK 异构体组成超出了本研究范围，本研究主要关注烟草中 NNK 的总含量。幸运的是，在 CSH Fluoro Phenyl 色谱柱上只有两个峰，第一个洗脱峰是 NNK，第二个是 NNN，并且只观察到轻微的色谱峰裂分。

超临界 CO_2 的溶剂强度更接近于戊烷或己烷等小分子烃的溶剂强度。在 SFC 分析中，除了超临界 CO_2 的主要流动相外，通常还使用有机助溶剂来改变流动相的洗脱强度、改善峰形。在本研究中，我们考察了甲醇、乙醇和异丙醇对分离效果的影响。如图 8-8(b)所示，随着助溶剂极性的增加，目标分析物被更快地洗脱。当使用甲醇为助溶剂时，峰形最佳；当使用乙醇为助溶剂时，NNN 出现肩峰；当使用异丙醇为助溶剂时，NNK 和 NNN 峰均变宽，呈裂分趋势。因此，最终选择甲醇作为助溶剂。

为了进一步消除峰分裂，对梯度变化曲线进行了优化。Waters UPC^2 二元溶剂管理器共有 11 条梯度曲线，包括前阶跃型（曲线 1）、凹型（曲线 2～5）、线性型（曲线 6）、凸型（曲线 7～10）和后阶跃型（曲线 11）。由于当采用线性梯度变化曲线 6 时，仅出现了稍微的峰裂分现象，因此，仅将最初的 0.0～3.0 min(1%～25%助溶剂)的梯度变化曲线调整为凹型曲线 5。由图 8-9 可见，当梯度变化曲线从曲线 6 切换到曲线 5 时，峰分裂被完全消除。因此，选择曲线 5 作为梯度洗脱程序前 3min 的梯度变化曲线。

（二）样品前处理优化

色谱分析中的习惯做法是将样品溶解在与流动相相容的溶剂中。据报道，水在超临界二氧化碳中的溶解度很低，约为 0.1%(*w*/*w*)。在本研究中，SFC 色谱条件对样品中的水含量的耐受程度尚不清楚，因此我们首先通过注射含水 5%、10%和 20%的 NNK 和 NNN 甲醇标准品来探讨这个问题。但在本实验中，当进样中水含量超过 5%时，NNK 和 NNN 的洗脱峰不能重现，甚至没有洗脱峰，这可能是由进样液与初始流动相组成(99% CO_2，1%甲醇)不相容所致。因此，要分析水溶剂提取的 NNK 和 NNN，必须先进行溶剂置换，然后再进行 SFC-MS/MS 分析。

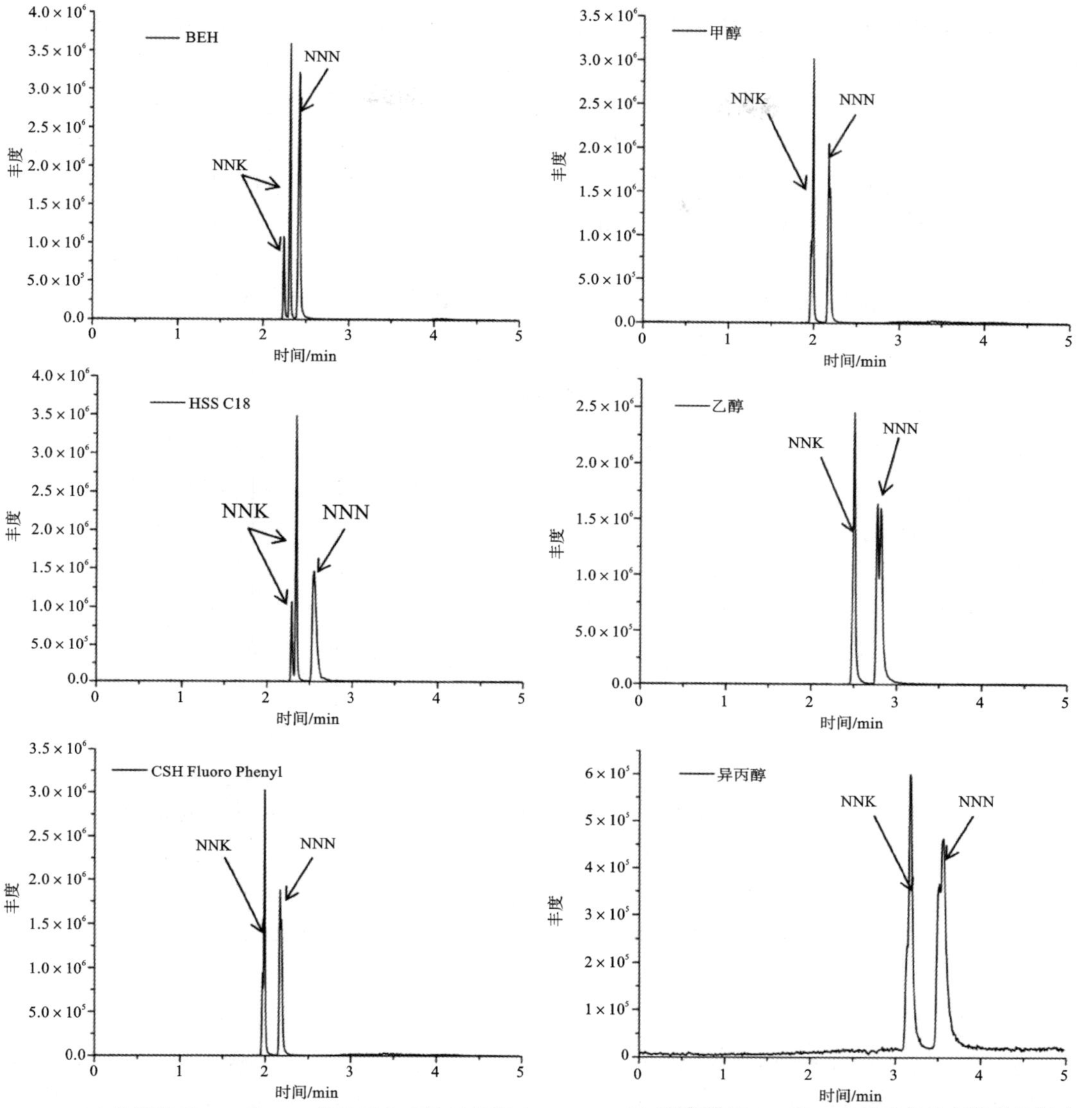

(a) 色谱柱对NNK和NNN标准品分离效果的影响

(b) 助溶剂对NNK和NNN标准品分离效果的影响

图 8-8　色谱柱和助溶剂对 NNK 和 NNN 标准品分离效果的影响

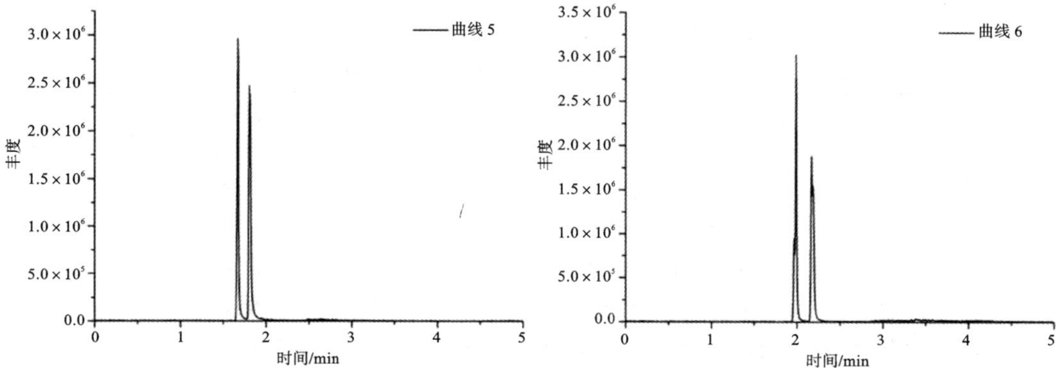

图 8-9　梯度变化曲线对 NNK 和 NNN 标准品分离效果的影响

根据烟草中 TSNAs 分析法,烟草样品用 100 mmol/L 的 NH_4Ac 在机械振荡下提取 1 h,但 Lang 和 Vuarnoz 的研究表明,在如此温和的提取条件下,基质结合的 NNK 是不可提取的,只能提取可溶性 NNK。他们的研究表明,用 50 mmol/L Tris-HCl 缓冲液(pH=7.5)作为提取溶剂,在 130 ℃下 4 h 可完全提取结合态 NNK。因此,我们比较了 100 mmol/L NH_4Ac 和 50 mmol/L Tris-HCl 缓冲液(pH=7.5)的萃取效果。如图 8-10 所示,采用这两种提取液,NNK 和 NNN 的峰面积大致相等,100 mmol/L NH_4Ac 或 50 mmol/L Tris-HCl 缓冲液(pH=7.5)均可作为提取液。按照行业内的标准法,选择 100 mmol/L NH_4Ac 进行后续研究,将提取液在 100 mmol/L NH_4Ac 中用氮气在 50 ℃下吹干,然后再用甲醇复溶。

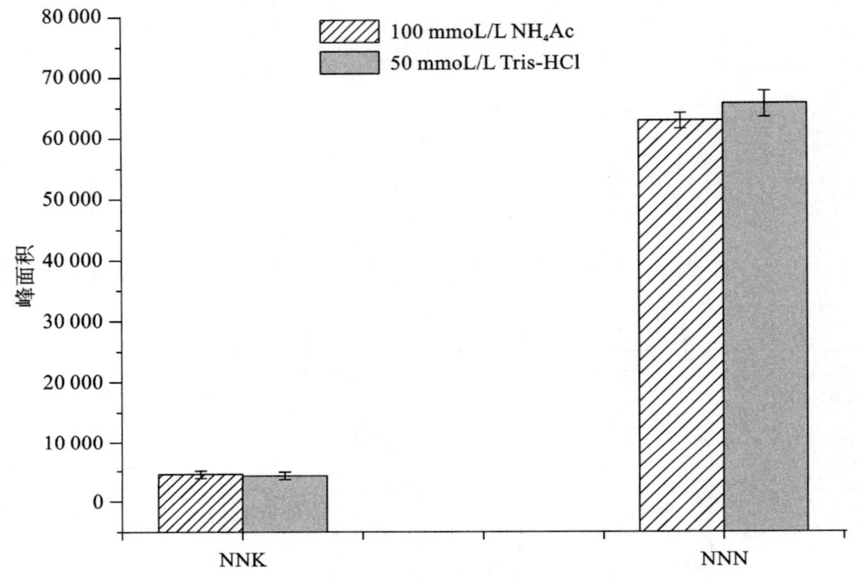

图 8-10 不同萃取液对 NNK 和 NNN 萃取效果的影响

(三)方法评价

从线性、检出限(LOD)、定量限(LOQ)和回收率等方面对所建立的 SFC-MS/MS 法的分析性能进行了系统评价。

通过对最佳实验条件下系列标准工作溶液的分析,评价了该方法的线性。用内标法对 6 点校正曲线进行定量,以标准工作溶液的最低浓度估算 LOD 和 LOQ,以 S/N 比为 3 和 10 时的浓度分别作为 LOD 和 LOQ,结果如表 8-7 所示。

表 8-7 NNK 和 NNN 的线性、LOD、LOQ

化合物	线性回归方程	R^2	线性范围/(ng/mL)	LOD/(ng/mL)	LOQ/(ng/mL)
NNK	$y=0.005\,08x+0.003$	0.9998	1～160	0.023	0.076
NNN	$y=0.005\,43x+0.030$	0.9997	5～800	0.031	0.103

通过在香料烟中添加三种不同水平的混合标准溶液,按样品前处理过程进行高压釜提取,进行了回收率实验。加标回收率为$(C_1-C_0)/C_s\times100\%$,其中 C_1 为加标样品中 NNK 和 NNN 的测定含量,C_0 为非加标样品中 NNK 和 NNN 的测定含量,C_s 为加标样品中添加的目标分析物含量,结果如表 8-8 所示。

表 8-8　NNK 和 NNN 的回收率结果

化合物	C_0/(ng/g)	RSD(%,n=3)	C_s/(ng/g)	回收率/(%)	RSD(%,n=3)
NNK	97.5	4.6	20	92.5	9.0
			60	110.0	5.7
			100	102.0	7.0
NNN	294.5	1.5	100	106.5	2.4
			300	98.7	3.7
			500	101.4	5.7

四、实际样品分析

鉴于 LC-MS/MS 法已广泛应用于 TSNAs 的分析，具有良好的重现性和准确度，因此采用改进的 SFC-MS/MS 法和 LC-MS/MS 法对实际样品进行了分析。LC-MS/MS 法是国家烟草质量监督检验中心的内部方法，用于 TSNAs 的常规分析。用这两种方法对 4 个烤烟、4 个香料烟和 4 个白肋烟共计 12 个烟草样品进行了分析。

图 8-11 给出了用 SFC-MS/MS 法和 LC-MS/MS 法对同一烟草样品提取物进行分析的定量提取离子色谱图。可以看出，LC-MS/MS 法观察到了 NNN 的峰分裂，NNK 也出现峰展宽；而 SFC-MS/MS 法很好地解决了这一问题。表 8-9 给出了同时采用 SFC-MS/MS 法和 LC-MS/MS 法测定的 12 个烟草样品的定量结果。可见，两种方法的定量结果相当。

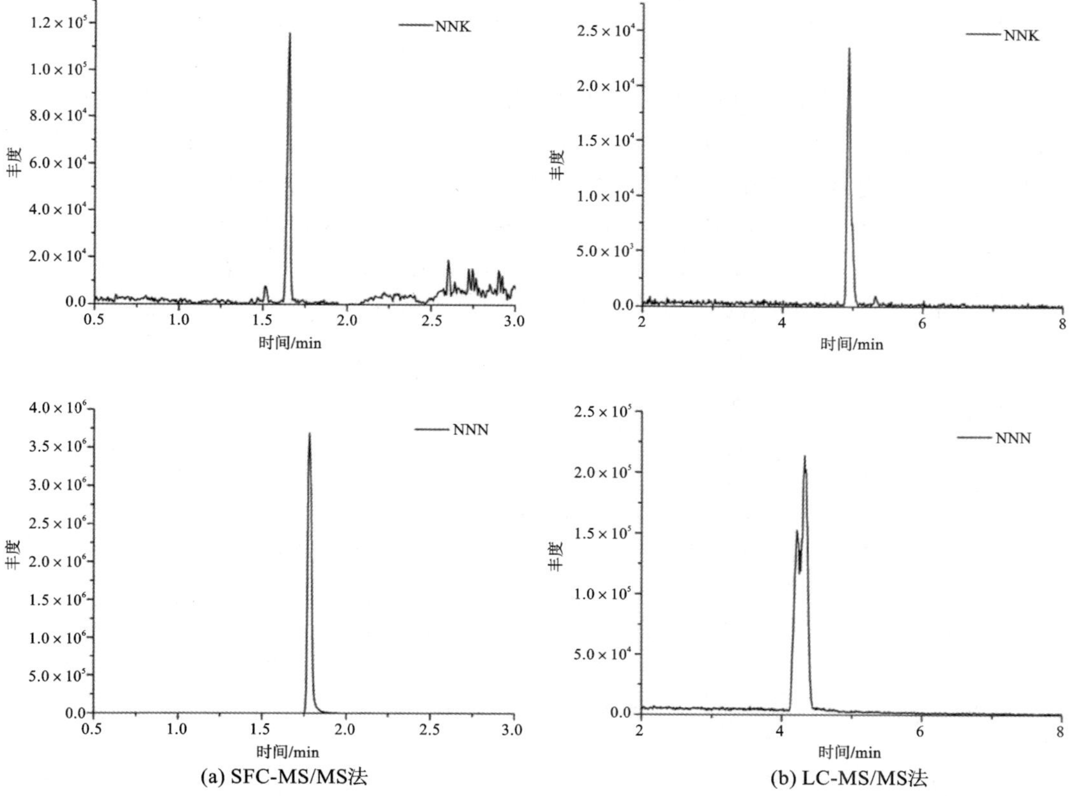

图 8-11　SFC-MS/MS 法和 LC-MS/MS 法测定白肋烟样品的定量提取离子色谱图

表 8-9 SFC-MS/MS 法和 LC-MS/MS 法测定烟草样品中 NNK 和 NNN 的定量结果(平均值±标准偏差,$n=3$)

样品	NNK/(ng/g)		NNN/(ng/g)	
	SFC-MS/MS 法	LC-MS/MS 法	SFC-MS/MS 法	LC-MS/MS 法
白肋烟 1	1595.0±63.6	1555.0±106.1	11 800.0±212.1	12 225.0±247.5
白肋烟 2	1132.0±118.1	1145.0±121.7	17 230.2±368.0	15 075.0±883.9
白肋烟 3	2980±113.1	2910.0±113.1	30 366.7±758.8	30 875.0±671.8
白肋烟 4	524.0±22.6	585.0±20.1	5114.5±88.4	4820.0±192.7
烤烟 1	113.5±7.4	101.7±12.8	61.4±6.6	61.6±7.4
烤烟 2	108.8±11.4	119.7±4.2	318.5±27.3	329.3±17.7
烤烟 3	327.2±23.8	345.5±13.4	456.2±7.9	499.0±5.7
烤烟 4	117.8±9.6	127.5±12.4	119.7±3.1	108.9±10.6
香料烟 1	97.5±3.6	104.3±5.2	294.5±5.1	279.0±27.7
香料烟 2	140.5±6.6	145.5±6.4	203.0±1.7	203.6±20.5
香料烟 3	436.5±17.7	424.5±9.2	927.9±25.1	961.7±54.3
香料烟 4	529.5±20.5	497.5±19.1	1101.4±48.1	1196.7±73.7

此外,还研究了白肋烟、烤烟和香料烟三种典型类型烟草中基质结合态 NNK 的占比。所有烟草样品用 100 mmol/L 的 NH_4Ac 在室温机械振荡下提取 1 h,测定水溶性 NNK。通过对高压釜条件下提取的样品进行分析,确定了 NNK 的总含量。然后,从 NNK 的总含量中减去水溶性 NNK,计算出基质结合态的 NNK,结果详见表 8-10。尽管本研究所分析的样品量较小,但白肋烟和烤烟中所测得的结合态 NNK 的结果与 Lang 和 Vuarnoz 研究报道的结果相比,基本在合理范围内。香料烟中结合态 NNK 在本研究中被首次报道。

表 8-10 结合态 NNK 占比测定结果(平均值±标准偏差,$n=3$)

样品	水溶性 NNK/(ng/g)	总 NNK/(ng/g)	基质结合 NNK/(%)
白肋烟 1	517.5±17.7	1595.0±63.6	67.6±4.0
白肋烟 2	497.5±28.9	1132.0±118.1	64.0±10.4
白肋烟 3	1381.7±41.6	2980±113.1	53.6±3.8
白肋烟 4	217.8±15.2	524.0±22.6	58.4±4.3
烤烟 1	53±3.7	113.5±7.4	53.3±6.5
烤烟 2	73.9±2.0	108.8±11.4	32.1±10.5
烤烟 3	160.6±7.9	327.2±23.8	50.9±7.3
烤烟 4	84.1±4.6	117.8±9.6	28.6±5.7
香料烟 1	40.7±5.8	97.5±3.6	58.3±3.7
香料烟 2	55.1±7.8	140.5±6.6	60.8±4.7
香料烟 3	147.2±11.4	436.5±17.7	66.3±4.0
香料烟 4	132.4±9.5	529.5±20.5	75.0±3.9

五、结论

本章中采用 SFC-MS/MS 法，对烟草样品中 NNN 的顺反异构体和旋光异构体进行了分离和分析，并研究了烟草中游离态和基质结合态 NNK 的存赋状态，为烟草中 TSNAs 的深度解析提供了一种有效手段。鉴于 SFC-MS/MS 法使用的主要流动相——超临界流体 CO_2 具有黏度小、扩散率高、传质阻力小等优点，使得所建立的方法具有分析速度快、分离效率高、绿色环保的优势。

参考文献

[1] JIANG J X，LI L C，WANG M F，et al.，Theoretical explanation of the peak splitting of tobacco-specific *N*-nitrosamines in HPLC[J]. Bulletin of the Korean Chemical Society，2012，33(5)：1722-1728.

[2] ZHAO L，BALBO S，WANG M，et al. Quantitation of pyridyloxobutyl-DNA adducts in tissues of rats treated chronically with(*R*)- or(*S*)-*N'*-nitrosonornicotine(NNN)in a carcinogenicity study[J]. Chemical Research in Toxicology，2013，26(10)：1526-1535.

[3] CARLSON E S，UPADHYAYA P，VILLALTA P W. Analysis and identification of 2'-deoxyadenosine-derived adducts in lung and liver DNA of F-344 rats treated with the tobacco-specific carcinogen 4-(methylnitrosamino)-1-(3-pyridyl)-1-butanone and enantiomers of its metabolite 4-(methylnitrosamino)-1-(3-pyridyl)-1-butanol[J]. Chemical Research in Toxicology，2018，31(5)：358-370.

[4] DENG H M，WANG Y，WANG J B，et al. Separation of *N'*-nitrosonornicotine isomers and enantiomers by supercritical fluid chromatography tandem mass spectrometry[J]. Journal of Chromatography A，2021，1641：461971.

[5] LANG G，VUARNOZ A. Matrix-bound 4-(methylnitrosamino)-1-(3-pyridyl)-1-butanone in tobacco：quantification and evidence for an origin from lignin-incorporated alkaloids[J]. Journal of Natural Products，2014，78(1)：85-92.

[6] DENG H M，TANG G L，FAN Z Y，et al. Use of autoclave extraction-supercritical fluid chromatography/tandem mass spectrometry to analyze 4-(methylintrosamino)-1-(3-pyridyl)-1-butanone and *N'*-nitrosonornicotine in tobacco[J]. Journal of Chromatography A，2019，1595：207-214.

[7] CARMELLA S G，MCLNTEE E J，CHEN M，et al. Enantiomeric composition of *N'*-nitrosonornicotine and *N'*-nitrosoanatabine in tobacco[J]. Carcinogenesis，2000，21(4)：839-843.

[8] MCCORQUODALE E，BOUTRID H，COLYER C. Enantiomeric separation of *N'*-nitrosonornicotine by capillary electrophoresis[J]. Analytica Chimica Acta，2003，496(1-2)：177-184.

[9] YANG J，CARMELLA S G，HECHT S S. Analysis of *N'*-nitrosonornicotine enantiomers in human urine by chiral stationary phase liquid chromatography-

nanoelectrospray ionization-high resolution tandem mass spectrometry[J]. Journal of Chromatography B,2017,1044-1045:127-131.

[10] HELLINGHAUSEN G,ROY D,WANG Y D,et al. A comprehensive methodology for the chiral separation of 40 tobacco alkaloids and their carcinogenic *E*/*Z*-(*R*,*S*)-tobacco-specific nitrosamine metabolites[J]. Talanta,2018,181:132-141.

[11] CHENG Y P, ZHENG Y Q, DONG F S, et al. Stereoselective analysis and dissipation of propiconazole in wheat, grapes, and soil by supercritical fluid chromatography-tandem mass spectrometry[J]. Journal of Agricultural and Food Chemistry,2017. 65(1):234-243.

[12] CHANKVETADZE B. Recent developments on polysaccharide-based chiral stationary phases for liquid-phase separation of enantiomers [J]. Journal of Chromatography A,2012,1269:26-51.

[13] KHATER,S,WEST C. Insights into chiral recognition mechanisms in supercritical fluid chromatography V. Effect of the nature and proportion of alcohol mobile phase modifier with amylose and cellulose tris-(3,5-dimethylphenylcarbamate) stationary phases[J]. Journal of Chromatography A,2014,1373:197-210.

[14] CHEN X X, DONG F S, XU J, et al. Enantioseparation and determination of isofenphos-methyl enantiomers in wheat, corn, peanut and soil with supercritical fluid chromatography/tandem mass spectrometric method [J]. Journal of Chromatography B,2016,1015-1016:13-21.

[15] LEMASSON E, BERTIN S, WEST C. Use and practice of achiral and chiral supercritical fluid chromatography in pharmaceutical analysis and purification[J]. Journal of Separation Science,2016,39(1):212-233.

[16] NOVÁKOVÁ L, PERRENOUD A G-G, FRANCOIS I, et al. Modern analytical supercritical fluid chromatography using columns packed with sub-2μm particles: a tutorial[J]. Analytica Chimica Acta,2014,824:18-35.

[17] GUNDUZ I, KONDYLIS A, JACCARD G, et al. Tobacco-specific *N*-nitrosamines NNN and NNK levels in cigarette brands between 2000 and 2014[J]. Regulatory Toxicology and Pharmacology,2016,76:113-120.

[18] PROKOPCZYK B,HOFFMANN D,COX J E,et al. Supercritical fluid extraction in the determination of tobacco-specific *N*-nitrosamines in smokeless tobacco [J]. Chemical Research in Toxicology,1992,5(3):336-340.

[19] PROKOPCZYK B, WU M, COX J E, et al. Bioavailability of tobacco-specific *N*-nitrosamines to the snuff dipper[J]. Carcinogenesis,1992,13(5):863-866.

[20] YANG Y Y, YU C, ZHOU M, et al. Metabolic study of 4-(methylnitrosamino)-1-(3-pyridyl)-1-butanone to the enantiomers of 4-(methylnitrosamino)-1-(3-pyridyl)-1-butanol in vitro in human bronchial epithelial cells using chiral capillary electrophoresis[J]. Journal of Chromatography A,2011,1218(37):6505-6510.

[21] KIM H-J,SHIN H-S. Determination of tobacco-specific nitrosamines in replacement

liquids of electronic cigarettes by liquid chromatography-tandem mass spectrometry [J]. Journal of Chromatography A,2013,1291,48-55.

[22] SHIFFLETT J R,WATSON L,MCNALLY D J,et al. Simultaneous determination of tobacco alkaloids, tobacco-specific nitrosamines, and solanesol in consumer products using UPLC-ESI-MS/MS[J]. Chromatographia,2018,81(3):517-523.

[23] CHEN M, WANG L J, DONG H Z, et al. Quantitative method for analysis of tobacco-specific *N*-nitrosamines in mainstream cigarette smoke by using heart-cutting two-dimensional liquid chromatography with tandem mass spectrometry[J]. Journal of Separation Science,2017,40(9):1920-1927.

[24] MCCLAIN R. Milestones in supercritical fluid chromatography:a historical view of the modernization and development of supercritical fluid chromatography[M]// POOLE C F. Supercritical fluid chromatography. Amsterdam:Elsevier,2017:1-21.

[25] KING JR A D, COAN C R. Solubility of water in compressed carbon dioxide, nitrous oxide,and ethane. Evidence for hydration of carbon dioxide and nitrous oxide in the gas phase[J]. Journal of the American Chemical Society, 1971, 93(8): 1857-1862.

附录 A　卷烟　主流烟气总粒相物中烟草特有 *N*-亚硝胺的测定 气相色谱-热能分析联用法

一、范围

本标准规定了卷烟主流烟气总粒相物中 *N*-亚硝基降烟碱(NNN)、*N*-亚硝基新烟碱(NAT)、*N*-亚硝基假木贼碱(NAB)和 4-(甲基亚硝胺基)-1-(3-吡啶基)-1-丁酮(NNK)四种烟草特有亚硝胺的测定方法。

本标准适用于卷烟烟气总粒相物中以上四种烟草特有亚硝胺的测定。

二、规范性引用文件

下列文件中的条款通过本标准的引用而成为本标准的条款。凡是注日期的引用文件,其随后所有的修改单(不包括勘误的内容)或修订版均不适用于本标准,然而,鼓励根据本标准达成协议的各方研究是否可使用这些文件的最新版本。凡是不注日期的引用文件,其最新版本适用于本标准。

GB/T 5606.1　卷烟　第 1 部分:抽样

GB/T 19609　卷烟　用常规分析用吸烟机测定总粒相物和焦油(GB/T 19609—2004,ISO 4387:2000,MOD)

三、术语和定义

下列术语和定义适用于本标准。

烟草特有亚硝胺(tobacco specific nitrosamines(TSNAs)):仅在烟草及烟草制品中存在的 *N*-亚硝胺。

四、原理

用玻璃纤维滤片捕集卷烟主流烟气中的总粒相物,用二氯甲烷萃取粒相物中的 TSNAs,浓缩萃取物并采用碱性氧化铝层析柱进行纯化。通过气相色谱-热能分析(GC-TEA)检测萃取物中亚硝胺的浓度,对主流烟气总粒相物中 TSNAs 进行定量分析。

五、试剂与材料

除特别要求以外,均应使用分析纯级试剂。水应为蒸馏水或同等纯度的水。

(1)二氯甲烷,色谱纯(或分析纯经重蒸后使用)。

(2)甲醇,色谱纯(或分析纯经重蒸后使用)。

(3)无水硫酸钠。

(4)碱性氧化铝,200~300 目。

(5)N-戊基-(3-甲基吡啶基)亚硝胺、NNN、NAT、NAB、NNK,纯度应大于 97%。

(6)内标溶液。

①内标储备液。

准确称量 10 mg N-戊基-(3-甲基吡啶基)亚硝胺,加入约 50 mL 二氯甲烷完全溶解后,转移至 100 mL 的棕色容量瓶中,用二氯甲烷定容至刻度。该内标储备液在－20 ℃冰箱内存放,有效期为 6 个月。

②一级内标溶液。

准确移取 2 mL 内标储备液至 50 mL 棕色容量瓶中,用二氯甲烷定容至刻度。该一级内标溶液在－20 ℃冰箱内存放,有效期为 6 个月。

③二级内标溶液。

准确移取 10 mL 一级内标溶液至 100 mL 棕色容量瓶中,用二氯甲烷定容至刻度。

该二级内标溶液在－20 ℃冰箱内存放,有效期为 3 个月。

(7)TSNAs 标准溶液。

①标准储备液。

分别准确称量 10 mg NNN、NAT、NAB 和 NNK,加入约 5 mL 二氯甲烷完全溶解后,转移至 10 mL 的棕色容量瓶中,用二氯甲烷定容至刻度。该标准储备液在－20 ℃冰箱内存放,有效期为 6 个月。

②一级标准溶液。

准确移取 1 mL 标准储备液至 100 mL 棕色容量瓶中,用二氯甲烷定容至刻度。该一级标准溶液在－20 ℃冰箱内存放,有效期为 6 个月。

③二级标准溶液。

准确移取 1 mL 一级标准溶液至 10 mL 棕色容量瓶中,用二氯甲烷定容至刻度。该二级标准溶液在－20 ℃冰箱内存放,有效期为 3 个月。

(8)TSNAs 校准溶液。

分别准确移取 0.5 mL、1 mL、2 mL、5 mL 二级标准溶液和 1 mL、2 mL 一级标准溶液至 10 mL 棕色容量瓶中,准确加入 1 mL 一级内标溶液,最后用二氯甲烷定容至刻度,此六个标准溶液为系列标准校准溶液。该 TSNAs 校准溶液应在使用前配制。

注:烟草特有亚硝胺是强烈致癌物质。所有前处理操作应在通风橱内进行,实验人员应佩戴防护手套、面具以保证安全。实验废液收集后应统一处理。

六、仪器设备

常用实验仪器以及下述各项。

(1)分析天平,精确至 0.1 mg。

(2)气相色谱-热能分析联用仪。

(3)超声波发生器。

(4)旋转蒸发仪。

(5)色谱柱：弹性毛细管柱(30 m×0.53 mm×1 μm)，建议固定液为 HP-50+。

(6)保护柱：弹性石英毛细管柱(1 m×0.53 mm)，应经脱活处理。

(7)玻璃层析柱，具塞，内径为 20 mm，长度为 300 mm。

七、抽样

按照 GB/T 5606.1 的规定抽取实验室样品。

八、分析步骤

(1)卷烟的抽吸。

按照 GB/T 19609 的规定收集 20 支卷烟的粒相物。

(2)测定次数。

每个样品应平行测定两次。

(3)样品分析。

①样品萃取。

将捕集有主流烟气粒相物的滤片放入 250 mL 锥形瓶中，置于超声波发生器内，用二氯甲烷分三次超声波萃取，每次 10 min，第一次使用 100 mL 二氯甲烷，其余两次各使用 80 mL 二氯甲烷。将所有萃取液经无水硫酸钠过滤，转移至 500 mL 磨口圆底烧瓶中。

②萃取液浓缩。

将盛有萃取液的圆底烧瓶连接旋转蒸发仪，通高纯氮气旋转蒸发(40 ℃水浴)，浓缩至 5 mL。

③样品净化。

a. 层析柱的准备。

碱性氧化铝在 110 ℃下活化 2 h。玻璃层析柱应保持洁净干燥，先加入 30 mL 二氯甲烷，再用湿法将 15 g 碱性氧化铝加到层析柱中，充分搅拌并赶走所有气泡。用 50 mL 二氯甲烷淋洗层析柱。

b. 层析。

将浓缩后样品一次性加入按照“a.”准备的层析柱中，并用二氯甲烷分三次洗涤烧瓶壁，每次 5 mL。用 30 mL 二氯甲烷淋洗层析柱，流速应控制在约 2 mL/min，不收集洗脱液。用 100 mL 8%甲醇-二氯甲烷(体积分数)溶液淋洗层析柱，收集此部分洗脱液。

④洗脱液浓缩。

在洗脱液中加入 1 mL 二级内标溶液后，通高纯氮气浓缩至 30 mL，转移至 50 mL 梨形烧瓶中，浓缩至约 1 mL 后，移至 2 mL 色谱分析瓶中待分析。

(4)分析。

按照制造商操作手册运行气相色谱-热能分析联用仪。以下分析条件可供参考，采用其他条件时应验证其适用性。

①程序升温：初始温度 150 ℃，保持 2 min；以 3 ℃/min 速率升至 230 ℃，以 20 ℃/min

速率升至 260 ℃,保持 20 min。

②进样口温度:230 ℃。

③载气:氦气,恒流 10 mL/min。

④进样量 2 μL,不分流,不分流时间 1 min,吹扫流量 50 mL/min。

⑤热裂解温度;550 ℃。

⑥接口温度:250 ℃。

典型卷烟样品色谱图参见图 A-1。

(5)测定。

用气相色谱-热能分析联用仪测定一系列 TSNAs 校准溶液,用 TSNAs 与内标峰面积的比值作为纵坐标,以 TSNAs 的浓度作为横坐标,分别建立四种 TSNAs 成分的校正曲线。对校正数据进行线性回归,R^2 应不小于 0.99。测定样品,根据样品中的峰面积计算每一个卷烟烟气样品中四种 TSNAs 的浓度(ng/mL)。

九、结果的计算与表述

由下式计算出样品主流烟气中四种 TSNAs 的传输量,以每支卷烟主流烟气 TSNAs 的传输量来表示,单位为 ng。取两个平行测定的算术平均值作为样品的测试结果,结果精确到 0.01 ng。

$$X = \frac{c \times V}{n}$$

式中:X——每支卷烟主流烟气 TSNAs 的传输量,单位为纳克每支(ng/支);

c——浓缩液中 TSNAs 的浓度,单位为纳克每毫升(ng/mL);

V——浓缩液的体积,单位为毫升(mL);

n——烟支数量,单位为支。

十、精密度、回收率和检出限

本方法的精密度、回收率和检出限试验研究结果参见表 A-1。

十一、检验报告

检测报告应包括以下内容:

①检测环境大气条件;

②卷烟的名称、规格、类型、盒标焦油量、盒标烟气烟碱量;

③检验结果;

④卷烟总粒相物产生量;

⑤总粒相物中烟碱含量(或烟气烟碱量);

⑥总粒相物中水分含量;

⑦焦油量;

⑧抽吸口数。

附件 A-1

（资料性附录）

色谱图示例

按照本标准规定的方法对典型卷烟样品进行分析，得到的气相色谱-质普联用图如图A-1所示。

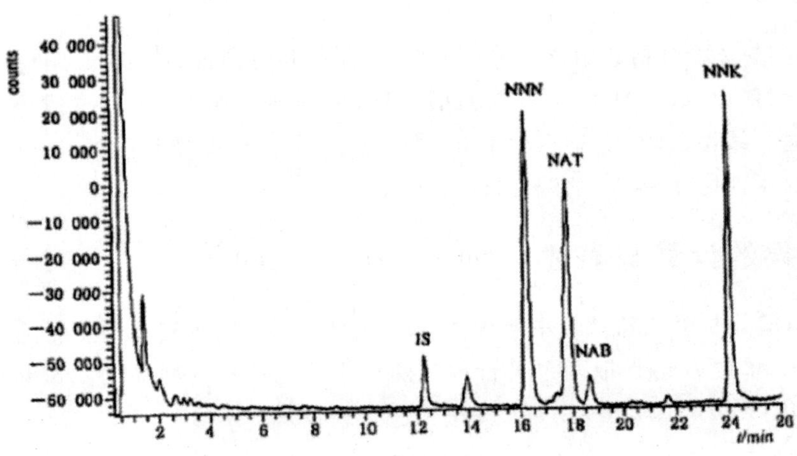

图 A-1　典型卷烟样品色谱图

附件 A-2

（资料性附录）

精密度、回收率和检出限试验研究结果

本方法的精密度、回收率和检出限试验研究结果如表 A-1 所示。

表 A-1　本方法的精密度、回收率和检出限试验研究结果($n=5$)

TSNAs	NNN	NAT	NAB	NNK
混合型卷烟测定变异系数/(%)	5.9	4.7	5.3	5.2
烤烟型卷烟测定变异系数/(%)	6.9	5.3	9.9	6.2
回收率/(%)	94.3	92.3	94.2	95.9
检出限/(ng/支)	0.70	0.24	0.79	0.42

附录 B　烟草及烟草制品烟草特有 *N*-亚硝胺的测定

一、范围

本标准规定了烟草和烟草制品中四种烟草特有 *N*-亚硝胺（*N*-亚硝基降烟碱（NNN）、*N*-亚硝基新烟碱（NAT）、*N*-亚硝基假木贼碱（NAB）、4-（甲基亚硝胺基）-1-（3-吡啶基）-1-丁酮（NNK））的测定方法。

本标准适用于烟草和烟草制品。

二、规范性引用文件

下列文件中的条款通过本标准的引用而成为本标准的条款。凡是注日期的引用文件，其随后所有的修改单（不包括勘误的内容）或修订版均不适用于本标准，然而，鼓励根据本标准达成协议的各方研究是否可使用这些文件的最新版本。凡是不注日期的引用文件，其最新版本适用于本标准。

GB/T 5606.1　卷烟　第 1 部分：抽样

GB/T 19616　烟草成批原料取样的一般原则（GB/ T 19616—2004，ISO 4874：2000，MOD）

YC/T 31　烟草及烟草制品试样的制备和水分测定　烘箱法

三、术语和定义

下列术语和定义适用于本标准。

烟草特有 *N*-亚硝胺（tobacco specific *N*-nitrosamines（TSNAs））：仅在烟草和烟草制品中存在的 *N*-亚硝胺。

四、原理

用二氯甲烷的碱性溶液萃取烟草和烟草制品中的 TSNAs，萃取液经碱性氧化铝层析柱纯化，通过气相色谱-热能分析联用仪定量分析检测其中四种 TSNAs 的含量。

五、试剂

除特别要求以外，均应使用分析纯级试剂，水应为蒸馏水或同等纯度的水。

(1)二氯甲烷,色谱纯。

(2)甲醇,色谱纯。

(3)无水硫酸钠,分析纯。

(4)10%氢氧化钠溶液,分析纯。

(5)碱性氧化铝,层析用(200～300 目)。

(6)内标溶液:配制浓度为 4000 ng/mL 的 N-戊基-(3-甲基吡啶基)-亚硝胺溶液作为内标溶液,以二氯甲烷为溶剂。

(7)TSNAs 标准系列溶液:按下列浓度范围配制 TSNAs 标准系列溶液,以二氯甲烷为溶剂,其中内标浓度为 400 ng/mL。标准溶液应当存放在−20 ℃冰箱中,有效期为 6 个月。

NNN:100 ng/mL,200ng/mL,500 ng/mL,1 000 ng/mL,2 000 ng/mL,5 000 ng/mL。

NAT:100 ng/mL,200 ng/mL,500 ng/mL,1 000 ng/mL,2 000 ng/mL,5 000 ng/mL。

NAB:30 ng/mL,60 ng/mL,150 ng/mL,300 ng/mL,600 ng/mL,1 500 ng/mL。

NNK:100 ng/mL,200 ng/mL,500 ng/mL,1 000 ng/mL,2 000 ng/mL,5 000 ng/mL。

六、仪器

常用实验仪器及下述各项。

(1)分析天平:感量 0.1 mg。

(2)气相色谱仪(配有热能分析仪检测器)。

(3)色谱柱:弹性毛细管柱(30 m×0.32 mm×1 μm),固定液 5%-二苯基-95%-二甲基聚硅烷。

(4)柱前保护柱:弹性毛细管柱(1 m×0.32 mm×1 μm),固定液 5%-二苯基-95%-二甲基聚硅烷。

(5)超声波发生器。

(6)浓缩仪。

(7)玻璃层析柱:具塞,内径为 20 mm,长度为 500 mm。

七、分析步骤

(1)抽样。

按 GB/T 19616 和 GB/T 5606.1 抽取样品。

(2)烟草样品制备。

按 YC/T 31 制备试样,并测定水分含量。

(3)测定次数。

每个样品应平行测定两次。

(4)样品分析。

①样品萃取。

称取 1.00 g 烟样,将其放入 100 mL 锥形瓶中,加入 1 mL 10%氢氧化钠溶液和 20 mL 二氯甲烷溶液,置于超声波发生器超声(频率:40 kHz)提取 20 min。

②柱层析。

a.层析柱准备。

碱性氧化铝在 110 ℃条件下活化 2 h 待用。层析柱保持洁净干燥，先加入 30 mL 二氯甲烷，将 15 g 碱性氧化铝经湿法处理后加入层析柱中，用玻棒搅拌氧化铝赶走气泡。再加入 2 g 已烘干的无水硫酸钠，用 50 mL 二氯甲烷洗脱层析柱。当液面下降至硫酸钠层时关闭层析柱活塞。

b. 层析。

将锥形瓶中所有样品加入层析柱中，并用 5 mL×3 二氯甲烷洗涤锥形瓶内壁。将洗涤液加入层析柱中。等液面接近柱头后，再用 30 mL 二氯甲烷洗脱层析柱，该部分洗脱液不收集。最后用 100 mL 甲醇：二氯甲烷为 8 ：92(体积比)溶液洗脱层析柱，收集该部分洗脱液。

③洗脱液浓缩。

在洗脱液中准确加入 100 μL 内标溶液，在高纯氮气保护吹扫下将其浓缩至 1 mL 左右，转移到 2 mL 色谱小瓶中进行 GC-TEA 分析，白肋烟和烤烟样品的色谱图示例在附件 B-1 中已给出。

(5)GC-TEA 分析。

①气相色谱仪条件。

a. 色谱柱。

b. 柱前保护柱，在进行 100 次样品分析后需更换。

c. 程序升温：初始温度 50 ℃，保持 2 min；以 10 ℃/min 升至 180 ℃，保持 10 min；以 10 ℃/min 升至 230 ℃；以 30 ℃/min 升至 260 ℃；保持 20 min。

d. 进样口温度：225 ℃。

e. 载气：氦气，2.5 mL/min。

f. 进样量 2 μL，不分流，不分流时间 1 min，吹扫流量 50 mL/min。

②热能分析仪条件。

a. 热裂解温度：550 ℃。

b. 接口温度：250 ℃。

八、结果计算

以干基计的四种 TSNAs 的含量按下式进行计算：

$$m = \frac{f \times A \times m_s \times 100}{A_s \times n \times (100 - w)}$$

式中：m——每克试样的 TSNAs 含量，单位为纳克每克(ng/g)；

f——相对校正因子(由校正曲线求出)；

m_s——样品溶液中内标量，单位为纳克(ng)；

A——TSNAs 峰面积；

A_s——内标峰面积；

n——试样的质量，单位为克(g)；

w——试样的水分含量，%。

以两次测定的平均值作为测定结果，结果精确至 0.1 ng/g。

九、重复性、回收率和检出限

烟草中四种 TSNAs 测定的重复性、回收率和检出限结果如表 B-1 所示。

表 B-1 烟草中四种 TSNAs 测定的重复性、回收率和检出限

TSNAs	重复性(n=5)/(%)	回收率/(%)	检出限/(ng/mL)
NNN	4.0	92.9	14.01
NAT	4.8	90.7	4.80
NAB	4.0	96.9	15.87
NNK	4.7	98.6	8.46

附件 B-1

（资料性附录）

色谱图示例

色谱图示例如图 B-1、图 B-2 所示。

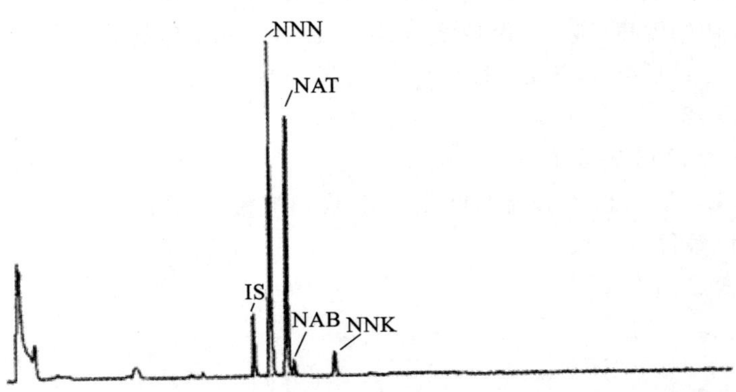

图 B-1 白肋烟中 TSNAs 分析典型色谱图

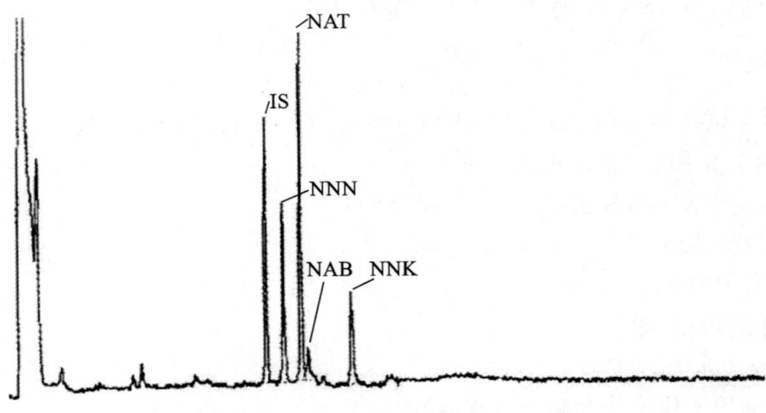

图 B-2 烤烟中 TSNAs 分析典型色谱图